# 建筑消防理论与应用

编著　方　正
参编　袁建平　唐　智

WUHAN UNIVERSITY PRESS
武汉大学出版社

**图书在版编目(CIP)数据**

建筑消防理论与应用/方正编著.—武汉:武汉大学出版社,2016.6(2025.1重印)
ISBN 978-7-307-17674-4

Ⅰ.建…　Ⅱ.方…　Ⅲ.建筑物—消防—高等学校—教材　Ⅳ.TU998.1

中国版本图书馆CIP数据核字(2016)第050907号

责任编辑:胡　艳　　责任校对:汪欣怡　　版式设计:马　佳

出版发行:**武汉大学出版社**　(430072　武昌　珞珈山)
(电子邮箱:cbs22@whu.edu.cn 网址:www.wdp.com.cn)
印刷:武汉邮科印务有限公司
开本:787×1092　1/16　印张:17.5　字数:416千字　插页:1
版次:2016年6月第1版　2025年1月第2次印刷
ISBN 978-7-307-17674-4　定价:35.00元

# 前　言

消防工程包括被动防火和主动灭火两个方面，其中，被动防火包括建筑物耐火构造、防火分隔、可燃物控制、人员疏散以及防烟系统设置，是属于防的部分；而主动灭火则主要包括各类水剂及气体灭火系统、消防排烟、火灾报警系统等，是属于消的部分。消和防是建筑火灾安全的两个不同侧面，是一个有机的整体，任何一方面都不可偏废。建筑自建设之日起，就必须考虑其消防问题，特别是现代建筑，高度越来越高，地下空间越来越庞大，人员物资越来越集中，火灾现象更加复杂，所造成的损失也越来越大，“消防工程”已经成为土建类专业一门非常重要的专业理论课程。

消防工程涉及建筑布局、建筑构造、建筑材料的燃烧特性、结构的力学行为、烟气蔓延规律、人员疏散行为、火灾探测、灭火技术的发展应用等多种专业知识，需要材料力学、结构力学、流体力学、热力学等专业基础理论，是一门与建筑学、土木工程、通风空调、给水排水、建筑电气等土建类专业均有交叉的专业理论课程。

本书力图从基本的燃烧基础理论开始，通过引入火灾及烟气蔓延的最新研究成果，并结合介绍基本的火灾发展及烟气流动经验公式和适用条件，以便帮助读者进行建筑火灾的初步理论计算与分析。为让读者能充分掌握建筑消防设计的有关知识，本书结合最新修订的《建筑设计防火规范》（GB50016—2014），从建筑火灾分类、平面布置、防火分区、建筑材料、人员安全疏散、灭火系统、防排烟以及自动报警出发，重点介绍了建筑设计防火的有关规定及具体要求，为土建类专业学生将来从事建筑设计时树立良好的消防安全意识打下基础，同时针对人员疏散、消防灭火及防排烟工程设计，也进行了详细讲解，并补充了设计例题，可以为有关专业设计人员提供理论参考。

近年来，随着大型商业、交通枢纽、地下工程的发展，如大型城市商业综合体、地下铁路、隧道、车库等建筑的建设，传统的消防设计规范已经难以满足其应用，本书简要讲解了当前国内外广泛使用的性能化防火设计有关知识，并结合有关工程应用案例进行了介绍。

本书既突出基本概念、原理，经验公式等有关内容，同时又结合建筑设计防火规范介绍有关国家规定，力求扩大读者知识面，使读者既能全面了解消防工程有关内容，也能对常用消防系统开展设计计算，提高解决实际问题的能力。

本书由方正任主编，全书共10章，其中第1~6章由方正编写；第9、10章由袁建平编写；第7、8章由唐智编写；此外，陈娟娟博士为全书编写提供了大量素材。

在本书的编写和出版过程中，参阅了大量著作和文献，在此向有关人员和作者表示衷心感谢。

由于编者水平有限，书中难免有疏忽和不妥之处，敬请广大读者和专家批评指正。

**编　者**

2016年3月

# 目　录

# 第1章　绪　　论

## 1.1　燃烧

### 1.1.1　燃烧原理

“摩擦生火，第一次人类掌握了一种自然力，从而最终把人和动物分开。”（恩格斯）

从希腊神话中普罗米修斯为人类偷取火种，或是从燧人氏发明钻木取火开始，人们的生产和生活便每一天都离不开火。火本质上是一种燃烧现象，但失去控制的燃烧，就会发展成火灾，危害人类。

在长期与火灾作斗争的过程中，我国劳动人民积累了关于火灾发生的丰富规律，并总结了防范火灾发生的经验。2000多年前的《礼记·月令》中，已经提到了发生火灾的规律；在《左传》中，记述了襄公九年春季宋国扑救大火时人员组织等生动的情况；《荀子》中曾提出“修火宪”，制定防火制度等。

如今，科学技术的发展日新月异，相比于古人，我们对火的认识更加深刻，而且已经深入到本质层面对火灾现象进行研究。火是一种放热发光的化学现象，是物质分子游离基的链锁反应。

在现代燃烧理论中，燃烧大多是可燃物质与氧或其他氧化剂进行剧烈反应，伴随着放热发光现象。燃烧过程中的化学反应十分复杂，有化合反应、分解反应等。有些复杂物质的燃烧先是受热发生分解反应，然后发生化合反应。

燃烧通常伴有火焰、发光和（或）发烟的现象，燃烧区的温度较高，使其中白炽的固体粒子和某些不稳定（或易受激发）的中间物质分子内的电子发生能级跃迁，从而发出各种波长的光，发光的气相燃烧区就是火焰，其存在是燃烧过程中最明显的标志；而由于可燃物分子量大或氧气、氧化剂不足等造成燃烧不完全等原因，燃烧产物中会混有一些微小颗粒，这样也就形成了烟。

燃烧，从化学反应本质上讲，是一种可燃物与氧化剂作用发生的氧化反应。但这种氧化反应由于反应速率的不同，又可以分为燃烧和一般氧化反应。一般氧化反应，由于反应速率低，产生的热量在空间中散失较快，因而没有发光现象；而剧烈的氧化反应，瞬时放出大量的热和光，现象明显。故燃烧的基本特征表现为：放热、发光、发烟、伴有火焰等。

在近代链式反应理论中，燃烧被定义为一种自由基的链式反应。链式反应也称为链锁反应，是化合物或单分子中的共价键在外界反应条件（如光、热）的影响下，裂解形成自由基——活性非常强的原子或原子团，在一般条件下，这些自由基易自行结合成分子或与其他物质分子反应生成新的自由基。当反应物产生少量新的游离基时，即可发生链式反应。反应一经开始，许多链式步骤就自行发展下去，直至反应物裂解完为止。链式反应机理大致可以分为链引发、链传递、链终止三个阶段。

链引发：生成自由基，使链式反应开始。生成方法有热分解、光化、放射线照射、氧化还原、加入催化剂等。

链传递：自由基与其他参加反应的物质分子反应，产生新的自由基。

链终止：自由基消失，使链的反应终止。

下面以氢在空气中的燃烧为例：

$$H_2+\text{能量}\rightarrow 2H\cdot$$

$$2H\cdot+O_2\rightarrow H_2O+O\cdot$$

$$O\cdot+H_2\rightarrow H_2O$$

从上述反应式可以看出，自由基有氢原子、氧原子等，反应过程中每一步都取决于前一步生成的物质，故称这种反应为链式反应。

### 1.1.2　燃烧条件

使物质的燃烧过程能够发生并且发展，必须具备三个条件：可燃物、氧化剂和温度(引火源)。只有这三个条件同时具备，才可能发生燃烧现象，三者缺一不可。但并不是上述三个条件同时存在就一定会发生燃烧现象，这三个因素必须进行相互作用才能发生燃烧。

#### 1. 可燃物

凡是能与空气中的氧或其他氧化剂起燃烧化学反应的物质，称为可燃物。可燃物按其物理状态，可分为气体可燃物、液体可燃物和固体可燃物三种。可燃烧物质大多是有机物，生活中常见的有机可燃物质如木材、纸张、汽油、酒精、乙炔气等；一氧化碳、氢气等可燃气体；钾、钠等活泼金属；某些金属，如镁、铝、钙等，在特定条件下也可以发生燃烧反应；还有许多物质，如肼、臭氧等，在高温下可以通过自行分解放出光和热。

#### 2. 氧化剂

能与可燃物发生氧化反应的物质，称为氧化剂。氧化剂在燃烧的氧化还原反应中得到电子，帮助和支持可燃物燃烧。燃烧过程中氧化剂主要是空气中的氧气，另外如氟、氯等也可以作为燃烧反应的氧化剂。

#### 3. 温度（引火源）

指在燃烧反应中，供给可燃物与氧或氧化剂发生反应的能量来源。最常见的是热能，其他能量来源还有化学能、电能、机械能等转变的热能。燃烧反应的一般形式是通过使用明火来使处于空气中的可燃物达到燃点，或者用其他方式加热处于空气中的可燃物来实现。因此，物质燃烧的必要条件除了物质本身的可燃性及氧化剂之外，还需要温度。各种可燃物由于其组成不同，发生燃烧的温度也不同。

**4. 链式反应**

有焰燃烧都存在链式反应。当某种可燃物受热，它不仅会汽化，而且该可燃物的分子会发生热解作用从而产生自由基。自由基是一种高度活泼的化学形态，能与其他的自由基和分子反应，而使燃烧持续进行下去，这就产生了燃烧的链式反应。

### 1.1.3 燃烧类型

**1. 闪燃**

闪燃，是指易燃或可燃液体挥发出来的蒸汽与空气混合后，遇火源发生一闪即灭的短促燃烧现象。液态可燃物表面因蒸发产生可燃蒸汽，固态可燃物因蒸发、升华或分解会产生可燃气体或蒸汽，这些气体或蒸汽与空气混合而形成可燃性气体，当遇到明火发生一闪即灭的火苗或闪光现象。

在规定的试验条件下，施用某种点火源造成液体汽化而着火的最低温度，称为闪点。闪点是衡量物质火灾危险性的重要参数。闪燃时间短，由于液体蒸发的速度小于燃烧对可燃物的需要，蒸汽很快被消耗。但若温度继续升高，液体挥发速度加快，此时蒸汽浓度高于爆炸下限，再遇明火便有起火爆炸的危险。因此，闪燃是易燃、可燃液体即将起火燃烧的前兆，这对防火来说具有重要的意义。

闪点用标准仪器测定。液体的闪点可用开杯式或闭杯式闪点仪（通常有泰格闭杯试验器、泰格开杯试验器、克利夫兰得开杯试验器等）测定。测定固体的闪点通常采用程序升温的加热方法。部分易燃和可燃液体的闪点如表 1-1 所示。

表 1-1 **部分易燃和可燃液体的闪点**

| 名称 | 闪点（℃） | 名称 | 闪点（℃） | 名称 | 闪点（℃） |
|---|---|---|---|---|---|
| 汽油 | -50 | 乙苯 | 23.5 | 丙烯腈 | -5 |
| 煤油 | 37.8~73.9 | 丁苯 | 30.5 | 戊烯 | -17.8 |
| 柴油 | 60~110 | 甲酸丙脂 | -3 | 丁二烯 | 41 |
| 原油 | -6.7~32.2 | 乙酸丙脂 | 13.5 | 氢氰酸 | -17.5 |
| 乙醇 | 12.8 | 乙酸乙酯 | -5 | 二硫化碳 | -45 |
| 正丙醇 | 23.5 | 乙酸丁酯 | 17 | 苯乙烯 | 38 |
| 戊烷 | <-40 | 乙酸戊脂 | 42 | 乙二醇 | 85 |
| 己烷 | -20 | 乙醚 | -45 | 丙酮 | -10 |
| 辛烷 | 16.5 | 丙醛 | 15 | 环己烷 | 6.3 |
| 苯 | -14 | 乙酸 | 42.9 | 松节油 | 32 |
| 甲苯 | 5.5 | 丁酸 | 77 | 环氧丙烷 | -37 |

不同可燃液体的闪点不同，且闪点越低，发生火灾的危险性越大。所以，闪点是确定液体火灾危险等级主要的依据。在消防管理分类上，把闪点小于 28℃ 的液体划为甲类液体，亦称易燃液体；闪点大于 28℃ 小于 60℃ 的液体称为乙类液体，闪点大于 60℃ 的液体称为丙类液体，乙、丙两类液体统称为可燃液体。

**2. 着火**

着火，是指可燃物质在空气中受到外界火源直接作用，开始起火并持续燃烧的现象。这个物质开始起火并持续燃烧的最低温度点，称为燃点。部分常见可燃物质的燃点如表 1-2 所示。

表 1-2 **部分常见可燃物质的燃点**

| 物质名称 | 燃点（℃） | 物质名称 | 燃点（℃） |
|---|---|---|---|
| 石蜡 | 158~195 | 赛璐珞 | 100 |
| 蜡烛 | 190 | 醋酸纤维 | 320 |
| 樟脑 | 70 | 涤纶纤维 | 390 |
| 萘 | 86 | 黏胶纤维 | 235 |
| 纸张 | 130 | 尼龙 6 | 395 |
| 棉花 | 210~255 | 腈纶 | 355 |
| 麻绒 | 150 | 聚乙烯 | 341 |
| 麻 | 150~200 | 有机玻璃 | 260 |
| 蚕丝 | 250~300 | 聚丙烯 | 270 |
| 木材 | 250~300 | 聚苯乙烯 | 345~360 |
| 松木 | 250 | 聚氟乙烯 | 391 |

一切可燃液体的燃点都高于其闪点，一般规律是，可燃液体的燃点比其闪点高出 1~5℃，而且液体的闪点越低，这一差别越小。因此，在评定闪点较低液体的火灾危险性时，燃点没有实际意义，而要以闪点作为主要依据。但燃点对可燃固体和闪点比较高的可燃液体具有实际意义，控制这些物质的温度在燃点以下，是预防火灾发生的措施之一。

**3. 自燃**

若可燃物质在空气中，被连续均匀地加热到一定温度，在没有外部直接火源的作用下，能够自发地燃烧的现象，叫做受热自燃。

例如木材受热，在 100℃ 以下时主要是蒸发水分；超过 100℃ 开始分解出可燃气体，并放出少量的热；温度到达 260~270℃，放热量开始增多，即使在外界热源移走后，木材仍能靠自身的发热来提高温度到达燃点。木材在没有外界明火点燃的条件下，由于温度逐渐提高达到自发焰燃烧的温度，即自燃点。这就说明了为什么当木结构靠近炉灶、烟囱，或是在通风散热条件不好的条件下，长时间放置，可能发生自燃。

可燃物质受热发生自燃的最低温度，称为自燃点。达到这一温度时，可燃物质与空气接触，不需要明火源就能自发地燃烧。部分可燃物质在空气中的自燃点如表 1-3 所示。

表 1-3 **部分可燃物质在空气中的自燃点**

| 物质名称 | 自燃点（℃） | 物质名称 | 自燃点（℃） |
| --- | --- | --- | --- |
| 汽油 | 415～530 | 二硫化碳 | 112 |
| 煤油 | 210 | 木材 | 250～350 |
| 石油 | 约 250 | 褐煤 | 250～450 |
| 氰 | 572 | 木炭 | 350～400 |
| 己烷 | 248 | 棉纤维 | 530 |
| 丁烷 | 443 | 聚乙烯 | 520 |
| 乙炔 | 305 | 聚苯乙烯 | 540 |
| 苯 | 580 | 有机玻璃 | 440 |
| 甲醇 | 498 | 镁 | 520 |

可燃物质的自燃点并不是固定不变的，它主要取决于氧化时所能放出的热量和内外导出的热量。液体与气体可燃物（包括受热熔融的固体）的自燃点还受压力、浓度、含氧量、催化剂等因素的影响；固体可燃物自燃点与固体粉碎颗粒的大小、分解产生的可燃气体数量及受热时间长短等因素有关。

日常生产生活中引起可燃物受热自燃的因素主要有：接触灼热物体、直接用火加热、摩擦生热、化学反应产热、高压压缩升温、热辐射作用等等。有些可燃物质在空气中，在远低于自燃点的温度下自燃发热，并且这种热量经过长时间的积蓄，使物质达到自燃点而燃烧，这种现象叫做物质的本身自燃。物质本身自燃发热的原因有物质的氧化生热、分解生热、吸附生热、聚合生热和发酵生热。

物质本身自燃和受热自燃两种现象的本质是一样，只是热量来源不同，前者是物质本身的热效应，后者是外部加热的作用，因此，两者统称为自燃。

### 4. 爆炸

物质发生急剧氧化或分解反应，使其温度、压力增加或两者同时急剧增加的现象，称为爆炸。在爆炸时，势能（化学能或者机械能）突然转变为动能，伴有高压气体生成或释放出高压气体，且这些高压气体对附近物体做功，如使周围物质移动、形变或抛射。

根据爆炸物质在爆炸过程中的变化，可将爆炸分为化学爆炸、物理爆炸。物理爆炸是由于液体转化为蒸汽或者气体迅速膨胀，压力急剧增加，并大大超过容器的承压能力而发生的爆炸，如蒸汽锅炉、液化气钢瓶的爆炸等。化学爆炸是因物质本身起化学反应，瞬间产生大量气体和热量而发生的爆炸，如炸药的爆炸、可燃气体与空气的混合气体爆炸等。

在消防工作中经常遇到的爆炸类型是可燃性气体、蒸汽、粉尘与空气或其他氧化介质形成爆炸性混合物而发生的化学爆炸。对生产、生活中存在上述物质环境的火灾爆炸危险性，可通过该物质相应的爆炸极限来判定，进而采取相应的防范措施。

爆炸极限，又称爆炸浓度极限、燃烧极限或火焰传播极限，是指可燃气体、蒸汽或粉尘与空气混合后，遇到明火产生爆炸的浓度范围，通常以体积百分比表示。空气中含有的可燃性气体、蒸汽或粉尘所形成的混合物，遇到火源能发生爆炸的最低浓度，称为爆炸下限；遇到火源能发生爆炸的最高浓度，称为爆炸上限。浓度低于下限，可燃气体、易燃、可燃液体蒸汽、粉尘的数量少，不足以发火燃烧；高于上限，则因氧气不足，在密闭容器内遇明火不会燃烧爆炸；只有浓度在下限和上限之间，浓度比较合适时，遇明火才会发生爆炸。部分可燃气体和液体蒸汽的爆炸极限如表 1-4 所示。

表 1-4　**部分可燃气体和液体蒸汽的爆炸极限**

| 物质名称 | 在空气中（%） | | 在氧气中（%） | |
|---|---|---|---|---|
| | 下限 | 上限 | 下限 | 上限 |
| 氢气 | 4.0 | 75.0 | 4.7 | 94.0 |
| 乙炔 | 2.5 | 82.0 | 2.8 | 93.0 |
| 甲烷 | 5.0 | 15.0 | 5.4 | 60.0 |
| 乙烷 | 3.0 | 12.45 | 3.0 | 66.0 |
| 丙烷 | 2.1 | 9.5 | 2.3 | 55.0 |
| 乙烯 | 2.75 | 34.0 | 3.0 | 80.0 |
| 丙烯 | 2.0 | 11.0 | 2.1 | 53.0 |
| 氨 | 15.0 | 28.0 | 13.5 | 79.0 |
| 环丙烷 | 2.4 | 10.4 | 2.5 | 63.0 |
| 一氧化碳 | 12.5 | 74.0 | 15.5 | 94.0 |
| 乙醚 | 1.9 | 40.0 | 2.1 | 82.0 |
| 丁烷 | 1.5 | 8.5 | 1.8 | 49.0 |
| 二乙烯醚 | 1.7 | 27.0 | 1.85 | 85.5 |

## 1.2　火灾的定义和分类

火灾，是一种在时间和空间上失去控制，违反人类意志，并给人类带来灾害的燃烧现象。

### 1.2.1　按照可燃物的燃烧特性分类

按照可燃物的燃烧特性，通常将火灾分为 A、B、C、D、E、F 六类。

A 类火灾：是指普通固体可燃物引起的火灾。这种物质往往具有有机物的性质，一般在燃烧时能产生灼热的余烬，如木材、纸类、纤维、棉、布、合成树脂、橡胶、塑胶等。通常建筑物火灾即属此类。可以通过水或含水溶液的冷却作用，使可燃物温度降低至燃点以下，达到灭火效果。

B 类火灾：是指可燃性液体，如石油制品以及可燃性油脂（如涂料等）引起的火灾。此类火灾最有效的灭火方法是以掩盖法隔离氧气而达到灭火效果。

C 类火灾：是指可燃气体燃烧形成的火灾，如天然瓦斯、乙炔气、液化石油瓦斯等。

D 类火灾：是指活性金属，如钠、钾、锂、锆、钛等，或其他禁水性物质燃烧引起的火灾。这些物质燃烧时温度很高，只有分别使用针对这些可燃金属的特定灭火剂（通常会标明用于何种金属），才能有效灭火。

E 类火灾：带电火灾，是指涉及通电中的电气设备引起的火灾，如电器、变压器、电线、配电盘等。可用不导电的灭火剂控制火势，或者截断电源，再视情况依 A 或 B 类火灾处理，后者较为妥当。

F 类火灾：烹饪器具内的烹饪物（如动植物油脂）引发的火灾。这类火灾可以采用移开可燃物，或降低温度，来达到灭火效果。

### 1.2.2 按照一次火灾造成的损失分类

根据国家火灾统计管理规定，按照一次火灾事故所造成的人员伤亡、受灾户数和直接财产损失，把火灾危害等级划为特大火灾、重大火灾、较大火灾、一般火灾四类。

特大火灾：是指造成 30 人以上死亡，或者 100 人以上重伤，或者 1 亿元以上直接财产损失的火灾。

重大火灾：是指造成 10 人以上 30 人以下死亡，或者 50 人以上 100 人以下重伤，或者 5000 万元以上 1 亿元以下直接财产损失的火灾。

较大火灾：是指造成 3 人以上 10 人以下死亡，或者 10 人以上 50 人以下重伤，或者 1000 万元以上 5000 万元以下直接财产损失的火灾。

一般火灾：是指造成 3 人以下死亡，或者 10 人以下重伤，或者 1000 万元以下直接财产损失的火灾。

### 1.2.3 按照火灾发生的场合分类

按照火灾发生的场合，火灾大体可分为城镇火灾、野外火灾、森林火灾、建筑火灾、工业火灾等。

城镇火灾：包括民用建筑火灾、工厂仓库火灾、交通工具火灾等。各类建筑物是人们生产生活的场所，也是财产极为集中的地方，因此建筑火灾后果通常十分严重，不仅会造成较大经济损失，而且直接影响人们的各种活动。

野外火灾：虽然有人为因素的影响，但主要与自然条件有关，一般将其按自然灾害对待。

森林火灾：是指在森林和草原发生的火灾，包括地下火、地表火、树冠火等形式，具有大尺度、开放性等特点。如大兴安岭火灾、安宁森林火灾等。

建筑火灾：是指建筑物内发生的火灾，往往在受限空间中蔓延，具有多种发展方式和过火行为，严重威胁居民生命财产安全。如衡阳大火，911 恐怖袭击事件中撞机引发的特大火灾，洛阳东都商厦特大火灾等。

工业火灾：是工业场所尤其是油类及化工生产、加工和贮存场所发生的火灾，这类火灾往往蔓延迅速、火势强度大。

本书主要结合建筑火灾展开讨论。

## 1.3　火灾危害

由于火灾的本质是失去控制的燃烧现象造成危害，因此，凡是具备燃烧条件的地方，如果用火不当，或者由于某种事故等外在因素，造成了火焰不受控制地向外扩展，就可能形成火灾。火灾可能发生在任何满足燃烧条件的场所，所以不能掉以轻心。

火灾对人类社会和自然造成的破坏是非常巨大的。火灾造成的死亡人口数可占人口总死亡数的十万分之一，除了直接经济损失之外，火灾的间接经济损失、人员伤亡、灭火费用等也都相当大，而且部分损失和后果在短期内看不出来。根据世界火灾统计中心的研究，如果火灾的直接经济损失占国民经济总值的 0.2%，那么整个火灾中直接及间接总损失将占国民经济总值的 1%。随着城市化的发展，建筑物内社会财富的相对集中，火灾危害程度日益加重，现在我国的火灾问题也相当严重。

火灾的可怕之处主要体现在两个方面：一是火灾过火面所经过的财物均被火焰直接烧坏烧毁，造成财产损失，且火灾本身对建筑物结构造成破坏，影响结构的稳定性，严重时造成建筑坍塌，从而使建筑物内人员伤亡；二是因为火灾过程中可燃物燃烧产生的结果，会明显威胁到火灾区域及其邻接区域的人员安全，造成人员伤亡。一般而言，火灾对于人员安全效应可分为六大类，包括：氧气耗尽、火焰、热、毒性气体、烟和建筑结构强度衰减。

氧气耗尽效应：在正常大气中 21% 氧气浓度下，人类可以自如活动。当氧浓度低至 17% 以下时，人体肌肉功能会减退，出现缺氧症现象；在氧气浓度为 10%～14% 时，人的判断能力会出现错误，且本身无法察觉；在氧气浓度为 6%～8% 时，人的呼吸停止，并且 6～8 分钟的缺氧将会导致人窒息死亡。一般人存活的氧气浓度低限为 10%，在不同火灾场景中氧气浓度多久达到低限，及氧气浓度降低程度，则由不同火灾情况及燃烧区域的不同而定。氧气浓度会受到可燃物浓度、燃烧速度、燃烧区域体积等的影响。

火焰效应：直接接触火焰或火焰的热辐射可能会造成人体的烧伤。由于火焰几乎不与燃烧物质脱离，所以火焰只对邻近火焰区域的人员产生威胁。人体皮肤若暴露在 66℃ 以上环境中，或受到的辐射热在 $3W/cm^2$ 以上，仅 1 秒钟即可造成烧伤，故火焰温度及其辐射热会导致人立即丧生或事后致命。

热效应：热对于火灾区域及邻近区域的人员都具有危险性。火焰产生的灼热气体或高温烟气，会导致烧伤、热虚脱、脱水及呼吸道闭塞（水肿）。人能够生存、呼吸的极限温度约为 131℃；但当超过 66℃ 时，灼热空气便让人难以忍受，在这种温度下，会使消防人员救援及室内人员逃生受阻。

毒性气体效应：一般高分子材料热分解及燃烧产物的成分种类繁杂，有时多达百种以上，这其中部分气体成分会对人体生理具有毒性，如 CO、$CO_2$、HCN、$SO_2$、$H_2S$ 等。这些气体成分，按毒害作用，基本上可分为：窒息性或昏迷性成分、对感官或呼吸道刺激性成分，以及其他毒害性成分三类。根据以往火灾死亡统计资料，大部分罹难者是由于吸入 CO 等有害气体致死。

烟效应：烟是指在可燃物发生燃烧或热分解时，释放出的散播在空气中的固态、液态微粒及气体，它是火灾发展过程中的重要产物，成分中含有碳粒、焦油，均可以遮挡光线，阻碍人员视线，降低火场中的能见度。能见度是避难者能否逃出火场、消防人员能否找到火源并扑灭火灾的重要影响因素。同时，由于烟气对光线的遮蔽及对人眼部和呼吸道的刺激，还会助长人们的惊慌情绪。在逃生时，烟气往往比温度更早达到使被困者无法忍受的程度。

结构强度衰减效应：因火灾热损害而造成建筑物的结构组件无法达到设计强度进而发生破坏，可能发生的情况如结构脆弱化、地板承受不了人员重量，或墙壁、屋顶崩塌。另外，火灾对结构的破坏不易从构件外观察觉，因此，火灾后对结构强度衰减程度的评估相当重要，这将决定该建筑能否正常使用。

## 1.4　现代建筑火灾特点及防火基本概念

### 1.4.1　现代建筑火灾特点

#### 1. 可燃结构的建筑火灾

可燃结构，是指建筑上所用的梁、柱、屋盖等建筑构件是用可燃材料制做的，这样的建筑通常是一些单层或低层建筑，例如木结构房屋等。

可燃结构的房屋的火灾完整发展过程是有一定规律的。可燃结构的房屋火灾大体可以分为初起、发展和倒塌熄灭三个阶段。

（1）火灾初起：火灾在起火部位燃烧的阶段。这时，由室外可以看到从窗缝、墙缝、瓦缝等缝隙处向外冒白烟，不久变为黑烟。随后，黑烟逐渐减少，出现猛烈火焰。

开始燃烧时，因为室内的空气充足能满足完全燃烧的氧气需求，构件分解反应完全，所以放出白烟。当燃烧面积扩大、氧气消耗量增加，而室内的氧气已经供给不足时，燃烧的速度开始降低，甚至由猛烈燃烧转变为阴燃或熄灭，但室内仍能维持较长时间的无焰燃烧，放出大量可燃气体（不完全燃烧产物）、黑烟和热量。

这一阶段影响火势发展的主要因素是房间密闭的程度。如果房间开阔，室内外空气流通，供氧充足，火源能量较大，则火势发展快。

在密闭的建筑物内，若室内温度上升至约 250℃时，窗玻璃会破碎，室内外空气就会有通道对流，冷空气骤增，所以这时建筑物内部黑烟又会变为猛烈燃烧的火焰。

（2）火灾发展：该阶段指在整个房间被全部点燃，发展到燃烧十分凶猛，室内温度达到最高峰以前的时间。这时火势的发展与火源无关，即无论火源是何种类型，都不影响火势发展的势头。

进入火灾发展阶段以后，火焰逐渐将屋顶烧穿，烧穿后室内外形成良好的空气对流。此时室内供氧充足，燃烧更加强烈，室内温度达到最高峰。

大量黑烟和火焰的混合体，伴随着气流和飞散物，由屋顶和窗口窜出，笼罩整个建筑物的屋顶，放出强烈的辐射热，对周围建筑物构成巨大的威胁。

（3）倒塌熄灭：该阶段是指从火势发展到最高温时算起，直到房屋的支撑结构倒榻，火焰熄灭时为止的最后阶段。此时内部的可燃物已经基本燃尽，温度不断下降，燃烧向着自行熄灭的方向发展。

### 2. 不燃结构的建筑火灾

不燃结构建筑，是指建筑物的主要结构为非燃材料组成的混合结构，如砖墙和钢筋混凝土楼板、梁、柱、屋顶等构成的建筑物。但其中的家具用品大多仍是可燃的，很多建筑物中涉及的保暖、装修、通风管道等材料也是可燃烧的。因此，在不燃结构建筑物内，发生火灾的可能性仍然较大。

不燃结构建筑火灾，初起阶段持续时间的长短，取决于起火的原因、房间内可燃物的数量和分布，以及门窗紧闭程度。而其中以门窗紧闭程度的影响为最大。因为它决定了是否能从室外源源不断地获得新鲜空气，以满足持续燃烧的需要。

火灾由初起阶段发展到猛烈燃烧的时间，取决于房间通风的条件。一般大约需要 5~20 分钟，此时的燃烧是局部的，火势发展不稳定，室内的平均温度不高。根据这一特点，应争取在火灾初期及早发现、及时控制住火源，消灭起火点。

当各种条件都对火灾的发展有利时，燃烧便由最初的起火点蔓延室内其他的可燃物，此时室内可燃物体都在猛烈燃烧，随着燃烧面积不断扩大，燃烧逐渐猛烈，火焰热辐射的强度迅速增长。热辐射和热对流（烟气蔓延）的加热使物质自燃，是燃烧向四周扩大蔓延的主要手段。

火灾在发展阶段内，温度不断上升，直到可燃材料被烧尽，温度达到最高点，难以扑救。

火灾发展到衰减熄灭阶段时，室内可供的可燃物减少，温度开始下降，火场温度又逐渐下降至正常室温。

### 3. 不同用途建筑的火灾

建筑物按用途可分为民用建筑和工业建筑两类。一般地讲，民用建筑因为建筑内存放的物品大多数是有机可燃物品，发生火灾时，易产生浓烈烟气，继而不断扩大燃烧面积，进入火灾的发展阶段，直至倒塌或衰减熄灭。

工业建筑火灾由于建筑的使用目的不同，表现出多样的火灾特点。生产用建筑的火灾，主要取决于生产过程中所使用的原材料、加工产品的火灾危险性大小以及生产的工艺流程。如石油化工生产，大多是在高温高压下进行的各种物理化学反应，在发生火灾时，通常是先爆炸、后着火，有时则是先着火、后爆炸，甚至发生多次爆炸。因此，石油化工建筑火灾表现出燃烧伴随爆炸的特点，这种火灾特征是因为生产中使用的原料和产品大部分都具有易燃、易爆的特性，使得这类建筑火灾的发展速度快，同时爆炸易使建筑结构遭到破坏。仓库建筑火灾的特点主要取决于仓库内储存物资的数量和性质。一般来说，若仓库内存放一般的可燃材料，且数量较大，当各种条件对火灾的发展有利（如通风较好）时，燃烧强度会急剧增大，火势会迅速蔓延。若仓库内存放化学危险物品，那么建筑火灾则表现出燃烧与爆炸同时进行的特点，使得建筑物在很短的时间内便遭到结构性的破坏甚至倒塌。

**4. 不同形式建筑的火灾**

建筑物的结构形式和存在形式的不同，在发生火灾时表现出的特点是不相同的。高层建筑因其垂直高度大、竖井管道多等，当发生火灾时，如果在初期阶段不能将火灾扑灭，那么当火灾处于发展阶段时，在竖井管道等的“烟囱效应”作用下，火势会迅速蔓延。据测定，烟气在楼梯间等竖井中扩散速度为3~4m/s。同时，由于建筑层数多，垂直距离长，也会造成人员疏散和火灾扑救的难度增大。地下建筑，由于没有直通室外的出口、门窗，通风和对流条件差，火灾时难以排烟、排热，人员疏散困难、扑救难度大。造成地下建筑火灾危害大的主要原因：一是地下建筑内的各种可燃物燃烧时产生的大量烟气和有毒气体难以排出，不仅严重遮挡视线，还会使人中毒；二是排热差，温度升高快，对人体危害大；三是疏散距离长，有的地下建筑长数百米甚至上千米，如城市地铁、隧道、人防工程等，出入口少，对人员疏散和火灾扑救都极为不利。

大跨度建筑，如歌剧院、礼堂、体育馆、大型工业厂房、大型火车站、飞机航站楼等，一般采用钢结构承重，在发生火灾时，燃烧产生的热量导致钢材强度下降，进而使结构发生形变，因此大跨度建筑在发生火灾时通常表现出建筑物倒塌破坏的特点。

### 1.4.2 现代建筑防火的基本概念

火灾的发生并不可怕，其发生、发展蔓延本身具有一定的内在规律，根据火灾本身的规律制定科学的防火灭火措施，完全可以将火灾损失减低到最小。为此，不同国家根据各自国情，围绕着城市规划、建筑设计、施工、运营管理等制定了相应的法律法规，同时建立了专业的灭火救援消防队伍。根据我国的法律，任何建筑的设计施工都必须采取相应的防火救援措施，设置相关的防火救援设备。

## 1.5 建筑分类及危险等级

### 1.5.1 按建筑用途分类

由于不同类型的建筑火灾危险性不同，故所采取的防火措施也有不同的要求，按照建筑物的使用性质，通常可分为生产性建筑和非生产性建筑。

**1. 生产性建筑**

生产性建筑又可分为工业建筑和农业建筑。工业建筑，是指为工业生产服务的各类建筑，也可以叫厂房类建筑，如生产车间、辅助车间、动力用房、仓储建筑等。厂房类建筑又可以分为单层厂房和多层厂房两大类。农业建筑，是指用于农业、畜牧业生产和加工用的建筑，如温室、畜禽饲养场、粮食与饲料加工站、农机修理站等。

**2. 非生产性建筑**

非生产性建筑即民用建筑。按照使用功能，可将民用建筑分为居住建筑与公共建筑。

1）居住建筑

住宅建筑：如住宅、公寓、老年人住宅、商用住宅等；

宿舍建筑：如单身宿舍或公寓、学生宿舍或公寓等。

2）公共建筑

办公建筑：如各级立法、司法、党委、政府办公楼，商务、企业、事业办公楼等；

科研建筑：如实验楼、科研楼、设计楼等；

文化建筑：如剧院、电影院、图书馆、博物馆、档案馆、展览馆、音乐厅、礼堂等；

商业建筑：如百货公司、超级市场、菜市场、旅馆、饮食店、步行街等；

体育建筑：如体育场、体育馆、游泳馆、健身房等；

医疗建筑：如综合医院、专科医院、康复中心、急救中心、疗养院等；

交通建筑：如汽车客运站、港口客运站、铁路旅客站、空港航站楼、地铁站等；

司法建筑：如法院、看守所、监狱等；

纪念建筑：如纪念碑、纪念馆、纪念塔、故居等；

园林建筑：如动物园、植物园、游乐场、旅游景点建筑、城市建筑小品等；

综合建筑：如多功能综合大楼、商务中心、商业中心等。

## 1.5.2　按建筑高度分类

民用建筑根据建筑高度和层数可分为单层民用建筑、多层民用建筑和高层民用建筑。高层民用建筑根据其建筑高度、使用功能、火灾危险性、安全疏散及施救难度以及楼层的建筑面积等可分为一类和二类，见表 1-5。

表 1-5　**民用建筑的分类**

| 名称 | 高层民用建筑 | | 单、多层民用建筑 |
|---|---|---|---|
| | 一类 | 二类 | |
| 住宅建筑 | 建筑高度大于 54m 的住宅建筑（包括设置商业服务网点的住宅建筑） | 建筑高度大于 27m，但不大于 54m 的住宅建筑（包括设置商业服务网点的住宅建筑） | 建筑高度不大于 27m 的住宅建筑（包括设置商业服务网点的住宅建筑） |

续表

| 名称 | 高层民用建筑 | | 单、多层民用建筑 |
|---|---|---|---|
| | 一类 | 二类 | |
| 公共建筑 | 建筑高度大于 50m 的公共建筑<br>任一楼层建筑面积大于 1000m² 的商店、展览、电信、邮政、财贸金融建筑和其他多种功能组合的建筑<br>医疗建筑、重要公共建筑<br>省级及以上的广播电视和防灾指挥调度建筑、网局级和省级电力调度建筑<br>藏书超过 100 万册的图书馆、书库 | 除一类高层公共建筑外的其他高层公共建筑 | 建筑高度大于 24m 的单层公共建筑<br>建筑高度不大于 24m 的其他公共建筑 |

## 1.6 建筑防火策略

防火策略可分为两类，一类是主动防火策略，即采用预防起火、早期发现（如设火灾探测报警系统）、初期灭火（如设自动喷水系统）等措施，尽可能避免火宅发生或失控。采用主动防火策略进行防火，可以减少火灾发生的起数，但却不能完全排除发生重大火灾的可能性。另一类是被动防火策略，即采用以耐火构件划分防火分区、提高建筑结构的耐火性能、设置防排烟系统、设置安全疏散楼梯等措施，尽量不使火势扩大，并威胁到邻近区域人员和财物安全。以被动防火策略进行防火，虽然会发生火灾，但却可以减少发生重大火灾的概率，节省主动防火设备投资。被动防火策略和主动防火策略的目的是一致的，都是为了降低火灾损失，保证人员和财产的安全。

我国《消防法》、《建筑设计防火规范》(GB50016—2014)、《建筑内部装修设计防火规范》(GB50222—2001) 等规范规定了建筑设计防火应采用的技术措施，按我国建筑行业的技术工种分类可以分为以下四大方面：

### 1. 建筑防火

建筑防火设计的主要内容有：

(1) 总平面防火。在总平面设计中，应根据建筑物的使用性质、火灾危险性，以及建筑当地的地形、地势和风向等因素，进行合理布局，尽量避免建筑物相互之间构成火灾威胁，防止发生火灾爆炸后可能造成的严重后果，并为消防车顺利扑救火灾提供必需的条件。

(2) 建筑物耐火等级。在建筑设计防火规范规定的防火技术措施中，划分建筑物耐火等级是最基本的措施。它要求建筑物在火灾高温的持续作用下，墙、柱、梁、楼板、屋盖、吊顶等基本建筑构件，能在一定的时间内不受高温破坏，不传播火灾，从而起到延缓和阻止火灾蔓延的作用，并为人员疏散、抢救物资和扑灭火灾，以及火灾后结构修复创造条件。

(3) 防火分区和防火分隔。在建筑物中采用耐火性极好的分隔构件将建筑物空间分隔成若干防火分区，一旦某一分区起火，这些构件会把火灾控制在分区内部，防止火灾扩大蔓延。

(4) 防烟分区。对于某些建筑物，需用挡烟构件（挡烟梁、挡烟垂壁、隔墙等）划分防烟分区，将烟气控制在一定范围内，以便用排烟设施将烟气排出，以保证烟气层高度不威胁到人员安全疏散，并且便于消防扑救工作顺利进行。

(5) 室内装修防火。在防火设计中，应根据建筑物性质、规模，对建筑物的不同装修部位采用相应燃烧性能的装修材料。通过使室内装修材料尽量做到不燃或难燃，来减少火灾的发生几率，降低火焰蔓延速度。

(6) 安全疏散。建筑物发生火灾时，为避免建筑物内的人员由于火焰炙烤、烟气中毒或房屋倒塌而遭到伤害，必须尽快撤离；室内的物资财富也要尽快抢救出来，以减少由于火灾或水浸造成的损失。为此，要求建筑物应有完善的安全疏散设施，为安全疏散创造良好条件。

(7) 工业建筑防爆。在一些工业建筑中，常会使用或生产能够与空气形成爆炸性危险性的混合物的可燃气体、可燃蒸汽、可燃粉尘，这些物质遇到火源会引起爆炸。这种爆炸能够在瞬间以机械功的形式释放出巨大的能量，使建筑物、生产设备遭到破坏，造成人员伤亡。对于上述有爆炸危险的工业建筑，为了防止爆炸事故的发生、减少爆炸事故造成的损失，要从建筑平面与空间布置、建筑构造和建筑设施等方面采取防火防爆措施。

#### 2. 消防给水、灭火系统

消防给水、灭火系统设计的主要内容包括：室外消防给水系统、室内消火栓给水系统、闭式自动喷水灭火系统、雨淋灭火系统、水幕系统、水喷雾灭火系统，以及气体灭火系统，如二氧化碳、卤代烷灭火系统等。要根据建筑的性质、使用情况，合理设置上述各种系统，做好各个系统的设计计算，合理选用系统的设备配件等。

#### 3. 采暖、通风和空调系统防火、防排烟系统

采暖、通风和空调系统防火设计应按规范要求选择相应的设备型号，对各种设备和配件按规范规定进行空间布置，做好各构件的防火处理等。在设计防排烟系统时，要根据建筑物性质、使用功能、建筑规模等确定好设置范围，采用合理的防排烟方式，划分防烟分区，做好系统设计计算，合理选用设备类型等。

#### 4. 电气防火，火灾自动报警控制系统

建筑防火设计时要求根据建筑物的性质，合理确定消防供电级别，做好消防电源、配电线路、设备的防火设计，按规定设计火灾事故照明和疏散指示标志，采用先进可靠的火灾报警控制系统。此外，对有要求的建筑物，还要设计安全可靠的防雷装置。

随着现代智能建筑的发展，火灾监测与消防灭火管理集成度更高，各种智能消防技术设置孕育而生，这些新技术的发展和新设备的应用极大地提高了现代建筑消防水平。

# 第2章　建筑火灾特性

## 2.1　可燃物分类与火灾荷载

### 2.1.1　可燃物分类

凡是能与空气中的氧或其他氧化剂发生燃烧化学反应的物质，称为可燃物。可燃物种类繁多，根据化学结构的不同，可燃物可分为无机可燃物和有机可燃物两大类。无机可燃物中的无机单质有钾、钠、钙、镁、磷、硫、硅、氢等，无机化合物有一氧化碳、氨、硫化氢、磷化氢、二硫化碳、联氨、氢氰酸等。有机可燃物按分子量，可分为低分子和高分子；按来源，可分成天然的和合成的。有机物中除了多卤代烃如四氯化碳、二氟-氯-溴甲烷（1211）等不燃且可作灭火剂之外，其他绝大部分有机物都是可燃物。常见的有机可燃物有天然气、液化石油气、汽油、煤油、柴油、原油、酒精、豆油、煤、木材、棉、麻、纸以及三大合成材料（合成塑料、合成橡胶、合成纤维）等。

根据可燃物的物态和火灾危险特性的不同，参照危险货物的分类方法，取其中有燃烧爆炸危险性的种类，再加上一般的可燃物（不属于危险货物的可燃物），将可燃物分成六大类。

**1. 爆炸性物质**

凡受高热、摩擦、撞击，或受一定物质激发，能瞬间引起单分解，或复分解化学反应，并以机械能的形式，在极短时间内放出能量的物质，即为爆炸性物质。具体包括：

点火器材：如导火索、点火绳、点火棒等。

起爆器材：如导爆索、雷管等。

炸药及爆炸性药品：环三次甲基三硝胺（黑索金）、四硝化戊四醇（泰安）、硝基胍、硝铵炸药（铵梯炸药）、硝化甘油混合炸药（胶质炸药）、硝化纤维素或硝化棉（含氮量在12.5%以上）、高氯酸（浓度超过72%）、黑火药、三硝基甲苯（TNT）、三硝基苯酚（苦味酸）、迭氮钠、重氮甲烷、四硝基甲烷等。

其他爆炸品：小口径子弹、猎枪子弹、信号弹、礼花弹、演习用纸壳手榴弹、焰火、爆竹等。

**2. 自燃性物质**

凡是不用明火作用，由本身受空气氧化或外界的温度、湿度影响发热达到自燃点而自发燃烧的物质，称为自燃物质。具体可分为：

一级自燃物质（在空气中易氧化或分解、发热引起自燃）：黄磷、硝化纤维胶片、铝铁熔剂、三乙基铝、三异丁基铝、三乙基硼、三乙基锑、二乙基锌、651 除氧催化剂、铝导线焊接药包等。

二级自燃物质（在空气中能缓慢氧化、发热引起自燃）：油纸及其制品、油布及其制品、桐油漆布及其制品、油绸及其制品，以及植物油浸渍的棉、麻、毛、发、丝及野生纤维、粉片柔软云母等。

### 3. 遇水燃烧物质（亦称遇湿易燃物品）

凡遇水或潮湿空气能分解而产生可燃气体，并放出热量，引起燃烧或爆炸的物质，称为遇水燃烧物质。具体可分为：

一级遇水燃烧物质（与水或酸反应极快，产生可燃气体，发热，极易引起自行燃烧）：钾、钠、锂、氢化锂、氢化钠、四氢化锂铝、氢化铝钠、磷化钙、碳化钙（电石）、碳化铝、钾汞齐、钠汞齐、钾钠合金、镁铝粉、十硼氢、五硼氢等。

二级遇水燃烧物质（与水或酸反应较慢，产生可燃气体，发热，不易引起自行燃烧）：氰氨化钙（石灰氮）、低亚硫酸钠（保险粉）、金属钙、锌粉、氢化铝、氢化钡、硼氢化钾、硼氢化钠等。

### 4. 可燃气体

遇火、受热或与氧化剂接触，能燃烧、爆炸的气体，称为可燃气体。

甲类可燃气体，是指燃烧（爆炸）浓度下限小于 10%的可燃气体，如氢气、硫化氢、甲烷、乙烷、丙烷、丁烷、乙烯、丙烯、乙炔、氯乙烯、甲醛、甲胺、环氧乙烷、炼焦煤气、水煤气、天然气、油田伴生气、液化石油气等。

乙类可燃气体，是指燃烧（爆炸）浓度下限大于 10%的可燃气体，如氨、一氧化碳、硫氧化碳、发生炉煤气等。

### 5. 易燃和可燃液体

我国《建筑设计防火规范》中，将能够燃烧的液体分成甲类液体、乙类液体、丙类液体三类。汽油、煤油、柴油等常用的三大油品是甲、乙、丙类液体的代表。闪点小于 28℃的液体，如二硫化碳、苯、甲苯、甲醇、乙醚、汽油、丙酮等，划为甲类。闪点大于或等于 28℃，小于 60℃的液体，如煤油、松节油、丁烯醇、溶剂油、冰醋酸等，划分为乙类。闪点大于或等于 60℃的液体，如柴油、机油、重油、动物油、植物油等，划为丙类。比照危险货物的分类方法，可将上述甲类和乙类液体划入易燃液体类，把丙类液体划入可燃液体类。

### 6. 易燃、可燃与难燃固体

我国《建筑设计防火规范》中，将能够燃烧的固体划分为甲、乙、丙、丁、戊五类。比照危险货物的分类方法，可将甲类、乙类固体划入易燃固体，丙类固体划入可燃固体，丁类固体划入难燃固体，戊类固体划入不燃固体。

在常温下能自行分解火灾空气中氧化导致迅速自燃或爆炸的固体，如硝化棉、赛璐珞，黄磷等，划为甲类。

在常温下受到水或空气中的水蒸气的作用，能产生可燃气体并引起燃烧或爆炸的固体，如钾、钠、氧化钠、氢化钙、磷化钙等，划为甲类。

遇酸、受热、撞击、摩擦以及遇有机物或硫磺等易燃的无机物，极易引起燃烧或爆炸的强氧化剂，如氯酸钾、氯化钠、过氧化钾、过氧化钠等，划为甲类。

凡不属于甲类的化学易燃危险固体（如镁粉、铝粉、硝化纤维漆布等），不属于甲类的氧化剂（如硝酸铜、亚硝酸钾、漂白粉等）以及常温下在空气中能缓慢氧化、积热自燃的危险物品（如桐油、漆布、油纸、油浸金属屑等），都划为乙类。

可燃固体，如竹木、纸张、橡胶、粮食等，属于丙类。

难燃固体，如酚醛塑料、沥青混凝土、水泥刨花板等，属于丁类。

不燃固体，如钢材、玻璃、陶瓷等，属于戊类。

### 2.1.2 火灾荷载

火灾荷载，是指某一给定场所内的所有可燃物品（包括结构构件、内装修、家具等）的总潜热能，即指经完全燃烧后能放出的最大热量。火灾荷载等于每种可燃物的质量与其燃烧热值的乘积之和，法定计量单位为 MJ。

火灾荷载通常用火灾荷载密度，即单位建筑面积上的火灾平均荷载（$J/m^2$）来表示。一般说，火灾荷载越大，着火时间越长，建筑遭受破坏也越严重。英国根据建筑物的火灾荷载，将建筑物耐火等级分为低、中、高三个级别（表 2-1）。

表 2-1 **建筑物按照火灾荷载密度划分的耐火等级**

| 建筑物耐火等级 | 低 | 中 | 高 |
|---|---|---|---|
| 火灾荷载密度（$MJ/m^2$） | <11400 | 11400～22800 | >22800 |

火灾荷载是衡量建筑物室内所容纳可燃物数量多少的一个参数，是研究火灾发生、发展及其控制的重要因素。在建筑物发生火灾时，火灾荷载直接决定着火灾持续时间和室内温度的变化。因而，在进行建筑防火设计时，首先要掌握火灾荷载的概念，合理确定火灾荷载数值。

建筑物内的可燃物可分为固定可燃物和容载可燃物两类。固定可燃物，是指墙壁、顶棚等构件材料及装修、门窗、固定家具等所采用的可燃物。容载可燃物，是指家具、书籍、衣物、寝具、装饰等可移动物品构成的可燃物。固定可燃物数量很容易通过建筑设计图纸准确地求得；容载可燃物的品种、数量变动很大，难以准确计算，一般由调查统计确定。

建筑物中可燃物种类很多，其燃烧发热热量也因材料性质不同而异。为了方便研究，在实际中通常根据燃烧热值把某种材料换算为等效发热量的木材，用等效木材的重量表示可燃物的数量，称为等效可燃物量。为了便于研究火灾性状及选择适当的防火措施，在此把火灾范围内的单位地板面积的等效可燃物量定义为火灾荷载，即

$$q = \frac{\sum G_i H_i}{H_0 A} = \frac{\sum Q_i}{H_0 A} \tag{2-1}$$

式中：$q$ ——火灾荷载，单位 $kg/m^2$；

$G_i$ ——某种可燃物质量，单位 kg；

$H_i$ ——某种可燃物单位质量发热量，单位 MJ/kg；

$H_0$——单位质量木材的发热量，单位 MJ/kg；

$A$ ——火灾范围的地板面积，单位 $m^2$；

$\sum Q_i$ ——火灾范围内所有可燃物总发热量，单位 MJ。

表 2-2 是部分可燃物质的热值，表 2-3 是部分家具的热值，表 2-4 是一些国家基本认可的火灾荷载密度。

表 2-2　**部分可燃物质的热值**

| 材料名称 | 单位发热量（MJ/kg） | 材料名称 | 单位发热量（MJ/kg） | 材料名称 | 单位发热量（MJ/kg） |
|---|---|---|---|---|---|
| 无烟煤 | 31～36 | 涤纶化纤地毯 | 21～26 | 氰 | 21 |
| 煤、焦炭 | 28～34 | 羊毛地毯 | 19～22 | 一氧化碳 | 10. 1 |
| 木炭 | 29～31 | 硬 PVC 套管 | 19～23 | 氢气 | 119. 7 |
| 蜂窝煤、泥煤 | 17～23 | 硬 PVC 型材 | 19～23 | 甲醛 | 17. 3 |
| 煤焦油 | 41～44 | 软 PVC 套管 | 23～26 | 甲烷 | 50 |
| 沥青 | 41～43 | 聚乙烯管材 | 37～40 | 乙烷 | 48 |
| 纤维素 | 15～16 | 泡沫 PVC 板材 | 21～26 | 丙烷 | 45. 8 |
| 衣物 | 17～21 | 聚甲醛树脂 | 16～18 | 丁烷 | 45. 7 |
| 木材 | 17～20 | 聚异丁烯 | 43～46 | 乙烯 | 47. 1 |
| 纤维板 | 17～20 | 丝绸 | 17～21 | 食用油 | 38～42 |
| 胶合板 | 17～20 | 稻草 | 15～16 | 石油 | 40～42 |
| 棉花 | 16～20 | 秸秆 | 15～16 | 汽油 | 43～44 |
| 谷物 | 15～18 | 羊毛 | 21～26 | 柴油 | 40～42 |
| 面粉 | 15～18 | 天然橡胶 | 44～45 | 煤油 | 40～41 |
| 动物油脂 | 37～40 | 丁二烯-丙烯晴橡胶 | 32～33 | 甘油 | 18 |

续表

| 材料名称 | 单位发热量（MJ/kg） | 材料名称 | 单位发热量（MJ/kg） | 材料名称 | 单位发热量（MJ/kg） |
|---|---|---|---|---|---|
| 皮革 | 16~19 | 丁苯橡胶 | 42~42 | 酒精 | 26~28 |
| 油毡 | 21~28 | 乙丙橡胶 | 38~40 | 白酒 | 17~21 |
| 纸 | 16~20 | 硅橡胶 | 13~15 | 苯 | 40.1 |
| 纸板 | 13~16 | 硫化橡胶 | 32~33 | 苯甲醇 | 32.9 |
| 石蜡 | 46~47 | 氯丁橡胶 | 22~23 | 乙醇 | 26.8 |
| ABS 塑料 | 34~40 | 再生胶 | 17~22 | 苯甲酸 | 26 |
| 聚丙烯酸醋 | 27~29 | 车辆用内胎橡胶 | 23~27 | 甲酸 | 4.5 |
| 赛璐珞塑料 | 17~20 | 外胎橡胶 | 30~35 | 硝酸铵 | 4~7 |
| 环氧树脂 | 33~35 | 棉布 | 16~20 | 尿素 | 7~11 |
| 三聚氰胺树脂 | 16~19 | 化纤布 | 14~23 | 镁 | 27 |
| 酚醛树脂 | 27~30 | 混纺布 | 15~21 | 磷 | 25 |
| 聚酯（未加纤维） | 29~31 | 黄麻 | 16~19 | 纸面石膏板 | 0.5 |
| 聚酯（加玻纤） | 18~22 | 亚麻 | 15~17 | 玻璃钢层压板 | 12~15 |
| 聚乙烯塑料 | 43~44 | 茶叶 | 17~19 | 甲醇 | 19.9 |
| 聚苯乙烯塑料 | 39~40 | 烟草 | 15~16 | 异丙醇 | 1931.4 |
| 基苯乙烯泡沫塑料 | 39~43 | 咖啡 | 16~18 | 乙炔 | 48.2 |
| 聚碳酸醋 | 28~30 | 人造革 | 23~25 | 发泡 PVC 壁纸 | 18~21 |
| 聚丙烯塑料 | 42~43 | 动物皮毛 | 17~21 | 不发泡 PVC 壁纸 | 15~20 |
| 聚四氯乙烯塑料 | 4~5 | 荞麦皮、麦麸 | 16~18 | 硬质 PVC 地板 | 5~10 |
| 聚氨酯 | 22~24 | 胶片 | 19~21 | 半硬质 PVC 地板 | 15~20 |
| 聚氨酯泡沫 | 23~28 | 黄油 | 30~33 | 软质 PVC 地板 | 17~21 |
| 脲醛泡沫 | 12~15 | 花生 | 23~25 | 腈纶化纤地毯 | 15~21 |
| 脲醛树脂 | 14~15 | 食堂 | 15~17 | 水泥刨花板 | 4~10 |
| 聚氯乙烯塑料 | 16~21 | 面食 | 10~15 | 稻草板 | 14~17 |

表 2-3　　**部分家具的热值**

| 使用部位 | 家具名称 | | 发热量值（MJ/kg） |
|---|---|---|---|
| 厨房 | 木家具 | 餐桌 | 340 |
| | | 椅子 | 250 |
| | | 凳子 | 170 |
| | 金属-木混合家具 | 椅子（金属腿） | 60 |
| | | 桌子（金属腿） | 250 |
| | | 凳子（金属腿） | 40 |
| | 混合家具（包括所装物品） | 大碗橱 | 1200 |
| | | 小食品柜 | 420 |
| 客厅及餐厅 | 餐具橱 | | 1500~2000 |
| | 书橱（书架搁板及所带物品） | | 840 |
| | 小家具 | | 250 |
| | 独脚小圆桌 | | 100 |
| | 小餐桌 | | 170 |
| | 方桌 | | 420 |
| | 装活动板加长的桌子 | | 600 |
| | 单人扶手椅 | | 330 |
| | 沙发 | | 840 |
| | 椅子（未填塞垫料） | | 70 |
| | 椅子（填塞垫料） | | 250 |
| | 两头沉写字台 | | 2200 |
| | 一头沉写字台 | | 1200 |
| | 金属写字台 | | 840 |
| | 单屉桌（空） | | 330 |
| | 衣柜（空） | | 500 |
| | 钢琴 | | 2800 |
| | 收录机 | | 110 |
| | 电视机 | | 150 |

续表

| 使用部位 | 家具名称 | 发热量值（MJ/kg） |
|---|---|---|
| 卧室 | 普通床 | 1100 |
| | 木床 | 1600 |
| | 木床带棉垫 | 450 |
| | 木床带塑料垫 | 480 |
| | 床头柜 | 160 |
| | 双门大衣柜 | 1680 |
| | 3~4 个门的大衣柜 | 2500 |
| 过道门厅及其他 | 五斗橱 | 1000 |
| | 单门壁橱 | 700 |
| | 双门壁橱 | 1300 |
| | 三门壁橱 | 2000 |
| | 四门壁橱 | 850 |
| | 木地板 | 83.6 |
| | 地毯（毡）（每平方米面积） | 50 |
| | 窗帘（每平方米窗面积） | 10 |

表 2-4 **各种建筑物的火灾荷载密度**

| 建筑物用途 | 空间用途 | | 可燃物密度（$kg/m^2$） | |
|---|---|---|---|---|
| | | | 平均 | 分散 |
| 公共 | 办公室 | 一般 | 30 | 10 |
| | | 设计 | 50 | 10 |
| | | 行政 | 60 | 10 |
| | | 研究 | 60 | 20 |
| | 会议室 | | 10 | 5 |
| | 接待室 | | 10 | 5 |
| | 资料室 | 资料 | 120 | 40 |
| | | 图书 | 80 | 20 |
| | 厨房 | | 15 | 10 |
| | 客席 | 固定座位 | 2 | 1 |
| | | 可动座位 | 10 | 5 |

续表

| 建筑物用途 | 空间用途 | | 可燃物密度（kg/m²） | |
| --- | --- | --- | --- | --- |
| | | | 平均 | 分散 |
| 公共 | 大厅 | | 10 | 5 |
| | 通道 | 走廊 | 5 | 5 |
| | | 楼梯 | 2 | 1 |
| | | 玄关 | 5 | 2 |
| 住宅 | 寝室 | | 45 | 20 |
| | 厨房 | | 25 | 15 |
| | 客厅 | | 30 | 20 |
| | 餐厅 | | 30 | 20 |
| 商店 | 服饰、寝具 | | 20 | 10 |
| | 家具 | | 60 | 20 |
| | 电气制品 | | 30 | 10 |
| | 台所、生活用品 | | 30 | 10 |
| | 食品 | | 30 | 10 |
| | 影楼 | | 10 | 10 |
| | 书籍 | | 40 | 15 |
| | 超级市场 | | 30 | 10 |
| | 仓库 | | 100 | 30 |
| 饮食店 | 小吃店 | | 10 | 5 |
| | 饭店 | | 15 | 10 |
| | 料理店 | | 20 | 10 |
| | 酒吧 | | 20 | 10 |
| 旅馆 | 客房 | | 10 | 5 |
| | 宴会厅 | | 5 | 2 |
| | 衣物室 | | 20 | 5 |
| 体育馆 | 竞技场 | | 3 | 2 |
| | 器材室 | | 25 | 15 |

续表

<table>
<tr><th rowspan="2">建筑物用途</th><th rowspan="2" colspan="2">空间用途</th><th colspan="2">可燃物密度（kg/m²）</th></tr>
<tr><th>平均</th><th>分散</th></tr>
<tr><td rowspan="5">医院</td><td colspan="2">病房</td><td>12</td><td>2</td></tr>
<tr><td colspan="2">护理站</td><td>20</td><td>10</td></tr>
<tr><td colspan="2">诊疗室</td><td>20</td><td>5</td></tr>
<tr><td colspan="2">手术室</td><td>5</td><td>2</td></tr>
<tr><td colspan="2">衣物室</td><td>20</td><td>5</td></tr>
<tr><td rowspan="4">剧场</td><td rowspan="2">舞台</td><td>演剧</td><td>20</td><td>10</td></tr>
<tr><td>音乐会</td><td>10</td><td>5</td></tr>
<tr><td colspan="2">大器材室</td><td>60</td><td>20</td></tr>
<tr><td colspan="2">乐器室</td><td>20</td><td>10</td></tr>
<tr><td rowspan="5">学校</td><td rowspan="2">教室</td><td>固定座位</td><td>2</td><td>1</td></tr>
<tr><td>可动座位</td><td>15</td><td>7</td></tr>
<tr><td colspan="2">特别教室</td><td>18</td><td>5</td></tr>
<tr><td colspan="2">预备室</td><td>30</td><td>10</td></tr>
<tr><td colspan="2">教员室</td><td>30</td><td>10</td></tr>
</table>

## 2.2 生产和储存危险品分类

火灾危险性分类的目的，是为了在建筑防火要求上，有区别地对待各种不同危险类别的生产和储存物品，使建筑物既有利于节约投资，又有利于保障安全。

值得注意的是，尽管生产和储存的是同一种物质，由于生产和储存的条件不同，还具有不同的特点。例如在生产过程中，可燃液体（如重油）在设备内受热，温度超过燃点，露出来就要起火，而储存则不存在加热问题，故同一物品在储存中火灾危险性较小。但在生产中，因为密闭容器中本身的温度超过了自燃点，从而具有较大的火灾危险性。生产上有一些弥漫在空气中的成分，当高于爆炸极限浓度，遇火源就能发生爆炸，如面粉厂中的磨粉车间，面粉形成的粉尘有爆炸的危险，而放在仓库中的面粉，则不会发生爆炸。又如钢材，在高温或熔融状态下进行加工，火灾危险性较大，而正常存储时则不存在火灾危险；相反，少数物品，如桐油织物及其制品，在储存中，火灾危险性较大，当其放在通风不良的地方，缓慢氧化，积热到一定温度时，会导致自燃起火，而在生产过程中则不存在自燃问题，所以，桐油织物及其制品在生产时火灾危险性小，在储存中火灾危险性反而要大。

生产的火灾危险性分类如表 2-5 所示，储存物品的火灾危险性分类如表 2-6 所示。

表 2-5　**生产的火灾危险性分类**

| 生产类别 | 火灾危险性特征 |
| --- | --- |
| 甲 | 使用或产生下列物质的生产：<br>1. 闪点小于 28℃的液体<br>2. 爆炸下限小于 10%的气体<br>3. 常温下能自行分解或在空气中氧化即能导致自燃或爆炸的物质<br>4. 常温下受到水或空气中水蒸气的作用，能产生可燃气体并引起燃烧或爆炸的物质<br>5. 遇酸、受热、撞击、摩擦、催化以及遇有机物或硫磺等易燃的无机物，极易引起燃烧或爆炸的强氧化剂<br>6. 受撞击、摩擦或与氧化剂、有机物接触能引起燃烧或爆炸的物质<br>7. 在密闭容器内操作温度等于或超过物质本身燃点的生产 |
| 乙 | 使用或产生下列物质的生产：<br>1. 闪点为 28℃至 60℃的液体<br>2. 爆炸下限大于等于 10%的气体<br>3. 不属于甲类的氧化剂<br>4. 不属于甲类的化学易燃危险固体<br>5. 助燃气体<br>6. 能与空气形成爆炸性混合物的浮游状态的粉尘、纤维以及闪点小于 60℃的液态雾滴 |
| 丙 | 使用或产生下列物质的生产：<br>1. 闪点大于等于 60℃的液体<br>2. 可燃固体 |
| 丁 | 具有下列情况的生产：<br>1. 对非燃烧物质进行加工，并在高热或熔化状态下经常产生辐射热、火花或火焰的生产<br>2. 利用气体、液体、固体作为燃料，或将气体、液体进行燃烧作其他用的各种生产<br>3. 常温下使用或加工难燃烧物质的生产 |
| 戊 | 常温下使用或加工非燃烧的生产 |

表 2-6　**储存品的火灾危险性分类**

| 储存类别 | 火灾危险性特征 |
| --- | --- |
| 甲 | 1. 闪点小于 28℃的液体<br>2. 爆炸下限小于 10%的气体，一旦受到水和空气中水蒸气的作用，能产生爆炸下限小于 10%的可燃气体的固体物质<br>3. 常温下能自行分解或在空气中氧化即能导致自燃或爆炸的物质<br>4. 常温下受到水或空气中水蒸气的作用，能产生可燃气体并引起燃烧或爆炸的物质<br>5. 遇酸、受热、撞击、摩擦、催化以及遇有机物或硫磺等极易分解引起燃烧或爆炸的强氧化剂<br>6. 受撞击、摩擦或与氧化剂、有机物接触能引起燃烧或爆炸的物质 |

续表

| 储存类别 | 火灾危险性特征 |
| --- | --- |
| 乙 | 1. 闪点为28℃至60℃的液体<br>2. 爆炸下限大于等于10%的气体<br>3. 不属于甲类的氧化剂<br>4. 不属于甲类的化学易燃危险固体<br>5. 助燃气体<br>6. 常温下与空气接触能缓慢氧化，积热不散引起自燃的危险物品 |
| 丙 | 1. 闪点大于等于60℃的液体<br>2. 可燃固体 |
| 丁 | 难燃烧物品 |
| 戊 | 非燃烧物品 |

注：难燃物品、非燃烧物品的可燃包装重量超过物品本身重量的1/4时，其火灾危险性应为丙类。

## 2.3 建筑火灾常见现象

### 2.3.1 阴燃

在火灾科学中把没有火焰的缓慢燃烧现象，称为阴燃。很多固体物质，如纸张、锯末、纤维织物、纤维素板、胶乳橡胶以及某些多孔热固性塑料等，都有可能发生阴燃，特别是当它们堆积起来的时候。阴燃是固体燃烧的一种形式，是无可见光的缓慢燃烧，通常产生烟气，并伴有温度上升等现象。它与有焰燃烧的区别是无火焰。它与无焰燃烧的区别是阴燃能热分解出可燃气，因此在一定条件下阴燃可以转换成有焰燃烧。

**1. 发生阴燃的内部条件**

可燃物必须是受热分解后能产生刚性结构的多孔碳的固体物质。如果可燃物受热分解产生的非刚性结构的碳，如流动焦油状的产物就不能发生阴燃。例如，由丙烯腈和苯乙烯接枝的多元醇制得的柔性泡沫材料，在高温下产生刚性很强的碳，故而很容易进行阴燃。

**2. 发生阴燃的外部条件**

有一个适合供热强度的热源。所谓适合的供热强度，是指能够发生阴燃的适合温度和一个适合的供热速率。

常见的能引起阴燃的热源有三种：自燃热源，一些稻草堆垛、粮食堆垛发生自燃时，由于内部环境缺氧，所以燃烧初期是阴燃；阴燃热源，阴燃本身可以成为引起其他物质阴燃的热源，比如烟头可以引起地毯、被褥的阴燃；有焰燃烧熄火后的阴燃。

在建筑物内阴燃到一定程度，火源附近的可燃物温度上升并接近燃点，此时，一旦供氧充分，这些可燃物就会迅速被点燃，并进入有焰燃烧阶段。

## 2.3.2 轰燃

### 1. 轰燃形成的基本原因

轰燃是建筑火灾发展中的特有现象，是指当温度达到一定值时，房间内的局部燃烧向全室性燃烧过渡的现象。轰燃发生后，室内所有可燃物表面都开始燃烧。

通常建筑物内某个局部起火之后，由于受可燃物的燃烧性能、分布状况、通风状况、起火点位置、散热条件等的影响，可能出现以下三种情形：

(1) 明火只在起火点附近存在，室内的其他可燃物没有受到影响。当某种可燃物在某个孤立位置起火时，多数火源为这种情形，此时火源燃尽后会自动熄灭；

(2) 如果通风条件不好，明火可能自动熄灭，也可能在氧气浓度较低的情况下以很慢的速率维持燃烧；

(3) 如果可燃物较多且通风条件足够好，则明火可以逐渐扩展，乃至蔓延到整个房间。

轰燃是在第三种情形下出现的，它标志着火灾充分发展阶段的开始。发生轰燃后，室内所有可燃物的表面几乎都开始燃烧。当然，这一定义也有一定的适用范围，不适用于非常长或非常高的受限空间，显然，在这些特殊建筑物内，所有的可燃物同时被点燃在理论上是不可能的。

轰燃的出现是燃烧释放的热量大量积累的结果，在顶棚和墙壁的限制下，火源处发出的热量不会很快从其周围散失。燃烧生成的热烟气在顶棚下的积累，将使顶棚和墙壁上部(两部分合称扩展顶棚) 受到加热。如果火焰区的体积较大，火焰还可直接撞击到顶棚，甚至随烟气顶棚射流扩散开来，这样向扩展顶棚传递的热量就越来越多。随着扩展顶棚温度的升高，又以辐射的形式反馈到地面可燃物。另外，热烟气层本身对轰燃也具有重要影响。当烟气较浓且较多时，烟气层对房间下方的热辐射也很强。随着燃烧的持续，热烟气层的厚度和温度都在不断增加。以上两种因素都使可燃物的燃烧速率增大，当室内火源的释热速率达到发生轰燃的临界释热速率时，轰燃就会发生。

该燃烧速率可用下述方程表示：

$$m = \frac{Q_F + Q_E - Q_L}{L_v} \tag{2-2}$$

式中，$m$ 为可燃物的质量燃烧速率；$Q_F$ 为火焰对可燃物的辐射通量；$Q_E$ 为其他热物体对可燃物的辐射通量；$Q_L$ 为可燃物的热损失速率；$L_v$为着火房间的面积。

弗里德曼等人的试验清楚地说明了这一问题，图 2-1 为其试验示意图和部分结果。他们用 PMMA 塑料作为可燃物，在可燃物上方吊着的方罩与房间的顶棚和墙壁的上部类似。该罩可以限制火灾烟气，并增大辐射回可燃物表面的热量，空气能够从四周不受限制地进入。可看出，受限情况的最大燃烧速率比敞开环境的约大 3 倍，达到最大燃烧速率所用的时间只有敞开火的 1/3。进一步开展的试验表明，上述影响的大小与可燃物的性质和房间的大小都有关系。例如，托马斯等人在小房间模型中进行的酒精火试验表明，受限环境的最大燃烧速率甚至可以比敞开环境的燃烧速率大 8 倍。因此，图 2-1 所示的结果具有一般性。热辐射作用的增强主要是促进可燃物的蒸发（液体）或热分解（固体），大量可燃气体的生成导致燃烧速率的增大。

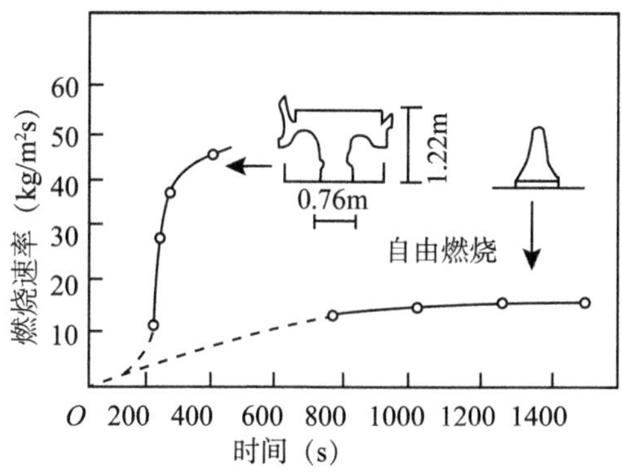


图 2-1　顶罩对 PMMA 块燃烧的影响

**2. 轰燃的临界条件**

尽管发生轰燃的时间很短，但是轰燃时间的界定对研究火灾的发展和对结构的影响尤其重要。通过对大量的全尺寸火灾实验数据的分析，目前学者多从房间内的温度、地板接收到的热通量、燃料的燃烧速率三个方面来描述发生轰燃的临界条件。

1）温度

Hagglund 提出，以火焰从开口向外喷射并且顶棚以下 10mm 处的热气层温度达到 600℃作为发生轰燃临界条件。Babrauskas 对一系列的床垫引起的火灾实验用 Hagglund 的标准来判断是否发生轰燃。在 10 次实验中，有 2 次发生轰燃时的房间热气层温度超过 600 ℃，其余 8 次实验发生轰燃时的热气层温度都在 600 ℃附近，较好地验证了 Hagglund 提出的判断标准。Fang 在美国国家标准局（NIST）做了全尺寸的受限室内火灾实验，发现发生轰燃时上部热气层的温度变化范围为 450~650℃。由于他在计算平均温度时要考虑到下部的冷气层，所以在实际测得顶棚以下 25 mm 处的温度在发生轰燃时很多次都略超过 Hagglund 提出的 600 ℃。Lee 和 Breese 在全尺寸实验和 1/4 比例的模型实验中得到发生轰燃时房间内的温度分别是 650 ℃和 550 ℃ 。Thomas 根据实验提出了半经验的用来计算发生轰燃时的释热速率的计算模型，并且还对不同衬里材料的影响进行研究，预测发生轰燃时的温度为 520℃。赫塞尔登等人发现，在 1. 0m 高的小型试验模型内，发生轰燃时的顶棚温度为 450℃。

2）热通量

定量描述发生轰燃的临界条件的另外一种方法是从热通量方面考虑。沃特曼在一个 3. 64m（长）×3. 64m（宽）×2. 43m（高）的房间内进行了多种可燃物的火灾燃烧试验，专门研究轰燃现象。他把放在地板上的纸片（即目标物）被引燃确定为轰燃的开始。其结论是，要使室内发生轰燃，在地板平面上需接受到 20kW/m$^2$的热通量。以后，马丁等评述说，这一数值对于纸片着火是足够的，但对于较厚的木块或其他可燃固体来说，就显得太小了。不过它足以促使点火成功或助长火焰在可燃物表面的蔓延。沃特曼认为这些热通量大部分来自房间上部的被加热的表面，而不是直接来自可燃物上方的火焰。他还注意到，如果燃烧速率达不到 40g/s，是不会发生轰燃的。

一般说，除了来自火源上方的竖直火焰的辐射外，室内还有三种辐射通量源：（1）房间上部的所有热表面；（2）顶棚之下的火焰；（3）在顶棚之下积累的燃烧产物。这些因素的相对重要性随着火灾的发展而变化，由哪一种控制轰燃的出现，将取决于可燃物的性质及通风的状况。Waterman 认为，轰燃只能是在火发展得相当大，以至在顶棚下形成的烟气层足以产生如此大的热通量时才能达到。通常这种辐射热通量是随着火势的增大而增大的，如果室内的可燃物燃烧完了，那就不会出现轰燃。如果房间的通风效率低，进入的氧气不能补充燃烧增强所需要的氧气量，则氧的补充将成为是否发生轰燃的一个重要因素。在房间体积不大且通风不良的极端情况下，快速燃烧的火在经过一阵剧烈燃烧后可能会自动熄灭。但更为常见的是火区的体积迅速变小，然后在空气进入速率的控制下进行缓慢燃烧。

3）燃烧速率或室内临界释热速率

休格拉德及其同事在尺寸为 2.9m（长）×3.75m（宽）×2.7m（高）的房间内进行了一系列木垛火燃烧试验，通过连续称重来测量质量燃烧速率，并把试验数据以可燃物质量 $m$ 对 $A\sqrt{H}$ 的曲线画出，见图 2-2。他们发现，若以火焰从开口窜出或顶棚之下的温度达到 600℃作为达到轰燃的临界条件，则轰燃发生区只占该图的一个较狭窄的限定区域，即实心符号表示的区域。当燃烧速率低于约 80g/s 时，不出现轰燃现象。根据 $A\sqrt{H}$ 来看，观察不到轰燃的最小值约为 0.8$m^{\frac{5}{2}}$。这一临界燃烧速率随着通风因子的增加而增大，大致可用下式表示：

$$m_c = 50.0 + 3.33A\sqrt{H} \tag{2-3}$$

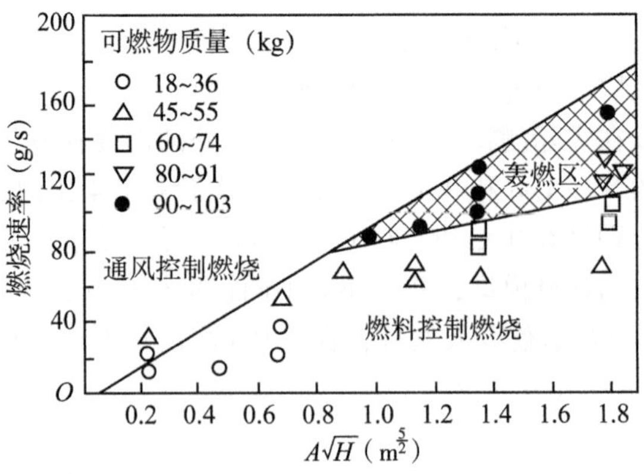


图 2-2　室内燃烧速率与轰燃的关系

对于达到轰燃的临界释热速率，还有人提出可用下式计算：

$$Q_{f_o} = 7.8A_F + A\sqrt{H} \tag{2-4}$$

式中，$A_F$ 为房间地板的面积；$A\sqrt{H}$ 为通风因子。此式以烟气层温度达到 600℃ 为条件，着火房间的壁面材料与石膏板类似。

**3. 影响发生轰燃的主要因素**

1）房间尺寸和通风口尺寸的影响

大量研究表明，房间和通风口的尺寸对是否发生轰燃有重要的影响。一般主要考虑房间内部面积 $A_T$和通风因子 $A\sqrt{H}$ 两个因素的影响。在通风因子没有超过一定的范围时，可燃物的燃烧速率是由室内的空气流率控制的，这种燃烧状况称为通风控制。如果开口不断加大，燃烧速率对开口大小的依赖程度将渐渐减弱，取而代之，由可燃物的燃烧特性决定。这时候的燃烧状况为燃料控制，通风控制形式与燃料控制形式之间有明显区别，在火灾的初期，火灾的大小与受限空间的大小相比是很小的，空气的供应不成问题，燃烧亦处于燃料控制阶段，一般可以用 $\frac{\rho\sqrt{g}A\sqrt{H}}{A_F}$ 来衡量燃烧状态。当该值大于 0.29 时，表示进入燃料控制阶段，当该值小于 0.235 时为通风控制燃烧。

2）火源位置的影响

一般的火灾模拟试验，其火源都是位于房间中心。然而火源位置对轰燃发生时所需要的临界释热速率有很大的影响。若火源靠近墙壁或墙角，则达到轰燃所需要的临界释热速率将会减小。

3）房间衬里材料导热性能的影响

房间装修材料不同，吸热与散热的物理特性有很大的差异，因此对发生轰燃时临界条件的数值有着很大的影响。若材料的绝热性能好，例如绝热纤维板，室内温度升高的就快，则达到轰燃时的火源体积将大大减小。

**4. 轰燃的主要表现形式**

当封闭性空间内部发生轰燃现象时，根据室内可燃性气体所处状态的不同，具有完全不同的表现形式。

1）可燃性气体温度处于其热点火温度之上

可燃性气体的热点火温度，是指该气体与空气接触能够自行起火的最低温度。当某一封闭性空间内部积聚有大量处于其热点火温度之上的可燃性气体时，随着封闭性被破坏，大量涌入的新鲜空气使可燃性气体的浓度迅速降至其爆炸极限范围内。结果是可燃性气体在接触到空气时立即发生燃烧，火焰前锋沿着已被稀释好的可燃性气体通道向内部推进，直至整个空间一片火海，完成此轰燃全过程。

2）可燃性气体温度处于其热点火温度之下

（1）重力流现象。在任一封闭性火灾现场中，根据其内部气体压力的不同，可分为超压区、中压区和低压区三部分。其中，超压区是指热的可燃性气体积聚的上部空间。当空间的封闭性被破坏后，可燃性气体因超压效应从开口上部流出，同时一股冷而富氧的空气从开口下方进入，我们称这股新进入的气流为重力流。

(2) 延迟轰燃。当气体温度处于其点火温度之下时，封闭性的破坏不会马上造成可燃性气体的点火，重力流的传播过程会造成时间上的延迟，而正是这一时间差，使执行灭火救援行动的消防人员陷入最危险的境地。延迟轰燃根据其点火方式等的不同，可区分为：

①重力流搅动阴燃的碳化层，出现明火引起的轰燃。因重力流的剪切作用直接搅动处于阴燃状态的碳化层表面导致明火出现，而引发延迟轰燃。它的特点是延迟时间较短，几乎在消防人员进入室内的同时而尚未采取任何行动前就已发生，它的预先征兆应表现为大量的浓重烟气翻卷，而且烟气的颜色会发生急剧的变化。

②重力流未搅动阴燃的碳化层。当阴燃部位较为隐蔽（如居民房内壁橱中正在阴燃的可燃物）时，阴燃的碳化层不会因重力流的进入而被搅动出现明火焰，但此时室内可燃性气体浓度在其爆炸极限范围内，轰燃的发生与否取决于进入现场的消防人员的举动。如冒失地一下子打开壁橱门，轰燃将在瞬间产生。

③爆炸。当可燃性气体在其浓度正好处于理想混合状态而被点燃时，将出现最危险的情况，即爆炸。如果涉及的是高分子聚合物所产生的能量密度高的可燃性气体，则后果会更加严重。

### 2.3.3　烟气回燃

在建筑物的门窗关闭情况下发生火灾时，空气供应将严重不足，形成的烟气层中往往含有大量未燃的可燃组分。实际上，对于多数普通建筑物，即使房间的门窗关闭较好，也会有一定量的空气渗入。因此，只要房间内存放较多的可燃物，且其着火特性和分布适当，火灾燃烧就会持续下去。若这种燃烧维持的时间足够长，室内温度的升高，最终可造成一些新通风口，例如使窗玻璃破裂、将木门烧穿等，致使新鲜空气突然进入。某些其他原因，例如为了灭火而突然将门打开、进行机械送风等，也会出现空气突然进入的情形。

新通风口的形成将会使室内的燃烧强度显著增大，这是因为可燃烟气发生了燃烧。烟气中的可燃组分大致可分为两类，一类主要为 CO、$CH_4$、$H_2$、$C_2H_6$等普通可燃气体，它们的热值不太高，一般为 1000kJ/$Nm^3$左右，爆炸浓度极限为 5%～95%，温度不太高即可点燃。纤维素物质燃烧时经常产生这类气体。另一类为热值较高的多碳的大分子组分，其热值可达 1500 kJ/$Nm^3$，爆炸浓度极限为 2.5%～60%，有着较高的热着火温度。然而一旦被点燃，放出的热量很大。聚氨酯泡沫、油类、塑料、沥青和橡胶等物质燃烧时常产生这类气体。由于室内物品的多种多样，在火灾燃烧中，这两类气体通常同时存在。当这些积累的可燃烟气与新进入的空气发生大范围混合后，能够发生强烈的气相燃烧，火焰可以迅速蔓延开来，乃至窜出进风口，这种现象称为烟气回燃。烟气回燃产生的温度和压力都相当高，具有很大的破坏力，不仅可对建筑物造成严重损坏，而且能对前去灭火的消防人员构成严重威胁。

烟气回燃是建筑火灾的一种特殊现象，通常发生在烟气层下表面附近的非均匀预混燃烧，可燃烟气层处于室内上半部，如无强烈扰动，后期进入的新鲜冷空气一般会沉在下面。两者在交界面处扩散掺混，生成可燃混合气。若气体扰动较大，混合区将会加厚，但这种可燃混合气通常不均匀。一旦遇到点火源，可燃混合气就可燃烧，并以火焰传播的形式向外扩展。预混火焰边缘常出现小扩散火焰，这反映出烟气和空气混合的不均匀。例如起火房间内已存在的火焰是典型的明火，在黑暗中灭火时，使用打火机或蜡烛照明，都可能构成回燃的点火源。此外，火灾中还存在多种暂时隐蔽的点火源，例如房间内某些橱柜内的物品起火，或被其他材料遮盖着的物品起火时，由于热量散不出去，其附近的温度会很高，只是因为缺氧而未将可燃烟气引燃。新鲜空气进入后，该处往往迅速发生燃烧，这是一种典型的延迟性回燃，如电气设备的使用常可导致电火花出现，如电源开关、电热器、电灯、电铃等。可燃混合气也可能由这种电火花引燃，因此在火灾中禁止起动无防爆措施的电气设备。后两种回燃往往在灭火人员进入房间后一段时间发生，这时可燃混合气常可混合到接近化学当量浓度，因而燃烧强度很大，无论对人对物都容易造成严重危害。

为了防止回燃的发生，控制新鲜空气的后期流入具有重要作用。当发现起火建筑物内已生成大量黑红色的浓烟时，若未做好灭火准备，不要轻易打开门窗，以避免生成可燃混合气。在房间顶棚或墙壁上部打开排烟口将可燃烟气直接排到室外，有利于防止回燃。灭火实践表明，在打开这种通风口时，沿开口向房间内喷入水雾，可有效降低烟气的温度，从而减小烟气被点燃的可能，同时这也有利于扑灭室内的明火。

## 2.4　建筑火灾发展过程

### 2.4.1　火灾的发生和发展

除地震起火、电路起火或纵火是多处同时起火外，一般火灾都经历初起、发展、剧烈和衰减熄灭四个阶段，即火灾的初始期、成长期、极盛期和衰减期，如图 2-3 所示为火灾温度-时间曲线所表征的火灾发展过程。

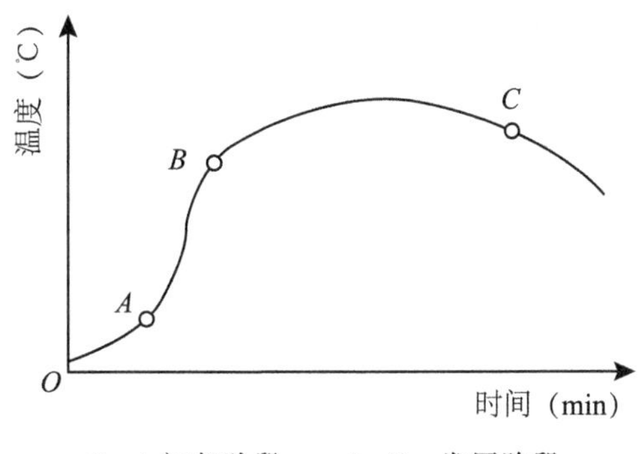


O～A 初起阶段　　A～B　发展阶段

B～C 猛烈阶段　　C～　衰减熄灭阶段

图 2-3　室内火灾发展时间与温度曲线图

#### 1. 初起阶段

如图 2-3 中 *OA* 段，一般如电火花、未熄灭的烟头或火柴棍等小火星，将室内衣服、被褥、纸张等易燃物点着，经过一段时间阴燃而变成明火，但仅限于室内小范围燃烧，此时室内温度极不平衡，造成冷热空气对流加速，氧气随之增加，使燃烧温度缓慢上升。室内温度对时间的变化率为正值，但数值较小，燃烧限于房间的局部小范围。

在这一阶段，室内人员可安全疏散出去，若能及时发现火情，利用水或灭火器等工具等很容易将火扑灭在萌芽状态。

这个阶段时间的长短，取决于点燃物质的性质、数量、所在位置、周围可燃物质的多少及通风情况，一般在几分钟到十几分钟之间。若是烟头在被褥、纸屑等中，从阴燃到出现明火，有的则可能要 1 个小时到几个小时时间。当周围环境缺乏燃烧的三要素之一时，明火也会自行熄灭。

**2. 发展阶段**

如图 2-3 中的 *AB* 段，可燃物的燃烧面迅速扩大，室内温度对时间的变化率不断增大，对流和辐射换热显著增强，室内温度迅速上升，周围可燃物受热分解出的可燃气体增多，且多积聚在顶棚之下。当可燃气体与空气混合达到轰燃点时，则引发室内全部可燃物瞬间燃烧起来，产生轰燃，出现轰燃是火灾发展阶段的重要特征，此时火势席卷整个室内，温度急剧上升直到 *B* 点。必须指出，轰燃是室内人员安全疏散的极限点，人员必须在轰燃出现之前全部撤离起火房间。

**3. 极盛阶段**

如图 2-3 中 *BC* 段，这时起火房间火势猛烈，处于全面燃烧状态，室内温度迅速上升，直到室内可燃物燃烧所释出的热量，与房间围护结构所吸收和散失的热量接近平衡时，温度对时间的变化率才逐渐降低，此时室内温度一般在 600～900℃，峰值可达 1000℃左右。对流和辐射换热也急剧加强，建筑结构强度受到破坏，此时一路火焰会冲出房门袭入通道，并可能窜入楼梯、电梯井燃烧；另一路火焰则可能冲出窗户向上层楼房延烧，大火将席卷整幢大楼。

极盛阶段时间长短、温度极大值的大小，主要取决于可燃物的数量、开口部位及其大小、通风情况及围护结构材料的传热性能。若温度升到 900℃，可很快将钢结构、钢窗等烧垮塌。室内温度出现峰值，便是这一阶段的重要特征。

**4. 衰减阶段**

如图 2-3 中 *C* 点后，此阶段由 *C* 点开始，室内约有 80%的可燃物已经烧尽，室内热量大量向四周扩散迁移散失，室内温度开始下降，室内温度对时间的变化率负值，其数值逐渐降低，当可燃物已烧尽，室内温度降低到 $t_0$为 200～300℃，并较长时间保持此一温度范围，直到火势熄灭。

上述火灾发生、发展、成灾到衰减熄灭四个阶段的持续时间，是由造成燃烧的多种因素、条件所决定的，其温度–时间特性曲线也是千差万别的，完全相同的火灾曲线是不存在的。从四个阶段看出，一旦发现火情，立即将其扑灭在初起阶段，这是最好的情况。一般在安装有感温式或感烟式自动洒水灭火装置的建筑大楼才可以办到；或者是发现火情早，且有一支训练有素的职工消防队伍，立即用普通泡沫、干粉灭火器或开启消火栓喷水灭火，也可将其扑灭在火灾萌芽期。如果出现了轰燃，则必然成灾。轰燃是由局部小火进入整个房间猛烈燃烧阶段的一个突变，温度上升越快，轰燃出现的时间也越短，扑救也越困难。

## 2.4.2　火灾蔓延方式与途径

### 1. 蔓延方式

火灾蔓延是通过热的传播来完成的。在起火房间内，起火点主要是靠直接燃烧和热辐射进行扩大蔓延的。在起火的建筑物内，火由起火房间转移到其他房间的过程，主要是靠可燃构件的直接燃烧、热传导、热辐射和热对流来实现的。

热传导，即物体一端受热，通过物体分子的热运动，把热传到另一端。例如，水暖工在顶棚下面用喷灯烘烧由闷顶内穿出来的暖气管道，在没有采取安全措施的条件下，经常会使顶棚上的保暖材料自燃起火，这就是钢管热传导的结果。

热辐射，即热由热源以电磁波的形式直接发射到周围物体上。例如在烧得很旺的火炉旁边能把湿的衣服烤干，如果靠得太近，还可能把衣服烧着。在火场上，起火建筑物也像火炉一样，能把距离较近的建筑物烤着燃烧，这就是热辐射的作用。

热对流，是炽热的燃烧产物（烟气）与冷空气之间相互流动的现象。因为烟带有大量的热，并以火舌的形式向外伸展出去。热烟流动是因为热烟的比重小，向上升腾，与四周的冷空气形成对流。起火时，烟从起火房间的窗口排到室外，或经内门流向走道，窜到其他房间，并通过楼梯间向上流到屋顶。火场上火势发展规律表明，浓烟流窜的方向，往往就是火势蔓延的途径。特别是混有未完全燃烧的可燃气体或可燃液体、蒸汽的浓烟，窜到离起火点很远的地方，重新遇到火源，便瞬时爆燃，使建筑物全面起火燃烧。例如剧院舞台起火后，当舞台与观众厅顶棚之间没有设防火分隔墙时，烟或火舌便会从舞台上空直接进入观众厅的闷顶，使观众厅闷顶全面燃烧，然后再通过观众厅山墙上为施工留下的孔洞进入门厅，把门厅的闷顶烧着，这样蔓延下去直到烧毁整个建筑物（图2-4）。

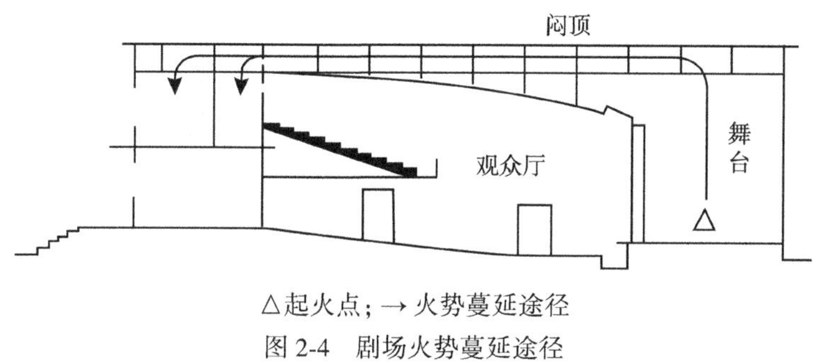


△起火点；→ 火势蔓延途径

图2-4　剧场火势蔓延途径

### 2. 火灾蔓延途径

研究火势蔓延途径，是在建筑物中采取防火隔断、设置防火分隔物的根据，也是灭火战斗采取“堵截包围、穿插分割”最后扑灭火灾的需要。综合火灾实际情况，可以看出火从起火房间向外蔓延的途径主要有以下几个：

1）外墙窗口

火通过外墙窗口向外蔓延的途径，一方面是火焰的热辐射穿过窗口烤着对面建筑物；另一方面是靠火舌直接向上烧向屋檐或上层。底层起火，火舌由室内经底层窗口穿出(如图 2-5)，向上从下层窗口窜到上层室内，这样逐层向上蔓延，会使整个建筑物起火。这并不是偶然的现象。所以，为了防止火势蔓延，要求上、下层窗口之间的距离尽可能大。要利用窗过梁挑檐，以及外部非燃烧体的雨棚、阳台等设施，使烟火偏离上层窗口，阻止火势向上蔓延。

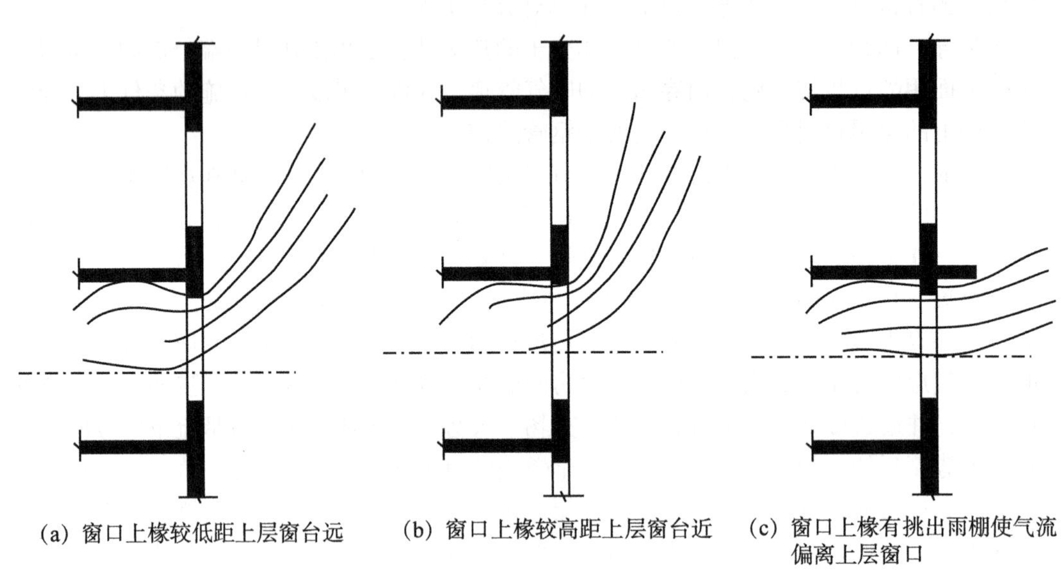

(a) 窗口上椽较低距上层窗台远　(b) 窗口上椽较高距上层窗台近　(c) 窗口上椽有挑出雨棚使气流偏离上层窗口

图 2-5　窗口上椽对热气流的影响

2）内墙门

在起火房间内，当门离起火点较远时，燃烧以热辐射的形式，使木板的受热表面温度升高，直到发火自燃，最后把门烧穿，烟火从门窜到走道，进入相邻房间。所以木板门是房间外壳阻火的薄弱环节，是火灾突破外壳烧入其他房间的重要途径之一。

在具有砖墙和钢筋混凝土楼板的建筑物内，情况也是一样。燃烧的房间，开始时往往只有一个起火点，而火最后蔓延到整个建筑物，其原因大多都是因为内墙的门未能把火挡住，火烧穿内门，经走道，再通过相邻房间开敞的门进入邻间，把室内的物品烧着。但如果相邻房间的门关得很严，在走道内没有可燃物的条件下，光靠火舌是不会很容易把相邻房间的门烧穿进入室内的。所以内门防火的问题十分重要。

3）隔墙

当隔墙为木板时，火很容易穿过木板的缝隙，窜到墙的另一面，同时木板极易燃烧。板条抹灰墙受热时，内部首先自燃，直到背火面的抹灰层破裂，火才能够蔓延过去。另外，当墙为厚度很小的非燃烧体时，隔壁靠墙堆放的易燃物体，也可能因为墙的导热和辐射而自燃起火。

4）楼板

由于热气流向上的特性，火总是要通过上层楼板、楼梯口、电梯井或吊装孔向上蔓延的。

火自上而下地使木地板起火的可能是比较小的。只有在辐射很强或正在燃烧的可燃物落地很多时，木地板才有可能起火燃烧。

5）空心结构

在板条抹灰墙木筋间的空间、木楼板搁栅间的空间、屋盖空心保暖层等结构封闭的空间内（简称空心结构），热气流能把火由起火点带到连通的全部空间，在内部燃烧起来而不被察觉。这样的火灾及至被人发觉，往往已是难以补救了。

6）竖井

现代建筑物内，有大量的电梯、设备、垃圾通道等竖井，这些竖井往往贯穿整个建筑，若未做完善的防火分隔，一旦发生火灾，火就可能通过这些通道蔓延到其他楼层，从而造成整个建筑大面积的毁坏。

## 2.5 火灾中热释放率

### 2.5.1 火灾热释放率定义

热释放速率（Heat Release Rate，也称释热速率）是表示火灾发展的一个主要参数。原则上说，如果知道火灾中可燃物的质量燃烧速率，就能够按下式计算热释放速率：

$$Q = \phi \times m \times \Delta H \tag{2-5}$$

式中，$Q$ 为可燃物的质量燃烧速率；$m$ 为可燃物的质量；$\phi$ 为燃烧效率因子，反映不完全燃烧的程度；$\Delta H$ 为该可燃物的热值。但是仅依靠计算来确定火源的释热速率是困难的，主要是该式右侧的各项难以合理确定，首先在于火灾中的可燃物组分变化很大，热值也不固定；其次在于直接使用物质的燃烧热不符合火灾实际，因为热值是该物质完全燃烧时放出的热量，而在火灾燃烧中物品大都不会全部烧完，再次由于火灾燃烧通常是不完全的，随着火灾场景的不同，燃烧效率因子一般在 0.3~0.9 范围内变化。

很多人提出应当通过试验来认识典型物品的火灾燃烧特性，并据此估计特定火灾中的释热速率。现在已发展多种测量释热速率方法，应用最成功的是锥形量热计及其大型家具量热仪等，并获得了不少的实测数据。火灾试验是一种毁坏性试验，家具、衣物等物品一旦经过火烧，基本上便彻底报废，因此全尺寸火灾试验的耗费相当大，一般都只能进行有限度的全尺寸火灾试验，所以应当充分利用已经得到的室内常用物品的燃烧性能数据。

### 2.5.2 火灾热释放率测试方法

#### 1. 锥形量热计

锥形量热计本是美国建筑与火灾研究所巴布劳斯卡斯等人开发的专门用于测量材料释

热速率的仪器，后来人们作了扩展，将它用于测量烟气浓度及 CO 和 $CO_2$ 的生成速率。图 2-6 为锥形量热计结构简图。该仪器主要由两部分组成，一是量热计，用于测量释热速率、CO 和 $CO_2$ 的生成速率和烟气浓度；二是以锥形辐射加热器为主的燃烧控制器，用于固定燃烧试样和调节引燃条件。

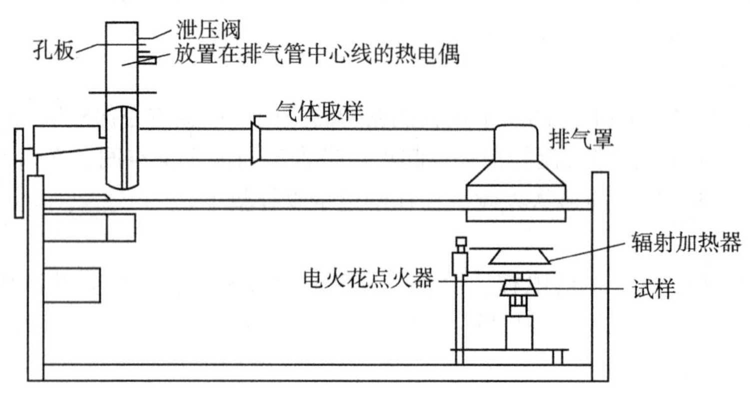


图 2-6　锥形量热计结构简图

锥形量热计根据氧耗法测定释热速率，其基本原理是：在燃烧多数天然有机材料、塑料、橡胶等物品时，每消耗 $1Nm^3$ 的氧气约放出 17. 2J 的热量（或每消耗 1kg 氧气约放出 $13.1\times10^3$kJ 的热量），其精度在 5%以内。燃烧控制器的通风状况良好，较好体现了物品自由燃烧的环境。材料试样的面积为 $100cm^2$，厚度可达 50mm，其侧面和底面用确定厚度的铝箔包住，并加上不锈钢边框，以减少边缘的燃烧效应，对于燃烧中发生膨胀的材料，其上方还可加上控制框格。然后将试样放在耐热纤维垫上。锥形辐射加热器可对试样施加 $10\sim100kW/m^2$ 的辐射热，基本上覆盖了从燃烧早期阶段到燃烧充分发展阶段的热通量。随着锥形辐射加热器与试样表面距离的变化，热通量的数值有所变化，但在某一平面上的分布是很均匀的。

该仪器使用前应当进行标定，其使用说明规定，标定材料用厚度为 25mm 的黑色聚甲基丙烯酸甲酯（PMMA）。这种材料的材质均匀、燃烧稳定，当加热到 300℃ 以上时，几乎完全分解为易燃气体，黑色则可保持吸热性能稳定。测量表明，这种材料燃烧过程的再现性很好，适合用于标定。

**2. 家具量热仪及典型结果**

使用锥形量热计只能测定一些小试样，然而建筑物内使用的物品基本上都是由多种材料组成的，且具有较大的质量和体积，其释热性能是锥形量热计无法反映的。于是在锥形量热计基础上发展出了家具量热仪，用其可测定家具等室内物品和堆放的商品。图 2-7 为家具量热仪示意图，其测量原理仍是氧耗法，但由于燃烧物品的体积较大，试样上方未设锥形辐射加热器，而是加了普通铁皮材料制成的集烟罩。

家具量热仪测量的数据很接近实际火灾环境的结果，因此很有实用价值，现在已用这种仪器测得了不少数据。这种数据可直接表示为释热速率随时间变化的曲线，此外还有相

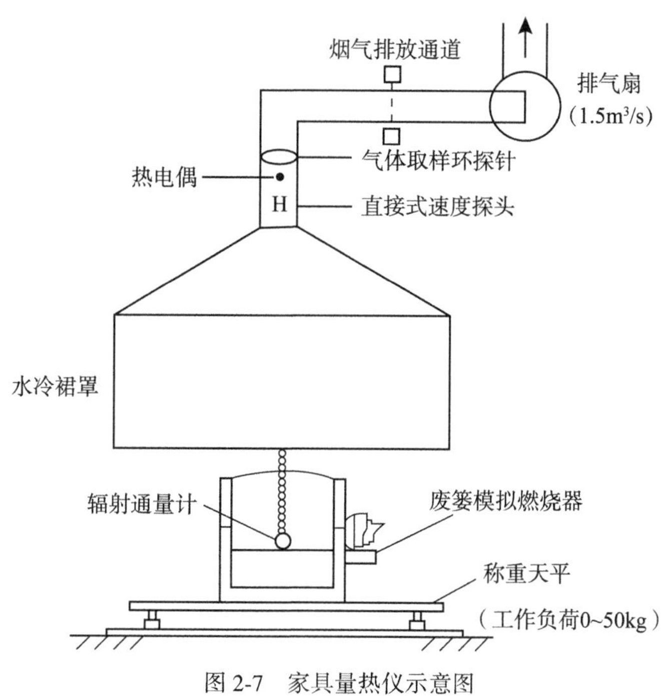


图 2-7 家具量热仪示意图

当多的数据表示为释热速率平均值或峰值。

许多火灾研究机构对常见的可燃物进行了测试，得到了这些常见可燃物的质量损失速率和单位面积的热释放速率。由于燃烧测试受供氧条件、材料组分、材料性质等多种因素的影响，测试结果一般都存在一定差异，但这并不妨碍工程应用。下面是一些液体和固体可燃物的典型测试结果，见表 2-7~表 2-9。

表 2-7 **液体可燃物火灾时单位面积上的质量损失速率和热释放速率**

| 可燃液体 | 质量损失速率和单位面积上的热释放速率（根据文献） | | | | | |
|---|---|---|---|---|---|---|
| | O. A. | | Lee. B. T | | Dobbernock，R | |
| | ($kg\cdot m^{-2}\cdot min^{-1}$) | ($kW\cdot m^{-2}$) | ($kg\cdot m^{-2}\cdot min^{-1}$) | ($kW\cdot m^{-2}$) | ($kg\cdot m^{-2}\cdot min^{-1}$) | ($kW\cdot m^{-2}$) |
| 丙酮 | 2. 63 | 1262 | 2. 5 | 1200 | — | — |
| 普通酒精 | 0. 99 | 419 | 0. 9 | 405 | — | — |
| 甲醇 | 0. 95 | 308 | 1. 0 | 324 | 2. 8~3. 8 | 907~1231 |
| 汽油 | 1. 53 | 2106 | 3. 3 | 2356 | 1. 0①~2. 1 | 714~1499 |
| 清洗汽油 | — | — | 2. 9 | 2071 | 0. 43~1. 1① | 307~785 |
| 不纯苯 | 0. 87 | — | 5. 1 | 3397 | — | — |

续表

| 可燃液体 | 质量损失速率和单位面积上的热释放速率（根据文献） | | | | | |
|---|---|---|---|---|---|---|
| | O. A. | | Lee. B. T | | Dobbernock，R | |
| | （$kg \cdot m^{-2} \cdot min^{-1}$） | （$kW \cdot m^{-2}$） | （$kg \cdot m^{-2} \cdot min^{-1}$） | （$kW \cdot m^{-2}$） | （$kg \cdot m^{-2} \cdot min^{-1}$） | （$kW \cdot m^{-2}$） |
| 环己胺 | — | — | — | — | 0. 51～1. 4① | 379～1042 |
| 柴油 | 1. 1 | 772 | 2. 1 | 1474 | — | — |
| 石油 | 1. 2 | 835 | 1. 3 | 905 | — | — |
| 燃料油 | 0. 92 | 646 | — | — | 0. 43～1. 7① | 302～1193 |
| 二甲基甲醇 | — | — | — | — | 0. 32～1. 1① | 144～495 |
| 煤油 | 0. 82 | — | 2. 3 | 1656 | — | — |
| 机油 | 0. 67 | — | 3. 1 | 1823 | — | — |
| 发动机油 | 0. 55 | — | 3. 2 | 1882 | — | — |
| 石油（煤油） | 2. 9 | 2105 | — | — | — | — |
| 松节油 | 2. 05 | 1415 | — | — | — | — |
| 甲苯 | 2. 31 | 1566 | — | — | — | — |
| 二甲苯 | 1. 73 | 1152 | — | — | — | — |

①实验是在氧气不足的情况下进行的。

表 2-8　**固体可燃物火灾时单位面积上的质量损失速率和热释放速率（非塑料类）**

| 固体可燃物 | 单位面积上的质量损失速率和热释放速率（根据文献） | | | |
|---|---|---|---|---|
| | O. A. | | Dobbernock，R | |
| | （$kg \cdot m^{-2} \cdot min^{-1}$） | （$kW \cdot m^{-2}$） | （$kg \cdot m^{-2} \cdot min^{-1}$） | （$kW \cdot m^{-2}$） |
| 汽车轮胎 | 0. 53 | 388 | 0. 86①～1. 0① | 630～732 |
| 棉花 | 0. 24 | 62 | — | — |
| 棉布 | 0. 72 | 268 | — | — |
| 书（书架） | 0. 33 | 83 | — | — |
| 顶梁 | — | — | 1. 3①～1. 8 | 624～864 |
| 橡胶模具 | 0. 53～0. 8 | 388～588 | 0. 7～0. 86 | 512～630 |
| 木材 | 0. 67～1. 0 | 193～288 | >2. 0① | — |
| 木制家具 | 0. 9 | 259 | 0. 93～1. 2 | 268～346 |
| 生橡胶 | 0. 53～0. 8 | 388～588 | — | — |
| 纸箱 | — | — | 1. 3～1. 5 | 328～378 |

续表

| 固体可燃物 | 单位面积上的质量损失速率和热释放速率（根据文献） | | | |
|---|---|---|---|---|
| | O. A. | | Dobbernock，R | |
| | (kg · $m^{-2}$ · $min^{-1}$) | (kW · $m^{-2}$) | (kg · $m^{-2}$ · $min^{-1}$) | (kW · $m^{-2}$) |
| 藤柳制品 | — | — | 1.3~2.2① | 374~634 |
| 人造奶油 | — | — | 0.38~0.5 | 205~270 |
| 纸 | 0.4~0.48 | 91~103 | 1.2~1.6 | 274~365 |
| 拖布（油） | — | — | 0.7~0.86 | 370~545 |
| 黑麦粉 | — | — | 0.54~0.6 | 149~166 |
| 卫生板 | — | — | 0.53~0.65 | 118~144 |
| 鞋纸箱 | — | — | 1.3~1.7 | 328~428 |
| 胶合板 | — | — | 0.5~0.59 | 144~170 |
| 地毯缩绒 | — | — | 0.35~1.2 | 126~432 |
| 录音带 | — | — | 0.29~0.57 | 104~205 |
| 带聚合物的纺织垃圾 | 0.25~1.04 | 123~512 | — | — |

①实验是在氧气不足的情况下进行的。

表 2-9　**固体可燃物火灾时单位面积上的质量损失速率和热释放速率（塑料类）**

| 塑料 | 单位面积上的质量损失速率和热释放速率（根据文献） | | | |
|---|---|---|---|---|
| | Lee，B.T 等 | | Dobbernock，R | |
| | (kg · $m^{-2}$ · $min^{-1}$) | (kW · $m^{-2}$) | (kg · $m^{-2}$ · $min^{-1}$) | (kW · $m^{-2}$) |
| PMMA | 0.6~1.4 | 248~580 | — | — |
| 聚酰胺 | — | — | 0.39~0.504 | 190 |
| 聚碳酸酯 | 1.5 | 774 | — | — |
| 环氧树脂 | — | — | 0.45~0.534 | 246~292 |
| 聚酯纤维 | 0.54~1.0 | 172~318 | — | — |
| 聚乙烯 | 0.84 | 615 | 0.408~0.522 | 299~382 |
| 聚乙烯碎片 | — | — | 0.414~0.648 | 303~474 |
| 聚丙烯 | 0.504~0.84 | 369~615 | 0.174~0.462 | 127~338 |
| 聚甲醛 | 0.384~0.96 | 99~248 | — | — |
| 聚苯乙烯 | 0.846~2.1 | 563~1399 | 0.348~0.408 | 231~272 |
| 软 PVC | — | — | 0.552~0.72 | 173~268 |
| 硬聚氨酯 | 1.6~2.7 | 643~1085 | 0.552~0.72 | 222~289 |

续表

| 塑料 | 单位面积上的质量损失速率和热释放速率（根据文献） | | | |
|---|---|---|---|---|
| | Lee，B. T 等 | | Dobbernock，R | |
| | $(kg \cdot m^{-2} \cdot min^{-1})$ | $(kW \cdot m^{-2})$ | $(kg \cdot m^{-2} \cdot min^{-1})$ | $(kW \cdot m^{-2})$ |
| 软聚氨酯 | 0. 492～1. 9 | 189～730 | 1. 2～1. 5① | 461～576 |
| PVC 电缆 | 1. 0～1. 3 | 300～390 | 0. 576～0. 684 | 173～205 |

①实验是在氧气不足的情况下进行的。

### 3. 设定火灾功率

在设计新建筑或分析现有建筑的火灾安全状况时，建筑物内可能发生火灾的释热速率是决定火灾发展及火灾危害的主要参数，也是采取消防对策的基本依据，因此具有重要的参考意义。但是这些建筑物内并没有发生火灾，释热状况是人们根据对火灾燃烧的认识（主要是对可燃物特性的认识）假设的。此参数设定得越合理，所设计的消防设施的有效性和经济性就越好。现在常称这种工作为设定火灾功率。

火灾初期的释热速率是控制火灾主要关心的问题之一。由前面讨论的多种物品的释热速率曲线可见，从起火到旺盛燃烧阶段，释热速率大体按指数规律增长。赫斯凯斯特得指出，这可用下面的二次方程描述：

$$Q = \alpha\ (t - t_0)^2 \tag{2-6}$$

式中，$\alpha$ 为火灾增长系数（$kW/s^2$）；$t$ 为点火后的时间（s）；$t_0$ 为开始有效燃烧所需的时间（s）。图 2-8 为本模型的示意图。通常在研究中不考虑火灾的前段酝酿期，即认为火灾从出现有效燃烧时算起，于是释热速率公式可写为：

$$Q = \alpha t^2 \tag{2-7}$$

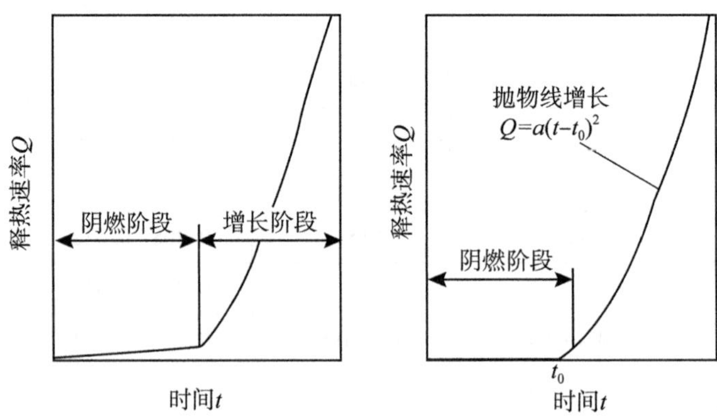


图 2-8　火灾增长的 $t^2$ 模型

大量的火灾试验表明，火灾的初期增长可分为慢速、中速、快速、超快速四种类型，见图 2-9，各类火灾的增长系数依次为 0.002931、0.01127、0.04689、0.1878。池火、快速沙发火大致为超快速型，纸箱、板条架火大致为快速型，棉花加聚酯纤维弹簧床大致为中速型。

有些物品按 $t^2$ 规律燃烧一段时间后，释热速率便趋向于某一确定值，例如泄漏气体的射流火、池油火、某些热塑料火等，这种情况就可以按图 2-10 的方式简化处理。

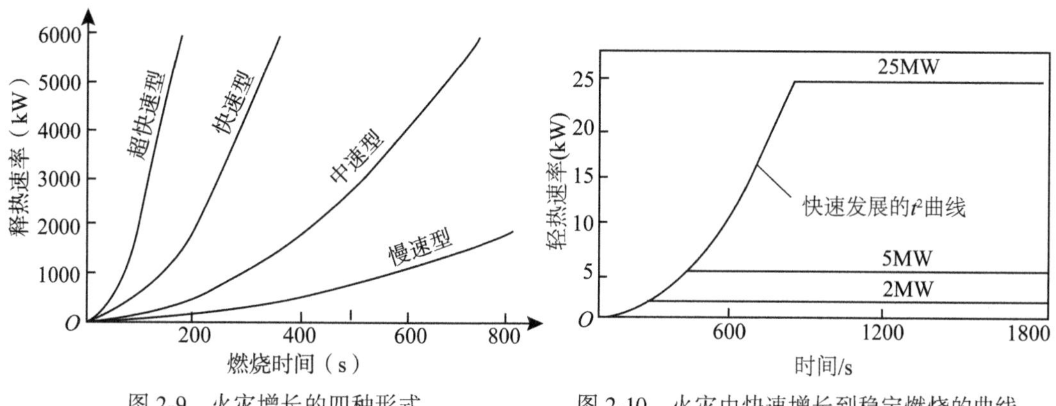


图 2-9　火灾增长的四种形式

图 2-10　火灾由快速增长到稳定燃烧的曲线

在实际工程分析中，不可能详细描述每一种材料的燃烧行为，因此通常就用以时间为函数的方程来计算建筑物室内可燃物燃烧综合热量，从而把火势的发展看成是时间的函数，这就是所谓的热量释放速率曲线（Rate of Heat Release），简称 RHR 曲线。图 2-11 所示的即是一个典型的 RHR 曲线，曲线所包围的面积等于着火房间的最大火灾荷载，换句话说，火灾持续时间与火灾荷载的大小是成正相关的。

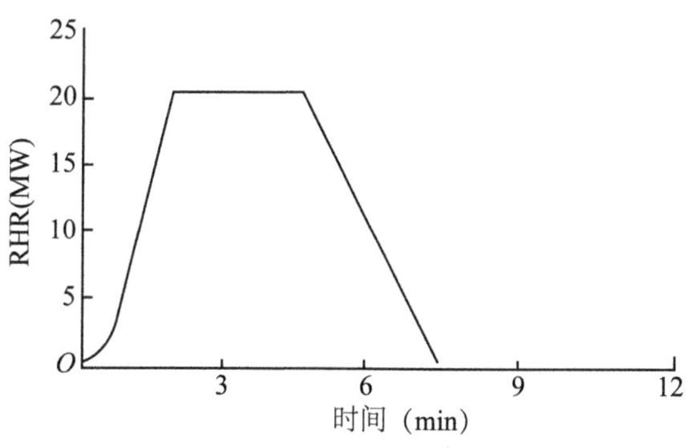


图 2-11　热释放速率曲线示例

# 第3章　建筑火灾烟气及其扩散规律

## 3.1　烟气的产生与性质

### 3.1.1　烟气的产生

火灾烟气，是发生火灾过程中因热分解和燃烧作用而生成的一种产物。燃烧是可燃物与氧化剂产生的放热反应，通常伴有火焰、发光和发烟。热分解（也称热解）是由于温度升高物质发生无氧化作用的不可逆化学分解反应。由热解作用所产生的悬浮在空气中的固体和液体微粒，称为烟或烟粒子，直径一般为0.01～10μm。含有烟粒子的气体称为烟气。凡可燃物质，无论是固态、液态或气态物质燃烧时，都会产生烟气。

### 3.1.2　烟气的性质

#### 1. 烟气的组成

烟气的成分和性质首先取决于发生热解和燃烧的物质本身的化学组成，其次还与燃烧条件有关。所谓燃烧条件，是指环境的供热条件、环境的空间时间条件和供氧条件。由于火灾发生时参与燃烧的物质比较复杂，尤其是发生火灾的环境条件千差万别，所以火灾烟气的组成相当复杂，在外形和结构上也有很大差异。颜色从浅到深，浅色的是在阴燃和燃料热解时产生的微小液态颗粒；深色的是火焰燃烧时产生的烟和炭颗粒。

就总体而言，按相态和气体有害性分类，火灾烟气主要是由以下三部分组成：

（1）热解和燃烧所生成的气体。

固体物质燃烧时物质本身发热，通常物质受热后将在燃烧物质的附近释放出挥发性可燃气体，这些可燃气体的燃烧在火焰上方形成了一个带有高温烟气的火柱。这是由于它的比重比四周的冷空气低，产生一个明显的上升流动，结果使四周的冷空气与它混合在一起形成上升的气流。热解和燃烧所生成的气体主要包括$CO_2$、CO、$H_2O$、$SO_2$、$CH_4$、$C_nH_m$等，这些挥发性可燃气体、水蒸气、CO、$CO_2$等对人体都具有一定毒害作用。

（2）未燃烧的分解物和凝固物。

部分混合空气将供给燃烧物质时所需要的氧气。但是由于火舌卷流的温度并不是十分高，氧气在其中的混合不够充分，因而使物质燃烧不完全，产生弥散的固体微粒，这种形式的烟尘是烟的一个重要组成部分。这一部分主要包括游离碳、焦油类粒子和高沸点物质的凝缩液滴等。

(3) 被火场加热并潜入正在上升的热气团中的大量空气。

在火焰尖顶部上升的高温气体柱中总是含有可燃气体燃烧所需的更多的空气，这部分剩余空气温度相当高，并且和燃烧产生热烟充分混合，从而构成烟的一个不可分割的组成部分。

**2. 火灾烟气的基本状态参数**

气体常用的基本状态参数有压力、温度、密度。一般情况下，火灾烟气中的悬浮微粒的含量很少，因此可将烟气近似为理想混合气体，其常用基本状态参数有压力、温度、密度。

1) 压力

在建筑火灾发生、发展和熄灭三个不同阶段，着火房间内的烟气压力各不相同。一般火灾初期，压力很低；随着火灾的发展，着火房间内烟气逐渐增加，温度不断上升，压力也相应升高；火灾爆燃时，烟气压力骤然上升到峰值，冲出门窗孔洞，室内烟气压力迅速下降到接近此时的大气压。扩散出去的烟气压力则与其所处的环境气压相近。一般着火房间内烟气的平均相对压力为10~15Pa；短时间内可达到的峰值为35~40Pa。

2) 温度

在火灾发生、发展和熄灭三个不同阶段，着火房间内的烟气温度不断升高。火灾爆燃时，燃烧快速达到高峰，室内烟气温度相应地急剧上升，达到最高水平。由于建筑物结构形式不同，内部可燃物的种类数量不同，门窗孔洞的尺寸也不同，着火房间内最高温度也各不相同，最低可达500~600℃，最高可达800~1000℃。

烟气由着火房间溢出至走廊或其他房间时，迅速与周围冷空气混合，同时也受到围护结构冷却，温度快速下降。若忽略结构对烟气的冷却作用，则混合后的烟气温度可按下式计算：

$$t_y = \frac{V_{yo} t_{yo} + V_k t_k}{V_{yo} + V_k} \tag{3-1}$$

式中：$t_y$——混合后的烟气温度，单位℃；

$V_{yo}$——着火房间窜出的烟气量，单位 $m^3/s$；

$t_{yo}$——着火房间窜出的烟气温度，单位℃；

$V_k$——走廊或其他非着火房间与烟气掺混的冷空气量，单位 $m^3/s$；

$t_k$——与烟气掺混的冷空气温度，单位℃。

由于走廊或其他非着火房间与掺混的冷空气量很难确定，所以通常近似采用下列的经验公式来计算掺混后的烟气温度：

$$t_y = \alpha_1 t_{yo} \tag{3-2}$$

式中：$t_y$——混合后的烟气温度，单位℃；

$\alpha_1$——烟气冷却系数，可由试验确定。一般地，蔓延到走道的烟气，$\alpha_1$可取0.7；进入排烟竖井的烟气，$\alpha_1$可取0.5。

$t_{yo}$——着火房间窜出的烟气温度，单位℃，一般可取500℃。

3) 密度

由于烟气中含有悬浮颗粒，其密度 $\rho_s$ 要比同温同压下的空气密度大。一些实验数据表明，即使是非常浓的烟气，与同温同压下的空气密度 $\rho_a$ 的相对差值也不超过 3%。因此，烟气的密度可以近似地认为与同温下的当地空气密度相等。若假设烟气密度沿高度方向不变，则 $\rho_s$ 近似为绝对温度 $Ts$（K）的函数，则

$$\rho_s T_s \approx \rho_\infty T_\infty \approx 353 \tag{3-3}$$

即

$$\rho_s = \frac{353}{T_s} \tag{3-4}$$

式中：$\rho_s$——烟气层密度，单位 kg/m³；

$T_s$——烟气温度，单位℃；

$\rho_\infty$——周围空气密度，单位 kg/m³；

$T_\infty$——周围空气温度，单位℃；

### 3. 烟气浓度

烟气浓度与烟气的危害性密切相关。要分析烟气的毒害性，需要了解烟气中有毒气体的浓度；要衡量烟气的减光性，则需了解烟气中烟粒子浓度。

1）有毒气体的容积浓度

单位容积的烟气中某种有毒气体所占的分容积，称为该种有毒气体的容积浓度 $r_i$。可由下式计算得到各种有毒气体的容积浓度 $r_i$：

$$r_i = \frac{V_i}{V_s}\ (\%) \tag{3-5}$$

$$r_i = \frac{V_i}{V_s} \times 10^6\ (\text{ppm}) \tag{3-6}$$

式中：$V_i$——火灾烟气中某种有毒气体的容积，单位 m³；

$V_s$——火灾烟气的总容积，单位 m³。

2）烟粒子浓度

火灾中的烟粒子浓度，一般用质量浓度、计数浓度和光学浓度三种方式来表示。

（1）烟的质量浓度。

单位容积的烟气中所含烟粒子的质量，称为烟的质量浓度 $\mu_s$（mg/m³），即

$$\mu_s = \frac{m_s}{V_s} \tag{3-7}$$

式中：$m_s$——容积为 $V_s$ 的烟气中所含烟粒子的质量，单位 mg；

$V_s$——烟气容积，单位 m³。

这种方法一般适用于小尺寸的试验。

（2）烟的计数浓度。

单位容积的烟气中所含烟粒子的数目，称为烟的计数浓度 $n_s$（个/m³），即

$$n_s = \frac{N_s}{V_s} \tag{3-8}$$

式中：$N_s$——容积为 $V_s$ 的烟气中所含的烟粒子数。

这种方法一般适用于烟浓度很小的情况。

（3）烟的光学浓度。

火灾烟气的减光性可由烟粒子的光学浓度来反映。

当可见光通过烟层时，烟粒子使光线的强度减弱。光线减弱的程度与烟的浓度有函数关系。通过测定光线穿过烟层后的光线强度，进一步求出减光系数 $C_s$。光学浓度用减光系数 $C_s$ 来表示。这种方法可以适用于小尺寸和中等尺寸的试验。

在发生火灾时，建筑物内充入烟和其他燃烧产物，影响火场的能见距离，从而影响人员的安全疏散，阻碍消防人员接近火点救援和灭火。

设光源与受光物体之间的距离为 $L$（m），无烟时受光物体处的光线强度为 $I_0$（cd），有烟时光线强度为 $I$（cd），则根据朗伯-比尔定律得：

$$I=I_0 e^{-C_s L} \tag{3-9}$$

或者

$$C_s=\frac{\ln\frac{I_0}{I}}{L} \tag{3-10}$$

式中：$C_s$——烟的减光系数，单位 $m^{-1}$；

$L$——光源与受光体之间的距离，单位 m；

$I_0$——光源处的光强度，单位 cd。

从公式可以看出，当 $C_s$ 值愈大，即烟的浓度愈大时，受光处光线强度 $I$ 就愈小；当 $L$ 值愈大，即距离愈远时，$I$ 值就愈小。这与人们在火灾现场的体验是一致的。

### 4. 建筑材料的发烟量与发烟速度

各种建筑材料在不同温度下，其单位质量所产生的烟量是不同的，一般取决于发生火灾时房间的燃烧状况。几种常用建筑材料的发烟量见表 3-1。

表 3-1 **各种材料的发烟量（$C_s=0.5m^{-1}$）**

| 材料名称 | 发烟量（$m^3/g$） | | |
|---|---|---|---|
| | 300℃ | 400℃ | 500℃ |
| 松 | 4.0 | 1.8 | 0.4 |
| 杉木 | 3.6 | 2.1 | 0.4 |
| 普通胶合板 | 4.0 | 1.0 | 0.4 |
| 难燃胶合板 | 3.4 | 2.0 | 0.6 |
| 硬质纤维板 | 1.4 | 2.1 | 0.6 |
| 锯木屑板 | 2.8 | 2.0 | 0.4 |
| 玻璃纤维增强塑板 | | 6.2 | 4.1 |
| 聚氯乙烯 | | 4.0 | 10.4 |
| 聚苯乙烯 | | 12.6 | 10.0 |
| 聚氨酯（人造橡胶之一） | | 14.0 | 4.0 |

从表中可以看出，木材类在温度升高时，发烟量有所减少。这主要是因为分解出的碳质微粒在高温下又重新燃烧，且温度升高后减少了碳质微粒的分解。

除了发烟量外，火灾中影响生命安全的另一重要因素就是发烟速度，即单位时间、单位质量可燃物的发烟量。实验得到的各种材料的发烟速度见表 3-2。

表 3-2　　**各种材料的发烟速度**

| 温度（℃）<br>材料名称 | 发烟速度（$m^3 \cdot s^{-1} \cdot g^{-1}$） | | | | | | | | | | | |
|---|---|---|---|---|---|---|---|---|---|---|---|---|
| | 225 | 230 | 235 | 260 | 280 | 290 | 300 | 350 | 400 | 450 | 500 | 550 |
| 针枞 | | | | | | | 0.72 | 0.80 | 0.71 | 0.38 | 0.17 | 0.17 |
| 杉木 | | 0.17 | | 0.25 | | 0.28 | 0.61 | 0.72 | 0.71 | 0.53 | 0.13 | 0.13 |
| 普通胶合板 | 0.03 | | | 0.19 | 0.25 | 0.26 | 0.93 | 1.08 | 1.10 | 1.07 | 0.31 | 0.24 |
| 难燃胶合板 | 0.01 | | 0.09 | 0.11 | 0.13 | 0.20 | 0.56 | 0.61 | 0.58 | 0.59 | 0.22 | 0.20 |
| 硬质纤维板 | | | | | | | 0.76 | 1.22 | 1.19 | 0.19 | 0.26 | 0.27 |
| 锯木屑板 | | | | | | | 0.63 | 0.76 | 0.85 | 0.19 | 0.15 | 0.12 |
| 玻璃纤维增强塑板 | | | | | | | | | 0.5 | 1 | 3 | 0.5 |
| 聚氯乙烯 | | | | | | | | | 0.1 | 4.5 | 7.5 | 9.7 |
| 聚苯乙烯 | | | | | | | | | 1 | 4.95 | | 2.97 |
| 聚氨酯 | | | | | | | | | 5 | 11.5 | 15 | 16.5 |

从表 3-2 可以看出，木材类在加热温度超过 350℃时，发烟速度一般随温度升高而降低。而高分子有机材料则恰好相反。

现代建筑中，高分子材料大量用于家具用品、建筑装修、管道及其保温、电线绝缘等方面。由表 3-1 和表 3-2 可以看出，高分子材料的发烟量和发烟速度比木材类材料要大得多。因此，一旦发生火灾，高分子材料不仅燃烧迅速、加大火势，还会产生大量有毒的浓烟，其危害远远超过一般可燃材料。

**5. 烟气的危害**

火灾时产生的烟气能对建筑中人员的心理及生理产生重大影响。国内外大量火灾实例统计数字表明，因火灾而伤亡者中，大多数是烟害所致。火灾中受烟害直接致死的占 1/3～2/3，因火烧死的占 1/3～1/2，而且被火烧死的人中多数也是先受烟毒晕倒然后被烧死的。火灾烟气是建筑火灾人员伤亡的最主要原因，是夺取人的生命最凶恶的杀手。

1）烟气对人体的危害

（1）烟气中毒。大部分可燃物质都属于有机物，它们主要由碳、氢、氧、硫、氮、磷等元素构成，燃烧时会产生大量有毒气体，如一氧化碳、氢化氰、二氧化硫、二氧化碳、二氧化氮、氨气等。这些气体达到一定浓度时，对人体均有不同程度的危害。一氧化碳通过肺泡进入血液，立即与血红蛋白结合形成碳氧血红蛋白（HBCO），取代正常情况下氧气与血红蛋白结合成的氧合血红蛋白，使血红蛋白失去输送氧气的功能，不能及时供给全身组织器官充分的氧气。当一氧化碳和血液中50%以上的血红蛋白结合时，便能造成脑和中枢神经严重缺氧，继而失去知觉，甚至死亡。吸入高浓度的一氧化碳可与还原型细胞色素氧化酶的二价铁结合，使细胞呼吸受抑制，对机体各组织均有毒性作用，尤其对大脑皮层损害更严重。即使未吸入致死量的一氧化碳，也会因缺氧而发生头痛、无力、呕吐等症状，最终可能导致不能及时逃离火灾现场而死亡。二氧化氮（$NO_2$）对肺刺激性强，能引起即刻死亡以及滞后性伤害；氨气（$NH_3$）有刺激性，有难以忍受的气味，对眼、鼻有强烈刺激作用；氯化氢（HCl）是呼吸道刺激剂，吸附于颗粒上的HCl的潜在威胁性较之等量的HCl气体还要大。

在现代建筑装饰材料中，大量使用木材制品和聚氯乙烯物质，其燃烧产生的醛类和氢氯化合物都是刺激性很强的气体，甚至可以致命。例如烟中含有5.5ppm的丙烯醛时，便会对上呼吸道产生刺激症状；10ppm以上，就能引起肺部变化，数分钟内即可死亡。烟中丙烯醛的允许浓度为0.1ppm，而木材燃烧的烟中丙烯醛含量已达50ppm左右，对人极为有害。聚氯乙烯物质燃烧，在温度达到200~300℃时即有一半会分解放出氯化氢，而氯化氢在50ppm时就有剧烈的刺激性，在短时间内便能置人于死地。这是由于氯化氢通过刺激眼、上呼吸道黏膜而使上呼吸道破坏，形成机械窒息。如果燃烧的是泡沫塑料及化纤织物的原料、中间品、自燃（催化剂）和引发剂，还会产生光气、氯气、氰化氢等剧毒气体，吸入人体内会发生中毒、窒息等后果。另外，羊毛丝织品及含氮的塑料制品燃烧时会产生大量氰化氢。不同浓度的氰化氢对人体的影响见表3-3。

表3-3　**不同浓度的氰化氢对人体的影响**

| 空气中氰化氢浓度 | 症　　状 |
|---|---|
| 110ppm | 大于1小时人即死亡 |
| 181ppm | 10分钟人即可死亡 |
| 280ppm | 人会立即死亡 |

（2）缺氧。着火区域的空气中充满了一氧化碳、二氧化碳及其他有毒气体，加之燃烧消耗了大量的氧气，因此此时火场空气中含氧量很低，甚至可低到5%以下，这对人体会产生强烈影响，导致死亡，其危害性不亚于一氧化碳。空气中缺氧时对人体的影响程度见表3-4。

表 3-4　**空气中缺氧时对人体的影响程度**

| 空气中氧气含量（%） | 症　状 |
|---|---|
| 21% | 空气中正常含氧量 |
| 20% | 无影响 |
| 12%~15% | 呼吸急促、头痛、眩晕、浑身疲劳无力，动作迟钝 |
| 10%~12% | 恶心呕吐、无法行动乃至瘫痪 |
| 6%~8% | 昏倒并失去知觉 |
| 6% | 6~8 分钟内死亡 |
| 2%~3% | 45 秒内立即死亡 |

（3）窒息。火场燃烧时会产生高温，人在温度超过体温的环境中，因出汗过多，会出现脱水、疲劳和心跳加快等现象。当空气温度达到 149℃时，由于人体吸收的热量超过身体表面散发的热量，体积超过正常状态，使血压下降，毛细血管被破坏，以致血液不能循环，特别是会导致脑神经中枢破坏而死亡。

另外，火灾时，人员可能因头部烧伤或吸入高温烟气而使口腔及喉头肿胀，以致引起呼吸道阻塞窒息。此时若不能得到及时抢救，就有可能被烧死或被烟气毒死。

2）烟气对疏散的危害

在着火房间及疏散通道内，充满了含有大量一氧化碳及其他有毒气体的热烟，甚至远离火区的部位及其上部也可能烟雾弥漫，这对人员的疏散极为不利。

发生火灾时，特别是发生爆燃时，火焰和烟气冲出门窗孔洞，浓烟滚滚，烈火熊熊，会造成人们紧张的恐怖心理状态，使人们失去活动能力，甚至失去理智，这常常给疏散过程造成混乱局面。

另外，由于烟气集中在疏散通道的上部空间，使得人们行走时必须掩面弯腰摸索前行，减小了逃生速度。同时，火灾烟气导致人们辨认目标的能力大大降低，即使设置了事故照明和疏散标志，也会使其减弱。因此，人们在疏散时由于烟气作用可能看不清周围的环境，甚至达到辨不清疏散方向、找不到安全出口、影响人员安全的程度。各国普遍认为，当能见距离降到 3m 以下时，逃离火场就十分困难了。

能见度（视程），是指普通人视力所能达到的范围，是安全疏散的重要指标。研究表明，烟的减光系数 $C_s$ 与能见距离 $D$ 之积为常数 $C$，其数值因观察目标的不同而不同。例如，疏散通道上的反光标志、疏散门等，$C=2\sim4$；发光型标志、指示灯等，$C=5\sim10$。保证安全疏散的最小能见距离为疏散极限视距，一般用 $D_{min}$ 表示。

对于不同用途建筑，其使用人员对建筑物的熟悉程度是不同的。对于建筑熟悉者，如住宅楼、宿舍楼、生产车间等建筑内的固定人员，$D_{min}=5\text{m}$；对于建筑不熟悉者如高层旅馆、百货大楼等建筑内的非固定人员，$D_{min}=30\text{m}$。

火灾时，着火房间内的烟气光学浓度 $C_s$ 可达 $25\sim30\text{m}^{-1}$，能见度极低。要看清疏散通道上的门和反光型标志，要求烟的允许极限浓度 $C_{smax}$：

对于熟悉建筑的人：$C_{smax}=0.2\sim0.4m^{-1}$，平均为 $0.3m^{-1}$；

对于不熟悉建筑的人：$C_{sfmax}=0.07\sim0.13m^{-1}$，平均为 $0.1m^{-1}$。

就是说，为了保障疏散安全，无论是熟悉建筑物的人，还是不熟悉建筑物的人，烟在走廊里的浓度只允许为起火房间内烟的 1/300～1/100。

3）烟气对扑救的危害

消防人员在进行灭火与援救时，同样会受到烟气的威胁。烟气不仅会引起消防队员中毒、窒息，还会严重阻碍他们的行动，使他们难以找到着火点，不易辨别火势发展方向，影响灭火战斗的有效开展。同时，高温烟气还可能导致火场扩大，加大扑救难度。

## 3.2 烟气的流动与蔓延

### 3.2.1 烟气流动主要驱动力

建筑物内发生火灾时，烟气的流动特性主要取决于以下两个因素：

（1）烟气本身的流动性（或浮力），它是由于烟气中一般都含有比周围空气密度要小的热气所引起的。

（2）建筑物内部正常的空气流动。这些空气可能无助于火焰的燃烧，但是它能夹带着烟气顺着正压力的方向在建筑四周散布。

烟气流动的这两个因素作用的相对大小将取决于一个建筑物中各种不同的特殊情况。通常可以预计，在靠近火的地方，前者将处于支配地位；但当与火的距离增大（烟变冷）时，后者就将变得更为重要。

导致正常空气在建筑物中流动有三个独立的因素：

#### 1. 烟囱效应

户内空气沿着有垂直坡度的空间方向上升或下降，造成空气加强对流的现象。它是由于建筑物内外空气不同的温度所形成的压力差造成的。它造成建筑内的空气是向上还是向下运动，取决于建筑内的空气比外界的空气热一些还是凉一些。

#### 2. 风

对整个建筑物来说，或多或少有漏风的地方，通过这些漏风的地方潜入进来的空气将有助于室内空气的流动。

#### 3. 建筑物内部所设的机械通风系统

现代建筑多设有通风空调系统，通风空调系统的气流组织会影响烟气的运动，即使在火灾期间，通风空调系统全部停止运行，排烟风机开启后，改变了建筑内的压力分布，也会成为烟气运动的主要推动力。

所有这些导致烟在建筑物中流动的要点可以在图 3-1 中显示出来。

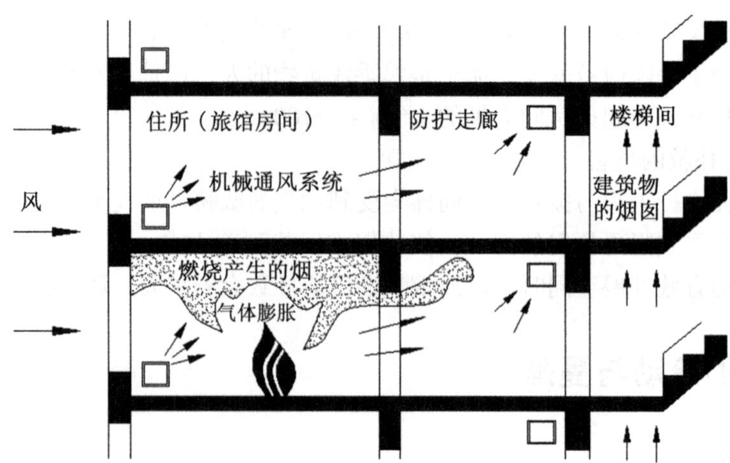


图 3-1　影响烟流动的因素

### 3.2.2　烟气在建筑物内的蔓延规律

烟气在着火房间内向上升腾过程中，遇到顶棚后向四周水平扩散，并受到周围建筑围护体的阻挡和冷却，会有沿墙向下流动的趋势，烟气不断产生，上部烟层逐渐增厚，到达门窗开口以下时，通过开启的门窗洞口向室外和走廊扩散。如果门窗处于关闭状态，烟层将继续增厚，至室内温度升高到一定值（一般为 200～300℃）时，门窗上的玻璃破裂，烟气从门窗的缺口处向室外和走廊扩散。

烟气在走廊内流动时，从房间内流向走廊内的烟气，开始附贴在天棚下流动，流动的速度一般为 0.5～0.8m/s。研究表明，在火势旺盛阶段，烟气从室内流出后呈层流状态沿走廊的天棚流动，并且烟层厚度经过 20～30m 距离也不会变化。但在流动过程中，烟层如受到梁和其他突出物的阻碍，以及受到室外空气进入或通风空调系统气流的干扰，其层流的距离将会缩短而形成紊流状态。

烟气沿楼梯间、电梯井、管道井等竖井流动时，当室内空气温度高于室外时，气流将通过建筑物中性面以下的各层外墙进入，由于室内外空气容重的不同而产生浮力。建筑物内上部压力大于室外压力，下部的压力小于室外压力。当外墙上有开口时，通过建筑物上部的开口，室内空气流向室外；通过下部的开口，室外空气流向室内。这种现象就是建筑物的烟囱效应。这一现象平时对建筑物内空气的流动起着重要的作用。在火灾时，由于燃烧放出的大量热量，室内温度快速升高，建筑物的烟囱效应更加显著，使火灾的蔓延更加迅速，垂直向上的速度为 3～4m/s。

当建筑发生火灾时，烟气蔓延一般有三条路线：

（1）着火房间→走廊→楼梯间→上部各楼层→室外；

（2）着火房间→室外；

（3）着火房间→相邻上层房间→室外。

## 3.3　烟气流动的计算

火灾中，燃烧产生的热烟在浮力作用下上升，并在火焰上方形成烟羽流。烟生成后将随着建筑内、外空间状态的改变，而形成水平和垂直状的流动。烟气在运动过程中，烟羽流是烟气的主要来源，直接决定着烟气的生成速率。而由于着火点位置与建筑物结构的不同，烟羽流的形态也有很大不同，因此进行烟气流动的计算，必须采用不同的模型来描述。常见的羽流模型有轴对称羽流、窗羽流、顶棚射流等。

### 3.3.1　对称烟羽流

对称烟羽流，是指火灾烟气向上蔓延的过程中不受遮挡而形成的近似为倒锥形的烟羽流。为研究与应用的方便，通常假定羽流为轴对称结构的倒圆锥体，并且是从某个虚点产生的，如图 3-2 所示。

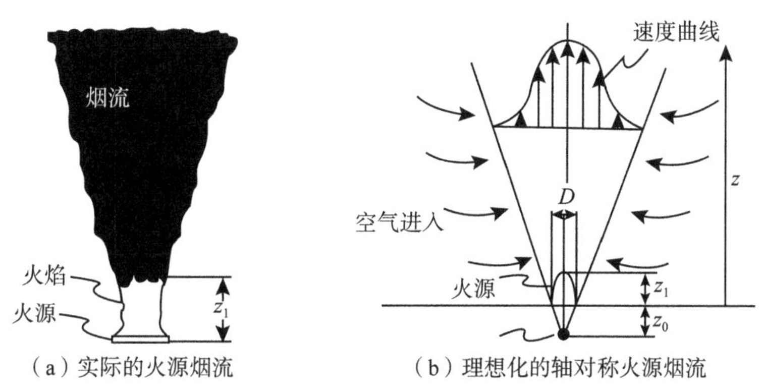


图 3-2　对称羽流简化模型示意图

**1. 虚点源的位置 $Z_0$**

$$Z_0=0.083Q^{\frac{2}{5}}-1.02D_f \tag{3-11}$$

式中：$Z_0$——虚点源距离燃烧面的高度，单位 m；

$D_f$——有效燃烧直径，单位 m；

$Q$——火源的热释放速率度，单位 kJ/s。

$Z_0$为正表示虚点源位于火源根部平面的上方，为负，虚点源位于火源根部平面的下方。

**2. 火焰的平均高度 $Z_f$**

$$Z_f=0.235Q^{\frac{2}{5}}-1.02D_f \tag{3-12}$$

式中：$Z_f$——火焰的平均高度，单位 m。

### 3. 烟羽流的质量流量

$$m=C_1Q_c^{\frac{1}{3}}\ (Z-Z_0)^{\frac{5}{3}}\ [1+C_2Q_c^{2-3}\ (Z-Z_0)^{-\frac{5}{3}}] \tag{3-13}$$

式中：$m$——羽流在 $Z$ 高度处的质量流量，单位 kg/s；

$Q_c$——火源对流热释率，单位 kW，一般情况下，$Q_c=0.7Q$，$Q$ 为火源总热释率；

$Z$——烟羽流离开地面的某一高度，单位 m；

$Z_0$——虚点源的高度，单位 m；

$C_1$、$C_2$——常数，通常 $C_1$ 取 0.071，$C_2$ 取 0.026。

将 $Z_0$ 计算公式和常数代入上式，可得到：

$$m=0.071Q_c^{\frac{1}{3}}Z^{\frac{5}{3}}+0.0018Q_c \tag{3-14}$$

### 4. 烟羽流体积流量

烟流的体积流率为：

$$V=\frac{m}{\rho_m}=\frac{mT_m}{\rho_0T_0}=\frac{m}{\rho_0}+\frac{Q_c}{\rho_0T_0C_p} \tag{3-15}$$

式中：$T_m$——烟流平均温度，单位 K；

$V$——烟流在高度 $z$ 处的体积流率，单位 $m^3$

$\rho_m$——高度 $z$ 处的烟沥密度，单位 $kg/m^3$；

$m$——烟的产生率，单位 kg/s；

$\rho_0$——周围空气密度，单位 kg/m。

### 5. 平均温度

火焰平均高度及以上位置处的中心垂直线平均温升 $\Delta T_0$ 采用以下公式计算：

$$\Delta T_0=T_M-T_0=\frac{Q_c}{mC_p} \tag{3-16}$$

式中：$T_m$——烟流在高度 $z$ 处的平均温度，单位 K；

$T_0$——环境温度，单位 K；

$C_p$——烟流气体的比热容，单位 kJ/（kg · K）。

烟流中心温度可以采用下式预测：

$$T_1=T_0+9.1\left(\frac{T_0}{gc_p^2\rho_0^2}\right)^{\frac{1}{3}}\frac{Q^{\frac{2}{3}}}{z^{\frac{5}{3}}} \tag{3-17}$$

式中：$T_1$——高度 $z$ 处的羽流中心线绝对温度，单位 K；

$g$——重力加速度，大小为 $9.8m/s^2$；

$c_p$——空气的定压比热容，单位 kJ/（kg · K）；

$\rho_0$——环境空气密度，大小为 $1.2kg/m^3$；

$Q$ ——燃烧的热释放速率，单位 kW；

$z$ ——距离燃烧面的高度，单位 m。

**6. 平均流速**

火焰平均高度及以上位置处气体沿中心垂直线的平均流速 $u_0$，可按以下公式计算：

$$u_0 = 1.03 Q_c^{1/3} \ (Z-Z_0)^{-1/3} \tag{3-18}$$

**7. 火羽流特征半径**

火羽流的特征半径，是指平均温升为中心垂直线处的一半时的半径。火羽流特征半径 $b_{\Delta T}$ 由以下公式给出：

$$b_{\Delta T} = 0.12 \left( \frac{T_0}{T_a} \right)^{1-2} \ (Z-Z_0) \tag{3-19}$$

## 3.3.2 门、窗烟羽流

在有一个或多个开口的封闭空间中，火源造成的烟羽流从封闭空间壁面上的通路（如门、窗等）冒出而进入大容积且开放空间中的烟流，通常也称为“开口气流”（vent flow）。

**1. 气流在开口处的流动**

在开口处的两侧有压力差时，会发生气流流动。与开口壁的厚度相比，开口面积很大的孔洞（如门窗空洞）的气体流动，叫做孔口流动。这一现象的分析模式，如图 3-3 所示。从开口 $A$ 喷出的气流发生缩流现象，流体截面成为 $A'$。若设 $A'/A = \alpha$，则流量 $m$（kg/s）：

$$m = (\alpha A) \rho \nu$$

根据伯努利方程：

$$P_1 = P_2 + \frac{1}{2} \rho \nu^2 \tag{3-20}$$

开口内外之差：

$$\Delta P = P_1 - P_2 \tag{3-21}$$

则开口处流量：

$$m = \alpha A \sqrt{2\rho \Delta P} \tag{3-22}$$

式中：$\alpha$——流量系数；

$\alpha A$——有效面积，对于门、窗洞口，一般 $\alpha = 0.7$ 左右。

**2. 烟的密度与压力**

即使非常浓的烟气，与同温同压的空气的密度相比，差别只有百分之几。所以，可近似地认为烟的密度与空气的密度相同。

而且在建筑物的防烟设计中，烟气流动的动力，是建筑物内的气压差。与大气压相

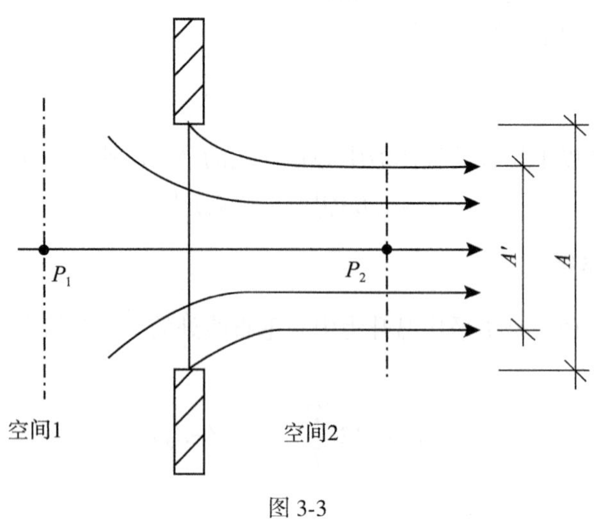


图 3-3

比，气压差是很微小的。因此，假设烟的密度不随高度变化，可近似地将烟气密度看做绝对温度 $T$（K）的函数：

$$\rho=\frac{353}{T} \tag{3-23}$$

假设某一基准高度处的绝对压力为 $P_0$，离开基准高度 $Z$（m）上方的一点压力 $P$ 为：

$$P = P_0 - g\int_0^z \rho(Z)\,\mathrm{d}z \tag{3-24}$$

根据上述假定，密度不随高度变化，则有：

$$P=P_0+\rho gZ \tag{3-25}$$

**3. 压力差与中性面**

假设相邻的充满静止空气的两个房间，如图 3-4 所示，这两个房间内高度为 $Z$ 处的室内压力 $P_1$、$P_2$ 表达如下：

$$P_1+\rho_1 gZ=P_{01} \tag{3-26}$$

$$p_2+\rho_2 gZ=P_{02} \tag{3-27}$$

式中：$P_0$——基准高度处的压力，Pa，下标分别代表房间的编号。

则此两房间的压力差 $\Delta P$ 为

$$\Delta P=P_1-P_2=(P_{01}-P_{02})-(\rho_1-\rho_2)\,gZ \tag{3-28}$$

某一基准高度（一般设地平面或一层地面）处的静压力与温度可用高度来表示。在此，两个房间的压力相同（$\Delta P=0$）之高度称为中性面，在两个房间之间有开口的情况下，根据在中性面上下的位置关系，其烟气流动的方向是相反的。中性面的高度 $Z_n$（m）由下式求出：

$$Z_n=\frac{P_{01}-P_{02}}{(\rho_1-\rho_2)\,g}\ (\mathrm{m}) \tag{3-29}$$

**4. 门口处的烟气流动**

在门洞等纵长开口处，当两个房间有温差时，其压力差是不同的，烟气流动随着高度不同而不同，如图 3-5 所示，以中性面为基准面，测定高度 $h$ 处的压力差 $\Delta P_h$ 为：

$$\Delta P_h = |\rho_1 - \rho_2| gh \tag{3-30}$$

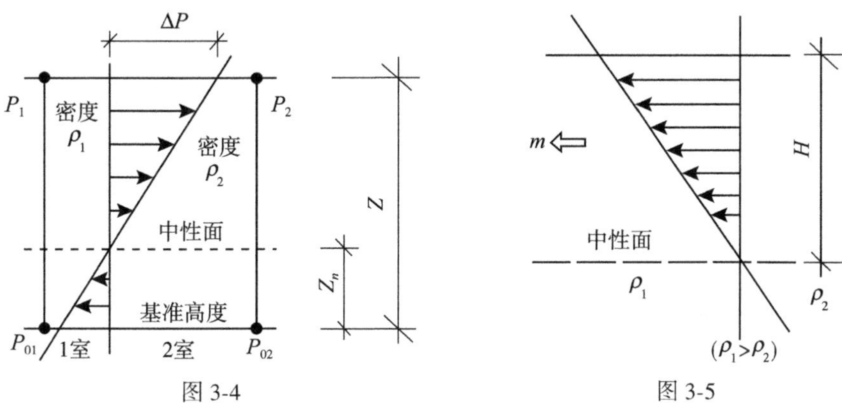


图 3-4　　　图 3-5

当开口宽度为 $B$，$\rho_1 > \rho_2$ 时，在中性面以上的 $H$ 范围内，房间 2 向房间 1 的流量 $m$ 微小区间 d$h$ 的积分为：

$$\begin{aligned} m &= \int_0^H \alpha A_h \sqrt{2\rho_2 \Delta P \mathrm{d}h} \\ &= \alpha B \sqrt{2\rho_2(\rho_1 - \rho_2)g} \int_0^H h^{\frac{1}{2}} \mathrm{d}h \\ &= \frac{2}{3} \alpha B \sqrt{2g\rho_2(\rho_1 - \rho_2)} H^{1.5} \end{aligned} \tag{3-31}$$

## 3.3.3 烟气顶棚射流

假设起火房间的顶棚是水平的，顶棚距地面的高度为 $H$（m），烟羽流以轴对称的形式撞击顶棚，离开撞击区中心的水平距离为 $r$（m），如果 $r \leqslant 0.18H$，即表示羽流撞击顶棚所在圆柱形区域内，射流烟气的最高温度用下式计算：

$$T_{\max} - T_0 = \frac{16.9 Q_c^{\frac{2}{3}}}{H^{\frac{5}{3}}} \tag{3-32}$$

式中：$Q_c$——火源对流热释率，单位 kW；

$T_0$——环境温度，单位℃。

在顶棚之下，羽流的撞击区外，即 $r > 0.18H$ 的任意半径方向范围内，顶棚射流的最高温度可用下面的稳态方程描述：

$$T_{\max} - T_0 = \frac{5.38}{H} \left( \frac{Q_c}{r} \right)^{\frac{2}{3}} \tag{3-33}$$

与温度分布类似，顶棚射流的最高速度值也有如下分布规律：

$$u_m = 0.96\left(\frac{Q_c}{H}\right)^{\frac{1}{3}} \qquad (r \leqslant 0.15H) \tag{3-34}$$

$$u_m = 0.195\,\frac{Q_c^{\frac{1}{3}}H^{\frac{1}{2}}}{r^{\frac{5}{6}}} \qquad (r > 0.15H) \tag{3-35}$$

## 3.3.4 烟气层计算

烟羽流在上升的过程中，直径和质量流量不断增加，而温度则不断下降。当烟羽流到达天花板后，将向四周迅速散开，形成一层薄薄的烟气层，直到碰到空间边界后开始向整个空间扩散。

烟气层高度，是指烟气分界面距离房间地面的高度。在理想的区域模型中，烟气层界面的高度是指热气层的高度。

烟气填充，是指在没有设置排烟设施条件下，烟气自然上升至顶棚（天花板）并下降，逐渐充满整个空间的过程。

**1. 稳定火源的烟气填充**

根据实验，美国 NFPA92B（1991）所提出的稳定火源充填方程式如下：

$$\frac{Z}{H} = 1.11 - 0.28\ln\frac{tQ^{\frac{1}{3}}H^{-\frac{4}{3}}}{\frac{A}{H^2}} \tag{3-36}$$

式中：$H$——天花板的高度，单位 m；

$t$——时间，单位 s；

$Q$——稳定火源的热释放率，单位 kW；

$A$——大型空间的截面积，单位 $m^2$；

$Z$——火源上方开始产生烟层的高度，单位 m。

$Z/H$ 的值大于天花板下方烟层尚未开始下降的高度时，在使用方程式时需要考虑下列几点限制：

（1）大型空间的截面积不随高度的变化而改变；

（2）$0.2 \leqslant Z/H < 1.0$

（3）$0.9 \leqslant Z/H < 14$

当 $Z/H$ 大于 1 时，表示在天花板下的烟层还没有开始下降。烟气填充时间可以由下式计算：

$$t = \frac{AH^{\frac{4}{3}}}{H^2Q^{\frac{1}{3}}}\exp\left[\frac{1}{0.28}\left(1.11 - \frac{Z}{H}\right)\right] \tag{3-37}$$

**2. 非稳定火源的烟气填充**

对于一个 $t^2$ 火模型，烟气层界面的位置用非稳态的填充方程式来计算：

$$\frac{Z}{H}=0.91\left[t_g^{-\frac{2}{5}}tH^{-\frac{4}{5}}\left(\frac{A}{H^2}\right)^{-\frac{3}{5}}\right]^{-1.45} \tag{3-38}$$

式中：$Z$——火源上方开始产生烟层的高度，单位 m；

$H$——天花板的高度，单位 m；

$t$——时间，单位 s；

$t_g$——成长时间，即火灾从稳定燃烧开始到热释放率达到 1055kW 时所需要的时间，单位 s；

$A$——大型空间的截面积，单位 $m^2$。

式（3-38）也是根据实验数据所得到。同样假设火源上方开始产生烟层的高度和烟流没有与墙接触，所以方程式也是可守恒的，但必须考虑以下几点：

（1）大型空间的截面积不随高度的变化而改变；

（2）$0.2\leqslant\frac{Z}{H}\leqslant1.0$；

（3）$1\leqslant\frac{A}{H^2}\leqslant23$。

当 $Z/H$ 的值大于 1 时，表示在天花板下方的烟层尚未开始下降。

如同稳定的充填方程式一样，使用非稳定充填方程式求解时间时，可以采用下式：

$$t=0.937t_g^{\frac{2}{5}}H^{\frac{4}{5}}\left(\frac{A}{H^2}\right)^{\frac{3}{5}}\left(\frac{Z}{H}\right)^{-0.69} \tag{3-39}$$

## 3.4 烟在建筑内流动的特点

烟在建筑内的流动，在不同燃烧阶段表现是不同的。火灾初期，热烟比重小，烟带着火舌向上升腾，遇到顶棚，即转为水平方向运动，其特点是呈层流状态流动。试验证明，这种层流状态可保持 40~50m。烟在顶棚下向前运动时，如遇梁或挡烟垂壁，烟气受阻，此时烟会倒折回来，聚集在空间上空，直到烟的层流厚度超过梁高时，烟才会继续前进，填充另外的空间。此阶段，烟气扩散速度为 0.3m/s。轰燃前，烟扩散速度为 0.5~0.8m/s，烟占走廊高度约一半。轰燃时，烟被喷出的速度高达每秒数十米，烟气在失火房间几乎降到地面。

烟在垂直方向的流动也是很迅速的。试验表明，烟气上升速度比水平流动速度大得多，一般可达到 3~5m/s。我国对内天井式建筑进行过大型火灾试验。通常状态下，天井因风力或温度差形成负压力而产生抽力。当天井内某房起火后，大量热烟因抽力作用进入天井，并向上排出。天井内温度随之升高，冷风则由天井向其他开启的窗户流入补充。试验证明，当天井高度越大和天井温度越高时，抽力就越大，烟的流动速度也由初期的 1~2m/s 增至 3~4m/s，最盛时 3~5m/s；轰燃时，可达 9m/s。

烟气流动的基本规律是：由压力高处向压力低处流动。如果房间为负压，则烟火就会通过各种洞口进入。

烟气流动的驱动力包括室内温差引起的烟囱效应、燃气的浮力和膨胀力、风力影响、通风系统风机的影响、电梯的活塞效应等。

## 3.4.1　烟囱效应

当室内的温度比室外温度高时，室内空气的密度比外界小，这样就产生了使室内气体向上运动的浮力。高层建筑往往有许多竖井，如楼梯井、电梯井、管道井和垃圾井等。在这些竖井内，气体上升运动十分显著，这就是烟囱效应。在建筑物发生火灾时，室内烟气温度很高，则竖井的烟囱效应更强。通常将内部气流上升的现象称为正烟囱效应。

现结合图 3-2 讨论烟囱效应的计算。

（1）当竖井仅有下部开口时（图 3-6（a）），设竖井高度为 $H$，内外温度分别为 $T_s$ 和 $T_0$，$P_s$ 和 $\rho_0$ 分别为空气在温度 $T_s$ 和 $T_0$ 时的密度，$g$ 为重力加速度常数。如果在地板平面的大气压为 $\rho_0$，则在该建筑内部和外部高 $H$ 处的压力分别为：

$$P_s(H) = P_0 - \rho_s gH \tag{3-40}$$

及

$$P_0(H) = P_0 - \rho_0 gH \tag{3-41}$$

则在竖井顶部的内外压力差为：

$$\Delta P_{s0} = (\rho_0 - \rho_s)\, gH \tag{3-42}$$

当竖井内部温度比外部高时，则其内部压力也会比外部高。

（2）当竖井的上部和下部都有开口时（图 3-6（b）），就会产生纯的向上流动，且在 $P_0 = P_s$ 的高度形成压力中性平面，简称中性面，如图 3-6（b）所示。在中性面之上任意高度 $h$ 处的内外压力差为：

$$\Delta P_{s0} = (\rho_0 - \rho_s)\, gh \tag{3-43}$$

如果建筑物的外部温度比内部高（如盛夏季节安装有空调系统的建筑），则建筑内的气体流动是向下运动的，如图 3-6（c）所示。通常将这种现象称为逆烟囱效应。

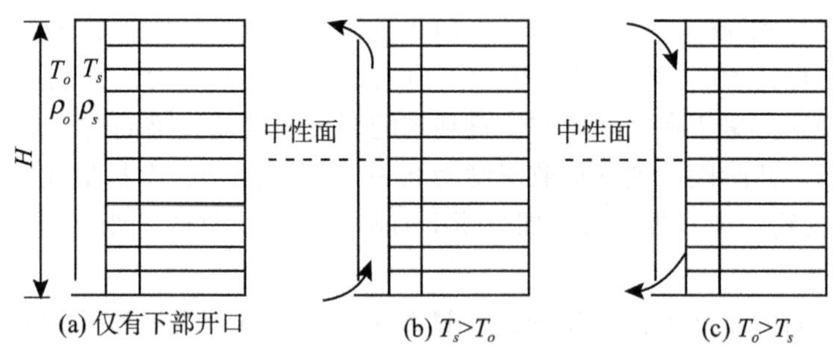


图 3-6　正烟囱效应和逆烟囱效应引起的烟气流动

建筑物内外的压力差变化与大气压相比要小得多，因此可根据理想气体定律来计算气体的密度。一般认为烟气也遵守理想气体定律，再假设烟气的分子量与空气的平均分子量相同，即等于 0.0289kg/mol，则上式可写为：

$$\Delta P_{s0} = gP_{\text{atm}}h\frac{\frac{1}{T_0}-\frac{1}{T_S}}{R} \tag{3-44}$$

式中：$T_0$——外界空气的绝对温度；

$T_S$——竖井中空气的绝对温度；

$R$——通用气体常数。

将标准大气的参数值代入上式，则有：

$$\Delta P_{s0} = K_s\left(\frac{1}{T_0}-\frac{1}{T_S}\right)h \tag{3-45}$$

式中：$K_s$——中性面以上的高度，单位 m；

$h$——修正系数（=3460）。

在图 3-6 所示的建筑物内，所有的垂直流动都发生在竖井内。然而实际建筑物的门洞口总会有缝隙，因此也有一些气体穿过门洞口缝隙的流动。但就实际的普通建筑物而言，流过门洞缝隙的气体量比通过竖井的量要少得多，通常仍假定建筑为楼层间没有缝隙的理想建筑物。

烟囱效应是建筑火灾中烟气流动的主要因素。在中性面（建筑物内外压力相等的高度）以下楼层发生火灾时，在正烟囱效应情况下，火源产生的烟气将与建筑物内的空气一起流入竖井，并上升。一旦升到中性面以上，烟气便可由竖井流出来，进入建筑物的上部楼层。楼层间的缝隙也可使烟气流向着火层上部的楼层。如果楼层间的缝隙可以忽略，则中性面以下的楼层，除了着火层外都不会有烟气。但如果楼层间的缝隙很大，则直接流进着火层上一层的烟气将比流入中性面下其他楼层的要多，如图 3-7（a）所示。

若中性面以上的楼层发生火灾，由于正烟囱效应产生的空气流动可限制烟气的流动，空气从竖井流进着火层可以组织烟气流进竖井，如图 3-7（b）所示。不过，楼层间的缝隙却可以引起少量烟气流动。如果着火层燃烧强烈，热烟气的浮力克服了竖井内的烟囱效应，则烟气仍可以在进入竖井后，再流入上部楼层，如图 3-7（c）所示。

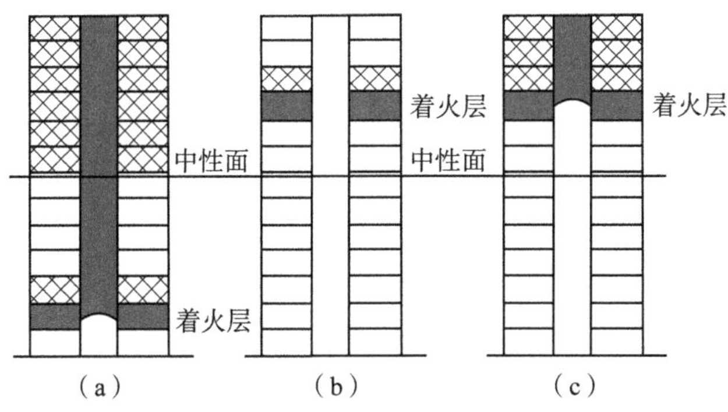


图 3-7　建筑物中正烟囱效应引起的气体流动

如果在盛夏季节，安装空调的建筑内的温度则比外部温度低。这时建筑内的气体是向下运动的，即为逆烟囱效应。逆烟囱效应的空气流可驱使比较冷的烟气向下运动，但在烟气较热的情况下，浮力较大，即使楼内起初存在逆烟囱效应，不久也会使得烟气向上运动。

研究表明，对于高度约为 3.5m 的着火房间，其顶部壁面内外的最大压力为 16Pa。当着火房间较高时，中性面以上的高度 $h$ 也较大，则会产生较大的压差。若着火房间只有一个小的墙壁开口与建筑物其他部分相连通时，烟气将从开口的上半部流出，外界空气将从开口下半部流进。当烟气温度达到 600℃时，其体积约膨胀到原体积的 3 倍。若着火房间的门窗开着，由于流动面积比较大，高温烟气膨胀引起的开口处的压差较小可忽略。但是如果着火房间没有开口或开口很小，并假定其中有足够多的氧气支持较长时间的燃烧，则高温烟气膨胀引起的压差较大。

### 3.4.2　风力影响

风力可在建筑物的周围存在压力分布，影响建筑内的烟气流动。建筑物外部压力分布受到多种因素的影响，其中包括风的速度和方向、建筑物的高度和几何形状等。风力影响往往可以超过其他驱动烟气运动的力。一般来说，风朝着建筑物吹来，会在建筑物的迎风处产生较高的风压。它可增强建筑物内烟气向下风向的流动。压力差的大小与风速的平方成正比，即：

$$P_w = \frac{1}{2}(C_w \rho_0 V^2) \quad (\text{Pa}) \tag{3-46}$$

式中：$P_w$——风作用到建筑物表面的压力；

$C_w$——无量纲风压系数；

$\rho_0$——空气的密度，单位 kg/m³；

$V$——风速，单位 m/s，适用空气温度表示上式可写成为：

$$P_w = \frac{0.048 C_w V^2}{T_0} \quad (\text{Pa}) \tag{3-47}$$

式中：$T_0$——环境温度，单位 K。

该公式表明，若温度为 293K 的风以 7m/s 的速度吹到建筑物的表面，将产生 30Pa 的压力差，显然它会影响建筑物内烟气的流动。

通常风压系数 $C_w$ 的值在-0.80～+0.80 之间。迎风面为正，背风面为负。此系数的大小取决于建筑物的几何形状及当地的挡风状况，并且因墙表面部位的不同而有不同的数值。

由风引起的建筑物两个侧面的压差为：

$$\Delta P_w = \frac{1}{2}(C_{w1} - C_{w2})\rho_0 V^2 \tag{3-48}$$

式中：$C_{w1}$、$C_{w2}$——迎风面和背风面的风压系数。

一栋建筑与其他建筑的毗连状况及建筑本身的几何形状，对其表面的风压分布有重要影响。例如，在高层建筑的下部有裙房时，其周围风的流动形式则是相当复杂的。随着风的速度和方向的变化，裙房房顶表面的压力分布也将发生显著变化。在某种风向情况下，裙房可以依靠房顶排烟口的自然通风来排除烟气；但在另一种风向下，房顶上的通风口附近可能是压力较高的区域，这时便不能靠自然通风把烟气排到室外。

风速随离地面的高度增加而增大。通常风速与高度的关系用以下指数方程表示：

$$V = V_0 \left(\frac{Z}{Z_0}\right)^n \tag{3-49}$$

式中：$V$——实际风速，单位 m/s；

$V_0$——参考高度的风速，单位 m/s；

$Z$——测量风速 $V$ 时所在高度，单位 m；

$Z_0$——参考高度，单位 m；

$n$——无量纲风速指数。

在平坦地带（如空旷的野外），风速指数可取 0.16 左右；在不平坦地带（如周围有村镇），风速指数可取 0.28 左右；在很不平坦地带（如市区），风速指数约为 0.40。参考高度一般取离地高度 10m。在设计烟气控制系统时，建议将参考风速取为当地平均风速的 2~3 倍。

### 3.4.3　机械通风系统以及电梯活塞效应

设有通风和空调系统的建筑，即使引风机不开动，系统管道也能起到通风网的作用。在上述几种驱动力（尤其是烟囱效应）的作用下，烟气将会沿管道流动，从而促进烟气在整个楼梯内蔓延。若系统处于工作状态，通风网的影响还会加强。

电梯在电梯井中运动时，能够使电梯井内出现瞬时压力变化，此现象称为电梯的活塞效应。这种活塞效应能够在较短的时间内影响电梯附近门厅和房间的烟气流动方向和速度。

### 3.4.4　烟气控制的基本方式

#### 1. 防烟分隔

在建筑物中，墙壁、隔板、楼板和其他阻挡物都可作为防烟分隔的构件。它们能使火源较远的空间不受或少受烟气的影响。这些分隔构件可以单独使用，也可与加压式配合使用。

#### 2. 加压式送风方式

利用加压送风机对被保护区域（如防烟楼梯间和前室等）送风，使其保持一定的正压，以避免着火处的烟气借助各种动力（诸如烟囱效应、膨胀力等）向建筑物的被保护区域蔓延。加压送风采用的主要方式有两种：

（1）在关闭门的状态下，维持避难区域或疏散路线内的压力高于外部压力，避免烟气通过各种建筑缝隙侵入（如建筑结构缝隙、门缝等）；

（2）在开门状态下，保证在门断面形成一定风速，以阻止烟气侵入避难区域或疏散通道。

加压送风方式能够确保疏散通道的安全，免遭烟气侵害；可降低对建筑物某些部位的耐火要求，便于老式建筑物的防排烟技术的改造。但是送风压力控制不好，会导致防烟楼梯间内压过高，使楼梯间通向前室或走廊的门打不开，影响建筑物内人员的快速疏散。

在正压送风烟气控制系统设计中，应通过建筑物内的墙、地板、门等隔烟措施和机械风机产生的空气流和压差而阻止烟气的无序扩散。

## 3.5　烟气流动的计算机模拟模型

### 3.5.1　概述

火灾过程的计算机模拟是在描述火灾过程的各种数学模型的基础之上进行的。所谓计算机模拟，是通过对火灾发展过程基本规律的研究，建立描述火灾发展过程基本特征的火灾参数的数学模型，用计算机作为计算工具进行求解。各种计算机模拟模型的能力取决于描述实际火灾过程的数学模型和数值方法的合理性。针对火灾规律的双重性，即确定性和不确定性，计算机模拟的理论模型也包括确定性模型和不确定性模型。

不确定性模型有多种形式，如统计模型和随机模型。在讨论火灾发展过程时主要涉及随机模型。随机模型没有直接使用火灾的物理和化学原理，而是把火灾的发展过程看成一系列不连续的事件或状态，分析计算由一个事件或状态转换到另一个事件或状态的概率，得到某种状态结果的概率分布，从而计算和描述火灾的发展特性。由于需要大量的统计数据，目前这类模型的研究和应用较少。

确定模型运用以火灾过程中物理和化学现象作为基础的数学表达式和方程，如质量守恒、动量守恒和能量守恒等基本物理定律，可以相当准确地描述火灾过程中有关特征参数随时间变化的特性。与不确定性模型相比，其结果更能近似地反映火灾过程。确定模型可按照解决问题的方法分为经验模型、区域模型、场模型、网络模型、混合模型等。

在进行火灾危险分析时，应综合考虑火灾发展的确定性和随机性。单纯的某一种模型很难真实全面地反映火灾过程。但在火灾研究中，人们更关心火灾过程中的确定性模型，本节简要介绍这类模型的基本原理与应用场合。

### 3.5.2　经验模型

经验模型是以实验测定的数据和经验为基础建立的。多年来人们在与火灾做斗争的过程中，收集了很多实际火场的资料，也开展过大量火灾试验，通过分析整理这些实测数据得出了不少关于火灾分过程的经验公式。应用这些经验模型，可以较清楚地了解火灾的主要分过程。

FPETOOL（Fire Protection Engineering Tools）是典型的经验模型，是美国国家标准与技术研究院（NIST）建筑与火灾研究所开发的一种专家系统工具模型。该模型主要使用一些成熟的经验公式来描述建筑火灾的多个分过程，如起火室内羽流的温度、速度，顶棚射流的温度，火灾探测器与洒水喷头的响应时间等。其他国家也开发了一些经验模型，如在北欧有较大影响的丹麦火灾研究编制的 ARGOS 模型。这种模型方便易行，适用于火灾安全检查和火灾危险初步评估。但其缺陷是计算结果比较粗糙。

### 3.5.3 区域模型

区域模型是以受限空间中的火灾为研究对象的一种半物理模型。试验表明，在火灾发展及烟气蔓延的大部分时间内，室内烟气分层现象非常明显。区域模型的基本原理就是将计算区域划分成数量有限的控制体或者控制带。最常见的是分为2个（双区模型），即上部热烟气层和包含相对冷且被污染的下部冷气层区。也可分为3个区，即上述2个区再加上描述烟气羽流和顶棚射流的控制体，在计算过程中的每个时间步长内满足质量和能量守恒。

区域模型通过求解一系列常微分方程（包括质量、能量守恒方程，理想气体方程以及对密度、内能的关联式）来预测上、下层温度，烟层界面高度，烟气浓度。风口质量流量，热流量，壁面温度等参数随时间的变化情况，来分析评估每个区和着火房间内的火灾状态及其随时间变化的情况。国内外常用的区域模型如下：

#### 1. CFAST1 和 HAZARD1 模型

CFAST 模型是由美国国家标准与技术研究院（NIST）开发的一个比较有名的火灾多室双区模型。CFAST 主要是由早期的 FAST 模型发展而来的，它还融合了 NIST 开发的另一个火灾模型 CCFM 中先进的数值计算方法，从而使程序运行得更加快速、稳定。CFAST 可以预测各个房间内上部烟气层和下部空气层的温度、烟气层界面位置以及气体浓度随时间的变化，同时，还可以计算墙壁表面的温度、通过壁面的传热以及通过开口的烟气质量流量，还能处理机械通风和存在多个火源的情况。用户在运算时需要输入建筑内各个房间的几何尺寸和连接各房间的门窗开孔情况、围护结构的热物性参数、火源的热释放速率或烧损率及燃烧产物的生成速率。其最大局限性在于它内部没有火灾增长模型，需要用户输入热释放速率或质量烧损率和物质燃烧热。它在处理辐射增强的缺氧燃烧和燃烧产物等方面还存在一定缺陷。

在美国 NFPA 的支持下，NIST 将 CFAST 模型和火灾探测模型 DETECT、人员承受极限模型 TENEB 及人员疏散模型（EXITT）组合起来，形成功能齐全的 HAZARD1 模型。这一模型曾一度受到人们的普遍关注。CFAST 是 HAZARD 模型的核心程序，其他几个子程序都以 CFAST 的计算结果为基础进行一些专门的计算。此后，CFAST 仍在继续发展和完善，并形成一批新版本。因此，人们经常单独使用该程序进行火灾过程的模拟计算。

#### 2. HAZARD-V 和 FIRST 模型

HAZARD-V 和 FIRST 模型也是区域模型。HAZARD-V 模型是由美国哈佛大学埃蒙斯（Howard Emmons）等开发的单室区域模型。在 HARVARD-V 的基础上，美国 NIST 开发出了 FIRST 模型。它可以预测用户设定引燃条件或设定火源条件下单室火灾的发展状况以及多达3个物体被火源加热和引燃的过程。使用模型时，用户需输入房间的几何尺寸、火灾和开口条件、壁面结构、房间内可燃物的热物性参数、炭黑和毒性气体成分的生成速率等参数。通过输入质量燃烧速率或燃料燃烧性能基础数据来设定火源。模型可以预测烟气层温度和厚度、烟气成分和浓度、壁面温度以及通过开口的烟气质量流率。

FIRST 模型与其他一些区域模型（包括 CFIRST）之间的主要区别在于：其他模型将燃烧速度作为输入参数，而它将其作为预测计算的输出结果，仅仅输入房间和可燃物的数据。其他模型偏重于烟气在建筑物中的流动形状预测，而 FIRST 模型则主要预测燃烧的发展。此外，FIRST 模型是单室区域模型。

### 3.5.4　网络模型

网络模型最早在地下矿井巷道的火灾模拟中使用，后来慢慢推广至建筑火灾。该模型是将整个建筑物作为一个系统，而其中的每个特殊区域（房间）作为一个控制体（网络节点），各个网络节点之间通过各种空气流通路径相连接，利用质量、能量等守恒方程对整个建筑物内的空气流动、压力分布和烟气传播情况进行研究。

网络模型假设每个节点烟气的温度、浓度、代表组分的含量等参数具有相同的值，将其应用于整个建筑物火灾预测计算，结果显然比较粗糙，与火灾发生时的实际情况有一定差异。但网络模型可以用于考虑复杂格局建筑的多个房间，适用于远离火场且混合已基本均匀的区域的情况预测。

目前，国外对网络模型的研究越来越多，如日本的 BRI、加拿大的 IRC、英国的 BRE、美国的 NBS、荷兰的 TNO。这些模型都假设烟气流动与空气流动形式一样，烟气与空气立刻混合并均匀分布。迄今为止，网络模型已由稳态模拟模型，如 BR11、BRE、IRC、NBS 等，发展到以 BR12、OFP（英国）、TOO-TH（波兰）MFIRE 为代表的非稳态模型。

### 3.5.5　场模型

火灾的场模型又称计算流体力学模型，其应用较广泛。场是指状态参数如速度、温度、烟气各组分的浓度等的空间分布。场模型将一个房间划分为几千甚至上万个小控制体，针对每个控制体利用计算机求解火灾过程中状态参数（如速度、温度、各组分浓度等）的空间分布及其随时间变化的模拟方式。由于场模型对空间的划分，因此可以给出室内各个局部有关参数的变化。场模型的理论基础是质量守恒（连续性方程）、动量守恒（Naves-Stoke 方程）、能量守恒以及化学反应的定律等。

随着计算机技术的发展，20 世纪 80 年代中期兴起的计算流体力学模拟软件 CFD（Computational Fluid Dynamics）是一种用于分析流体流动性质的计算技术，包括对各种类型的流体在各种速度范围内的复杂流动在计算机上进行数值模拟计算。计算流体力学的基本特征是数值模拟和计算机实验，它从基本物理定理出发，在很大程度上替代了耗资巨大的流体动力学实验设备，在科学研究和工程技术中产生了巨大的影响。

火灾过程是湍流过程，烟气流动的湍流特性一般采用适当的湍流模型描述。湍流运动与换热的数值计算是目前计算流体动力学与计算传热学中困难最多、研究最活跃的领域。在湍流流动及换热的数值计算方面，已经采用的数值计算方法大致分为以下 3 类：

### 1. 完全模拟（直接模拟）

这是用非稳态 Navier-Stokes 方程（N-S 方程）来对湍流进行直接计算的方法。这种方法必须采用很小的时间与空间步长，因而它对内存空间的要求很高，同时计算时间也很长，目前世界上只有少数能使用超级计算机的研究者才能对从层流到湍流的过渡区流动进行这种完全模拟的探索。

### 2. 湍流输运模型（Reynolds 时均方程法）

湍流输运模型是基于简化湍流流动模型而产生的，由于它直接模拟动量、热量和浓度的输运，故称为湍流输运模型。这类模型将非稳态控制方程对时间做平均，在所得出的关于时均量物理量的控制方程中包含了脉动量乘积的时均值等于未知量，于是所得方程的个数就小于未知量的个数，而且不可能依靠进一步的时均处理而使控制方程封闭，要使方程组封闭，必须做出假设，即建立简化的模型，如雷诺应力模型等。

### 3. 大涡旋模拟 LES

LES 是 1963 年由 Smagorinsky 提出，1970 年由 Deardorff 首次实现的。大涡旋模拟把包括脉动在内的湍流瞬时运动通过某种滤波方法分解成大尺度涡运动和小尺度涡运动两部分，大尺度涡通过数值求解微分方程直接计算出来，小尺度涡运动对大尺度涡运动的影响通过建立亚格子模型来模拟，这样就大大简化了计算工作量和对计算机内存的需求。

总之，场模型都对计算机硬件设备要求高，场模拟通常需要花费大量计算时间。适用于需要了解某些参数的详细分布的情况。区域模型更适用于描述建筑结构之间的流体传输过程，但对于几何形状复杂、有强火源或强通风的房间，其误差将会很大，致使其失去真实性。国外主要有 PHOENICS、FLOW3D、FLUENT、CFX 等大型流体计算商业软件以及 JASMINE、FDS 等专门的火灾场模拟计算软件。

JASMINE 模型是英国火灾研究站（Fire Research Station，FRS）在计算流体动力学模型 PHOENICS 的基础上开发出来的，专用于火灾过程场模拟计算。它采用了湍流双方程模型和简单的辐射模型。用户输入火源状况，边界的热物性参数、通风条件，通过求解关于质量、动量、能量和代表化学组分守恒的偏微分方程组，得到火灾环境中的温度、速度、压力和代表化学组分的空间和时间分布。

FDS（Fire Dynamics Simulator）主要针对火灾驱动下的流体流动进行计算模拟，是由美国国家标准局（NIST）的防火实验室（BFRL）开发的模型，并且未受到任何特定经济利益及与之关联的特定行业的影响及操纵。

FDS 采用数值方法求解一组描述热驱动的低速流动的 N-S 方程，重点计算火灾烟气流动和热传递过程。可用于烟气控制与水喷淋系统的设计计算和建筑火灾过程的再现研究。有相当多的关于该模型文献资料，而且该模型经过了大型及全尺寸火灾实验的验证。由于该软件开放了源代码，研究人员可以根据实际火灾情况进行程序修改，因此该软件已经得到了越来越多的使用。

FDS 分为两个部分：（1）求解微分方程的主程序（FDS），用户通过软件文本文件为它提供描述火灾场景的参数；（2）绘图程序（SMOKEVIEW），方便用户查看计算结果。它提供了两种数值模拟方法，即直接数值模拟和大涡模拟。一般情况下，在利用 FDS 进行火灾模拟时均采用大涡模拟。

其他流体计算商业软件还包括：PHONENICS 和 Fluent。

PHONENICS 软件是 CHAM 有限公司开发的世界上第一套计算流体与计算传热学商用软件，是模拟传热、流动、反应、燃烧过程的 CFD 软件。其最大特点是它的开放性。它最大限度地向用户开放程序，用户可以根据需要添加程序和用户模型。

Fluent 是处于世界领先地位的软件之一，广泛应用于模拟各种流体流动、传热、燃烧和污染物运移等问题。它的网格划分灵活，对各种建筑形式都适用。通过交互菜单界面，用户可以通过多窗口随时观察计算进程和计算结果。在模拟计算时，Fluent 要求用户定义求解的几何区域，选择物理模型、给出流体参数、给出边界条件和初始条件、产生体网格等。用户可以通过后处理程序对计算结果进行分析和可视化，这样可以直观地比较计算结果。目前该软件在我国具有广大的使用群体，各方面的介绍书籍也较多。

### 3.5.6　混合模型

混合模型指的是可以将概率模型和确定模型结合起来的火灾模型，也可以是区域模型、场模型和网络模型中两种或两种以上的模型结合起来的一种火灾模型，可用于较大或较复杂场所的火灾场景模拟分析。例如，对于一座建筑，可采用场模型对起火房间中的火灾发展过程进行模拟，采用区域模型对与起火房间相邻的走廊及邻近房间的火灾烟气状态进行模拟，而采用网络模型对远离起火房间的建筑物内部空间的火灾蔓延及烟气扩散状态进行分析。

随着性能化防火设计技术的发展，许多建筑在进行消防设施的设计、参数选择时，都需要进行火灾烟气发展蔓延状况的分析计算，但由于火灾问题十分复杂，模型本身并不能完全准确地反映实际火灾现象，所以这些模拟方法还在不断完善之中。

# 第 4 章　建筑防火平面布置及防火分区

建筑物发生火灾后，火灾往往会因火焰的对流、辐射，而产生“飞火”向四周蔓延传播。为了防止火灾对相邻建筑物造成危害，使消防车辆及相关救助设施在火灾中能顺利地完成好救助工作，在建筑总平面设计中需要考虑建筑物使用性质，对建筑物进行合理布局，设置科学的防火间距、消防通道等。

在建筑物内部，如果空间面积过大，发生火灾时的燃烧面积大、蔓延快。为了能有效地控制火势蔓延，保证人员安全疏散和扑火救灾，宜在建筑物内实行防火分区。防火分区，是指采用具有一定耐火能力的分隔设施（如楼板、墙体），在一定时间内将火灾控制在一定范围内的单元空间。在建筑物内采用划分防火分区这一措施，可以在建筑物一旦发生火灾时，能有效地把火势控制在一定的范围内，减少火灾损失，也为人员安全疏散、消防扑救提供有利条件。

## 4.1　防火间距

### 4.1.1　相邻建筑火灾蔓延过程

火灾在相邻建筑物间蔓延的主要途径为热辐射、热对流和飞火作用。它们有时单一地作用于建筑物，有时则是几种同时起作用。

通常情况下，起火建筑物的热气流和火焰从外墙门洞口喷射出时，其烟火的水平距离往往小于窗口的自身高度，因而能够直接引燃相邻建筑物的情形并不多见。同样，从烧穿的屋顶喷出的热气流和火焰，因向上扩散，对相邻建筑物的影响也不大。只有当两座建筑物相邻很近，且其外面又有可燃物时，其中一座起火对另一座才构成威胁。

火灾对相邻建筑物威胁最大的是热辐射，当热辐射与飞火结合时，影响更大。热辐射可以将相距一定距离的其他建筑物引燃。建筑物之间的防火间距也主要是为了避免热辐射对相邻建筑物的威胁，及消防扑救需要而规定的。

火灾时的热传递，多是以火灾生成的气体为介质。一般来说，气体的热辐射很大程度上取决于辐射线的波长。火灾生成的气体中夹杂着大量的碳粒子等固体颗粒，它会对气体的热辐射产生重要影响。此外，还有高温物体以及火焰放出的不同波长的强烈辐射热。热辐射在建筑物起火燃烧过程中始终存在，但最强的热辐射在燃烧最猛烈时才出现。通常砖混结构的建筑物起火后经窗口向外辐射的热量，是总发热量的 1.8%左右。

当建筑材料表面受到建筑物的火灾热辐射时，若辐射的强度大，则建筑材料起火需要的时间就短，而与材料断面的大小关系不大。材料是否被点燃，主要取决于材料的性质

(如燃点、含水率、密度等)、辐射的入射角和辐射的持续时间。材料在受到热辐射的作用时，表面温度升高，热流从材料的表面向内部传导。入射的强度越高，温度上升的速度就越快，起火的时间也就越短。

在起火建筑物上空，强烈的热气流常把正在燃烧的材料或带火的灰烬卷到空中形成飞火。由于这些飞火本身携带的热量不多，很难单独对其他建筑物造成危害，但在火灾时，对此不应掉以轻心。飞火是点火源，特别是在火猛风大的情况下，飞火常点燃已经受到较强热辐射的建筑物。过去的火灾现场情况表明，飞火在有风的条件下，可以影响到下风方向几十米、几百米甚至更远。在市区，因受城市的建筑物密集等条件的影响，飞火散落的范围多呈卵形；在郊区或空旷地，其散落范围多呈细长的扇形。

为了避免建筑间的火灾蔓延，同时也为消防救援提供场地，通常在建筑布局时设置一定的间距，这个间距过小，不能阻止火灾蔓延；过大，则不能有效地节约土地。防火间距就是一座建筑物着火后，火灾不致蔓延至相邻建筑的最小空间间隔。

### 4.1.2 确定防火间距的基本原则

影响防火间距的因素很多，如热辐射、热对流、风向、风速、外墙材料的燃烧性能及其开口面积大小、室内堆放的可燃物种类及数量、相邻建筑物的高度、室内消防设施情况、着火时的气温及湿度、消防车到达的时间及扑救情况等，在实际工程中不可能全部考虑。通常根据以下原则确定建筑物的防火间距：

(1) 考虑热辐射的作用。火灾实例表明，一、二级耐火等级的低层民用建筑，保持 7~10m 的防火间距，有消防队扑救的情况下，一般不会蔓延到相邻建筑物。

(2) 考虑灭火作战的实际需要。建筑物的高度不同，救火使用的消防车也不同。对低层建筑，普通消防车即可；而对高层建筑，则要使用曲臂、云梯等登高消防车。防火间距应满足消防车的最大工作回转半径的需要。最小防火间距的宽度应能通过一辆消防车，一般宜为 4m。

(3) 有利于节约用地。以有消防队扑救的条件下，能够阻止火灾向相邻建筑物蔓延为原则。

(4) 防火间距应按相邻建筑物外墙的最近距离计算。如外墙有凸出的可燃构件，从其凸出部分外缘算起；如为储罐或堆场，则应从储罐外壁或堆场的堆垛外缘算起。

(5) 耐火等级低于四级的原有生产厂房和民用建筑，其防火间距可按四级确定。

(6) 两座相邻建筑较高的一面外墙为防火墙时，其防火间距不限。

(7) 两座建筑相邻两面的外墙为不燃烧体，如无外露的燃烧体屋檐，当每面外墙上的门窗洞口面积之和不超过该外墙面积的 5%时，其防火间距可减少 25%。但门窗洞口不应正对开设，以防止热辐射与热对流。

### 4.1.3 改善防火间距不足的常用措施

防火间距因场地等各种原因无法满足国家规范规定的要求时，可依具体情况采取一些相应的措施：

（1）改变建筑物内的生产或使用性质，尽量减少建筑物的火灾危险性；改变房屋部分的耐火性能，提高建筑物的耐火等级。

（2）调整生产厂房的部分工艺流程和库房储存物品的数量；调整部分构件的耐火性能和燃烧性能。

（3）将建筑物的普通外墙改造成有防火能力的墙，如开设的门窗应采用防火门窗等。

（4）拆除部分耐火等级低、占地面积小、使用价值低的影响新建建筑物安全的相邻的原有建筑物。

（5）设置独立的室外防火墙等。

### 4.1.4 各类建筑的防火间距

#### 1. 多层民用建筑的防火间距

根据《建筑设计防火规范》（GB50016—2014）的规定，民用建筑之间的防火间距不应小于表4-1的要求。图4-1为住宅成组布置防火间距示意，图4-2是高层民用建筑防火间距示意图。

表4-1 **民用建筑之间的防火间距** （单位：m）

| 建筑类别 | | 高层民用建筑 | 裙房和其他民用建筑 | | |
|---|---|---|---|---|---|
| | | 一、二级 | 一、二级 | 三级 | 四级 |
| 高层民用建筑 | 一、二级 | 13 | 9 | 11 | 14 |
| 裙房和其他民用建筑 | 一、二级 | 9 | 6 | 7 | 9 |
| | 三　级 | 11 | 7 | 8 | 10 |
| | 四　级 | 14 | 9 | 10 | 12 |

注：1. 相邻两座建筑物，当相邻外墙为不燃烧体且无外露的燃烧体屋檐，每面外墙上未设置防火保护措施的门窗洞口不正对开设，且面积之和不大于该外墙面积的5%时，其防火间距可按本表规定减少25%。

2. 两座建筑物相邻较高一面外墙为防火墙，或高出相邻较低一座一、二级耐火等级建筑物的屋面15m及以下范围内的外墙为不开设门窗洞口的防火墙，其防火间距不限。

3. 相邻两座高度相同的一、二级建筑中相邻任一侧外墙为防火墙，屋顶耐火极限不低于1.00h时，其防火间距不限。

4. 相邻两座建筑中较低一座建筑的耐火等级不低于二级，其外墙为防火墙且屋顶无天窗，屋顶耐火极限不小于1.00h时，其防火间距不应小于3.5m；对于高层建筑，不应小于4m。

5. 通过裙房、连廊或天桥等连接的建筑物，其相邻两座建筑物之间的防火间距应符合本表规定。

#### 2. 工业建筑的防火间距

《建筑设计防火规范》（GB50016—2014）对厂房与乙、丙、丁、戊类库房的防火间距要求是相同的，不应小于表4-2的规定。图4-3是工业建筑的防火间距控制示意图。

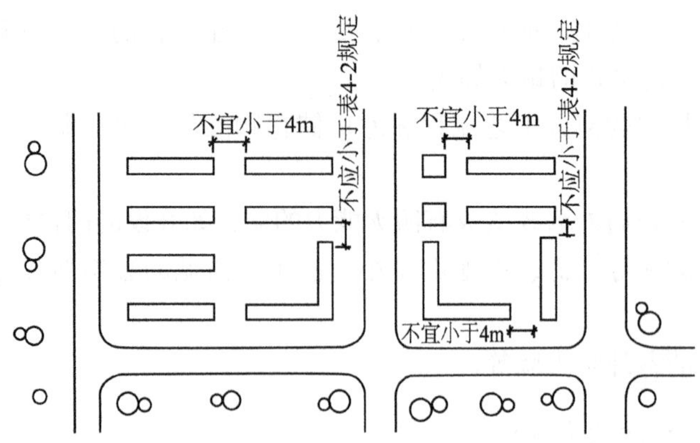


一、二级且小于等于六层住宅，每组占地面积小于等于2500m²

图 4-1　住宅成组布置防火间距示意图

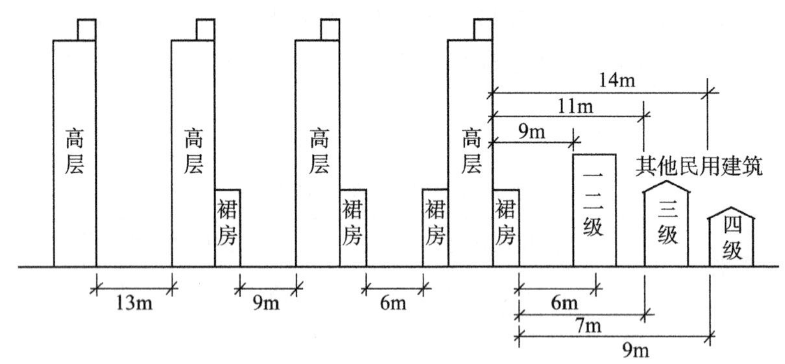


图 4-2　高层民用建筑防火间距示意图

表 4-2　　**厂房与乙、丙、丁、戊类库房的防火间距要求**　　（单位：m）

<table>
<tr><td rowspan="3" colspan="3">名称</td><td>甲类厂房</td><td colspan="3">乙类厂房（仓库）</td><td colspan="4">丙、丁、戊类厂房（仓库）</td><td colspan="5">民用建筑</td></tr>
<tr><td>单层或多层</td><td colspan="2">单层或多层</td><td>高层</td><td colspan="3">单层或多层</td><td>高层</td><td colspan="3">裙房，单层或多层</td><td colspan="2">高层</td></tr>
<tr><td>一、二级</td><td>一、二级</td><td>三级</td><td>一、二级</td><td>一、二级</td><td>三级</td><td>四级</td><td>一、二级</td><td>一、二级</td><td>三级</td><td>四级</td><td>一类</td><td>二类</td></tr>
<tr><td>甲类厂房</td><td>单层或多层</td><td>一、二级</td><td>12</td><td>12</td><td>14</td><td>13</td><td>12</td><td>14</td><td>16</td><td>13</td><td rowspan="4" colspan="3">25</td><td rowspan="4" colspan="2">50</td></tr>
<tr><td rowspan="3">乙类厂房</td><td rowspan="2">单层或多层</td><td>一、二级</td><td>12</td><td>10</td><td>12</td><td>13</td><td>10</td><td>12</td><td>14</td><td>13</td></tr>
<tr><td>三 级</td><td>14</td><td>12</td><td>14</td><td>15</td><td>12</td><td>14</td><td>16</td><td>15</td></tr>
<tr><td>高层</td><td>一、二级</td><td>13</td><td>13</td><td>15</td><td>13</td><td>13</td><td>15</td><td>17</td><td>13</td></tr>
</table>

续表

<table>
<tr><td colspan="3" rowspan="3">名称</td><td>甲类厂房</td><td colspan="3">乙类厂房（仓库）</td><td colspan="4">丙、丁、戊类厂房（仓库）</td><td colspan="5">民用建筑</td></tr>
<tr><td>单层或多层</td><td colspan="2">单层或多层</td><td>高层</td><td colspan="3">单层或多层</td><td>高层</td><td colspan="3">裙房，单层或多层</td><td colspan="2">高层</td></tr>
<tr><td>一、二级</td><td>一、二级</td><td>三级</td><td>一、二级</td><td>一、二级</td><td>三级</td><td>四级</td><td>一、二级</td><td>一、二级</td><td>三级</td><td>四级</td><td>一类</td><td>二类</td></tr>
<tr><td rowspan="4">丙类厂房</td><td rowspan="3">单层或多层</td><td>一、二级</td><td>12</td><td>10</td><td>12</td><td>13</td><td>10</td><td>12</td><td>14</td><td>13</td><td>10</td><td>12</td><td>14</td><td>20</td><td>15</td></tr>
<tr><td>三 级</td><td>14</td><td>12</td><td>14</td><td>15</td><td>12</td><td>14</td><td>16</td><td>15</td><td>12</td><td>14</td><td>16</td><td rowspan="2">25</td><td rowspan="2">20</td></tr>
<tr><td>四 级</td><td>16</td><td>14</td><td>16</td><td>17</td><td>14</td><td>16</td><td>18</td><td>17</td><td>14</td><td>16</td><td>18</td></tr>
<tr><td>高层</td><td>一、二级</td><td>13</td><td>13</td><td>15</td><td>13</td><td>13</td><td>15</td><td>17</td><td>13</td><td>13</td><td>15</td><td>17</td><td>20</td><td>15</td></tr>
<tr><td rowspan="4">丁、戊类厂房</td><td rowspan="3">单层或多层</td><td>一、二级</td><td>12</td><td>10</td><td>12</td><td>13</td><td>10</td><td>12</td><td>14</td><td>13</td><td>10</td><td>12</td><td>14</td><td>15</td><td>13</td></tr>
<tr><td>三 级</td><td>14</td><td>12</td><td>14</td><td>15</td><td>12</td><td>14</td><td>16</td><td>15</td><td>12</td><td>14</td><td>16</td><td rowspan="2">18</td><td rowspan="2">15</td></tr>
<tr><td>四 级</td><td>16</td><td>14</td><td>16</td><td>17</td><td>14</td><td>16</td><td>18</td><td>17</td><td>14</td><td>16</td><td>18</td></tr>
<tr><td>高层</td><td>一、二级</td><td>13</td><td>13</td><td>15</td><td>13</td><td>13</td><td>15</td><td>17</td><td>13</td><td>13</td><td>15</td><td>17</td><td>15</td><td>13</td></tr>
<tr><td rowspan="3">室外变、配电站</td><td rowspan="3">变压器总油量（t）</td><td>≥5，≤10</td><td rowspan="3">25</td><td rowspan="3">25</td><td rowspan="3">25</td><td rowspan="3">25</td><td>12</td><td>15</td><td>20</td><td>12</td><td>15</td><td>20</td><td>25</td><td colspan="2">20</td></tr>
<tr><td>>10，≤50</td><td>15</td><td>20</td><td>25</td><td>15</td><td>20</td><td>25</td><td>30</td><td colspan="2">25</td></tr>
<tr><td>>50</td><td>20</td><td>25</td><td>30</td><td>20</td><td>25</td><td>30</td><td>35</td><td colspan="2">30</td></tr>
</table>

注：1. 乙类厂房与重要公共建筑之间的防火间距不宜小于 50m，与明火或散发火花地点不宜小于 30m。单层或多层戊类厂房之间及其与戊类仓库之间的防火间距，可按本表的规定减少 2m。为丙、丁、戊类厂房服务而单独设立的生活用房应按民用建筑确定，与所属厂房之间的防火间距不应小于 6m。

2. 两座厂房相邻较高一面的外墙为防火墙时，其防火间距不限，但甲类厂房之间不应小于 4m。两座丙、丁、戊类厂房相邻两面的外墙均为不燃烧体，当无外露的燃烧体屋檐，每面外墙上的门窗洞口面积之和各不大于该外墙面积的 5%，且门窗洞口不正对开设时，其防火间距可按本表的规定减少 25%。

3. 两座一、二级耐火等级的厂房，当相邻较低一面外墙为防火墙且较低一座厂房的屋顶耐火极限不低于 1.00h，或相邻较高一面外墙的门窗等开口部位设置甲级防火门窗或防火分隔水幕或按本规范第 6.5.2 条的规定设置防火卷帘时，甲、乙类厂房之间的防火间距不应小于 6m；丙、丁、戊类厂房之间的防火间距不应小于 4m。

4. 发电厂内的主变压器，其油量可按单台确定。

5. 耐火等级低于四级的原有厂房，其耐火等级可按四级确定。

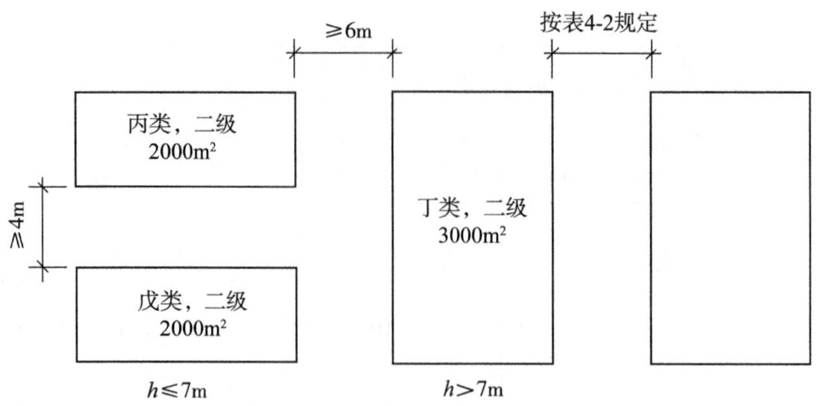


图 4-3　工业建筑的防火间距控制示意图

## 4.2　消防车道

高层建筑的平面布置、空间造型和使用功能往往复杂多样，给消防扑救带来不便。如大多数高层建筑的底部建有相连的裙房等，设计中如果对消防车道考虑不周，火灾时消防车无法靠近建筑主体，往往会延误灭火时机，造成重大损失。如某厂大楼，由于其背面未设消防车道，发生火灾时消防车无法靠近，延误了时机，致使大火燃烧了 3 个多小时，扩大了灾情。低层建筑的消防车道主要考虑生产厂房、仓库以及大型的公共建筑的消防车灭火需要。

### 4.2.1　消防车道的设置条件

（1）工厂、仓库应设消防车道；

（2）易燃、可燃材料露天堆场区，液化石油气储罐区，甲、乙、丙类液体储罐区，可燃气体储罐区，应设有消防车道或可供消防车通行的且宽度不小于 6m 的平坦空地；

（3）高架仓库周围宜设环形消防车道；

（4）超过 3000 个座位的体育馆、超过 2000 个座位的会堂和占地面积超过 3000m$^2$的展览馆等公共建筑，宜设环形消防车道；

（5）高层民用建筑周围，应设环形消防车道；

（6）建筑物沿街部分长度超过 150m 或总长度超过 220m 时，均应设置穿过建筑物的消防车道；

（7）高层建筑的内院或天井较大时，应考虑消防车在火灾时进入内院进行扑救操作，当其短边长度超过 24m 时，宜设有进入内院或天井的消防车道；

（8）供消防车取水的消防水池和天然水源，应设消防车道。

### 4.2.2　尺寸要求

消防车道的净宽度和净空高度均不应小于 4. 0m。供消防车停留的空地，其坡度不宜大于3%。

### 4.2.3 其他要求

(1) 由于考虑到室外消火栓的保护半径在150m左右，城市街区内道路，考虑消防车通行，其间距不应大于160m；

(2) 环形消防车道至少两个地方与其他车道相连；

(3) 消防车道可利用交通道路；

(4) 消防车道应尽量避免与铁路平交，如必须平交时，设备用车道的间距不宜小于一列火车长；

(5) 消防车道下的管沟和暗沟应能承受大型消防车压力；

(6) 消防车道距建筑物外墙宜大于5m，防止建筑物构件火灾时塌落影响消防车作业；

(7) 消防车道与高层建筑之间，不应设置妨碍登高消防车操作的树木、架空管线等。

## 4.3 水平防火分区及分隔设施

### 4.3.1 水平防火分区

水平防火分区，就是为阻止建筑物内部火灾向水平方向蔓延而实施的防火解决办法。水平防火分区是按照建筑面积划分的，又称面积防火分区，是指在同一水平面内，利用防火墙、防火卷帘、防火门、防火水幕等防耐火非燃烧分隔物将建筑平面分为若干防火分区或防火单元。

水平防火分区，无论是对住宅、公共建筑还是厂房、仓库等，都是很有必要的防火措施。尤其是高层建筑，一旦发生火灾，救助极为困难。

在实际的建筑设计与建设中，应自觉地按照规范规定的建筑面积设置，还应根据建筑物内部的不同使用功能区域，设置防火分区或防火单元。例如，饭店建筑的厨房部分与顾客使用部分，由于使用功能不同，而且厨房部分有明火作业，应该划为不同的防火分区，并采用耐火极限不低于3.00h的墙体做防火分隔。

在工业建筑中，水平防火分区要根据生产和储存物品的火灾危险性类别，是否散发有毒有害气体，是否有明火或高温生产工艺等来划分。

划分防火分区，除了考虑不同的火灾危险性外，还要按照使用灭火剂的种类而加以分隔。例如，对于配电房、自备柴油发电机房等，当采用二氧化碳灭火系统时，由于这些灭火剂毒性大，应该分隔为封闭单元，以便施放灭火剂后能够密闭起来，防止毒性气体扩散、伤人。此外，使用与储存不能用水灭火的化学物品的房间，应单独分隔起来。

对于设置贵重设备，储存贵重物品的房间，也要分隔成防火单元。

对于设在建筑内的自动灭火系统的设备室，应采用耐火极限不低于2.00h的隔墙、1.50h的楼板和甲级防火门与其他部位隔开。这样，即使建筑物发生火灾，也必须保障灭火系统不受威胁，保障灭火工作顺利实施。

## 4.3.2　水平防火分区分隔设施

### 1. 防火墙

防火墙是水平防火分区的主要防火分隔物。防火墙是指用具有 3h 以上耐火极限的非燃烧材料砌筑在独立的基础（或框架结构的梁）上，用以形成防火分区，控制火灾范围的部件。它可以根据需要而专门设置，也可以把其他隔墙、围护墙按照防火墙的构造要求砌筑而成。

从建筑平面看，防火墙有纵横之分，与屋脊方向垂直的是横向防火墙，与屋脊方向一致的是纵向防火墙。按照防火墙设置位置分，防火墙可分为内墙防火墙、外墙防火墙和室外独立的防火墙等。把房屋划分成防火分区的内部分隔墙称为内墙防火墙；在两幢建筑物间因防火间距不够而设置无门窗（或设防火门、窗）的外墙称为外墙防火墙；当建筑物间的防火间距不足，又不便于使用外防火墙时单独修筑的墙体，称为室外独立的防火墙，用以防止两幢建筑之间的火灾蔓延。

由于防火墙是阻止火势蔓延的重要措施，防火墙上不宜开设门窗洞口，如必须设置，则应设置耐火等级不小于 1. 20h，能自动关闭的防火门窗。

在建筑设计中，如果在靠近防火墙的两侧开窗，应进行如图 4-4 所示的防火墙的平面布置图。发生火灾时，很容易造成火苗互串，导致火灾蔓延到相邻防火分区。为此，防火墙两侧门窗洞口的最近距离不应小于 2m。此外，还应当尽量避免在“U”形、“L”形建筑物的转角处设防火墙；否则，防火墙一侧发生火灾，火焰突破窗口后很容易破坏另一侧的门窗，形成火灾蔓延的条件。但是，必须设在转角附近时，两侧门窗口的最近水平距离不应小于 4m。

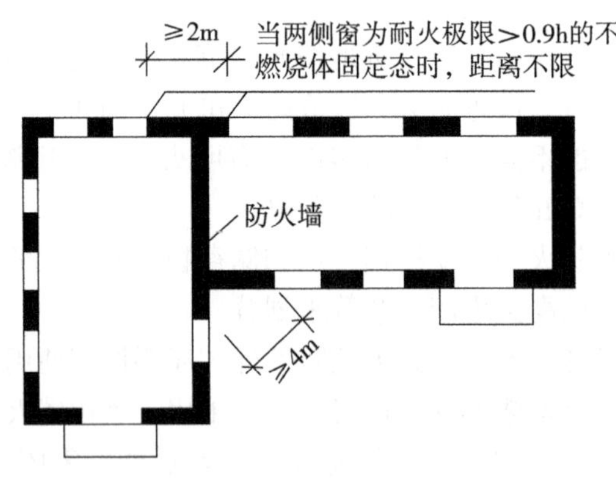


图 4-4　防火墙的平面布置

防火墙应直接砌筑在建筑基础上或耐火等级符合设计规范的钢筋混凝土框架梁上，并且要保证防火墙的结构强度和稳定性。防火墙两侧的可燃构件不得穿过防火墙体，并且难燃烧体的屋顶结构也应截断，以免火从墙内延烧。为防止火由屋面越过防火墙，防火墙还应高出非燃烧体屋面（如瓦、石棉瓦、铁皮等）40cm，高出燃烧体或难燃烧体屋面（如木板、油毡等）50cm 以上，形成一堵横断屋顶的矮墙。建筑物外墙为难燃烧体时，防火墙应凸出难燃烧体墙外表面 40cm。如不便凸出墙面，可设置防火带。

建筑天窗或燃烧体、难燃烧体的构筑物距防火墙小于 4m 时，为防止火势通过防火墙蔓延，防火墙必须砌至开口或构筑物上缘以上，并不小于 50cm。当这个开口或构筑物距离防火墙外沿不小于 4m 时，可以认为是安全的，防火墙可不做特殊处理。

**2. 防火门**

防火门也是一种防火分隔物，是指在一定时间内能满足耐火稳定性、完整性和隔热性要求的门，通常用于建筑物的防火分区及重要防火部位。防火门除具有普通门的作用外，更具有阻止火势蔓延和烟气扩散的特殊功能，可在一定时间内阻止和延缓火灾蔓延，以确保人员疏散。

1）防火门分类

防火门按其材质，可分为钢质、木质和复合材料防火门三种。钢质防火门即非燃烧体防火门，一般采用薄型钢作为框架，薄钢板作为门面，填充以不同厚度的硅酸铝纤维、矿棉、玻璃棉、硅酸钙板等做成不同耐火等级的防火门。木质防火门即难燃烧体防火门，其构造不尽相同，如双层木板，两面铺石棉板，外包镀锌铁皮；双面木板，中间夹石棉板，外包镀锌铁皮。设计不同的总截面尺寸，可以达到不同的耐火等级。

防火门按耐火极限可以分为三种：甲级、乙级和丙级，耐火极限分别为 1.2h，0.9h，0.6h。通常甲级防火门用于防火分区中，作为水平防火分区的分隔设施；乙级防火门用于疏散楼梯间的分隔；丙级防火门用于管道井、排烟道等的检修门上。各级防火门的适用范围见表 4-3。

表 4-3 **各级防火门的适用范围**

| 代号 | 耐火极限（h） | 适 用 范 围 |
|---|---|---|
| 甲 | 1.2 | 防火墙及防火分隔等 |
| 乙 | 0.9 | 封闭式楼梯间，通向楼梯间前室一楼梯的门；消防控制室，空调机房的门 |
| 丙 | 0.6 | 电缆井、管道井、排烟道等 |

防火门还可按开启方式，分为平开防火门和推拉防火门；按门扇做法和构造，分为带亮窗和不带亮窗的防火门、镶玻璃和不镶玻璃的防火门等。

2）防火门的要求

防火门是一种活动的防火阻隔物，建筑中设置的防火门，应保证其防火和防烟性能符合相应构件的耐火以及人员的疏散需要。

正常情况下，防火门应处于敞开状态，不得用其他杂物挡住防火门，人员疏散后应及时关闭防火门。为尽量避免火灾时烟气或火势通过门洞窜入人员的疏散通道内，防火门应具有自闭功能，双扇防火门应具有按顺序关闭的功能，通常采用自动关门装置与火灾探测器联动、由防灾中心遥控操纵的自动关闭防火门。通常，由门把固定在墙上，门是敞开的。当火灾探测器发现火灾，将信息输送到防灾中心，再由防灾中心通过电路控制关门装置的磁力开关使门脱扣，防火门自动关闭。

设置防火门的部位，一般为疏散门或安全出口。防火门既是保持建筑防火分隔完整的主要物体之一，又常是人员疏散经过疏散出口或安全出口时需要开启的门。因此，防火门的开启方式、方向等均应满足紧急情况下人员迅速开启、快捷疏散的需要。设置在疏散通道的防火门，开启方向应与疏散方向一致。设置在防火墙上的防火门宜选用自动兼手动的平开门或推拉门，且关门后可以从门的任何一侧用手开启。

为保证防火分区间的相互独立性，设置在变形缝附近的防火门，开启后，其门扇不应跨越变形缝，并应设置在楼层较多的一侧。

为避免窜烟、窜火，防止火灾通过防火门蔓延，宜在门扇与框架缝隙处粘贴防火膨胀胶条。

### 3. 防火窗

防火窗是建筑物防火分隔的设施之一。防火窗，是指用木材或冷轧薄钢板做窗框、窗扇骨架，在窗扇骨架内填充不燃材料，并配以防火玻璃及五金件所组成的能满足耐火稳定性、完整性和隔热性的特种窗。防火窗通常用在防火墙上，能隔离或阻止火势蔓延。

防火窗按其材质，可分为钢质防火窗、木质防火窗、钢木复合防火窗三种；按其耐火极限，可分为甲级、乙级、丙级三种，耐火极限分别为 1.20h、0.90h、0.60h；按其构造，可分为单层防火窗、双层防火窗，耐火极限分别为 0.70h 和 1.20h；按照其安装方式，可分为固定式防火窗、活动式防火窗。

防火窗的选用与防火门相同，凡设置甲级防火门且有窗处，均选用甲级防火窗；设置乙级防火门且有窗处，均选用乙级防火窗。

### 4. 防火卷帘

防火卷帘门是现代建筑中不可缺少的防火设施。防火卷帘一般由钢板或铝合金等金属材料制成，也有以无机物组合而成的轻质防火卷帘。钢质卷帘一般不具备隔热性能，因此最好结合水幕或喷淋系统共同使用；轻质卷帘有些可隔热，耐火隔热性根据制作方式不同可达到 3.00h。

防火卷帘可以与报警系统联动形成自动控制。防火卷帘帘面通过传动装置和控制系统达到卷帘的升降，具有防火、隔烟、抑制火灾蔓延、保护人员疏散的特殊功能，产品外形平整美观、造型新颖，钢性强。防火卷帘广泛应用于高层建筑、大型商场等人员密集的场合，能有效地阻止火势蔓延，保障生命财产安全，是现代建筑中不可缺少的防火设施。

1）防火卷帘的分类

防火卷帘按照其材质，可分为钢质防火卷帘、复合防火卷帘和无机防火卷帘三种；按照耐火时间，可分为普通型防火卷帘和复合性防火卷帘，前者耐火时间有 1.50h 和 2.00h 两种，后者耐火时间有 2.50h 和 3.00h 两种。

防火卷帘按照开启方式可分为上下开启式、横向开启式和水平开启式三种。其中上下开启式和横向开启式适用于门窗洞口和室内的防火分隔，水平开启式适合于楼板孔洞等的防火分隔。

防火卷帘按照其帘板构造，可分为普通型钢质防火卷帘（耐火极限有1.50h，2.00h）和复合型钢质防火卷帘（耐火极限有2.50h，3.00h）；按照帘板厚度不同，可分为轻型卷帘和重型卷帘，分别用厚度为0.5~0.6mm，1.5~1.6mm的钢板制成。

2）防火卷帘的选择

防火卷帘主要用于大型超市（大卖场）、大型商场、大型专业材料市场、大型展馆、厂房、仓库等有消防要求的公共场所。在建筑物设置防火墙或防火门有困难时，要用防火卷帘门代替，同时需用水幕保护其两侧，以将大厅分隔成较小的防火分区。防火卷帘用于防火分区时耐火极限为3.00h，防火墙上开口部位设置防火卷帘时耐火极限为1.20h。

在穿堂式建筑内，可在房间之间的开口处设置防火卷帘，通常选用上下开启式或横向开启式。对于多跨的大厅，可将卷帘固定在梁底下，以柱为轴线，做成临时性防火分隔。

防火卷帘，应具有防烟性能，与楼板、梁和墙、柱之间的空隙应采用防火封堵材料封堵，以防止烟气和火势通过卷帘周围的空隙传播蔓延。防火卷帘还应预留足够的空间，以避免与建筑洞口处的通风管道、给排水管道及电缆电线管等发生干涉。

设在疏散走道上的防火卷帘应在两侧设自动、手动和机械控制的启闭装置。在停电的情况下，只能通过拉动铁链将防火卷帘门放下。防火卷帘门配备的手动装置，只能单向放下，不能提升。

设在疏散走道和前室的防火卷帘，应具有在降落时暂时停滞功能。消防中央控制系统通过识别火灾信号后接通火警所在区域的防火卷帘门电源，使火灾区域的防火卷帘按一定的速度下行。当卷帘下行到离地面约1.5米位置时，停止下行，以利于人员的疏散和撤离。防火卷帘门在中间停留一段时间，人员全部撤离后，再继续下行，直至关闭。

## 4.4 垂直防火分区及分隔设施

### 4.4.1 垂直防火分区

垂直防火分区也称竖向防火分区，是指为防止多层或高层建筑的层与层之间发生竖向火灾蔓延而采取的具有一定耐火极限的楼板和窗间墙在建筑物的垂直方向对每个楼层进行的防火分隔。由于竖向防火分区以每个楼层为基本防火单元，故也称为层间防火分区。

竖向防火分区用以防止层与层之间的火灾蔓延，用以分隔1级、2级耐火等级建筑楼层的楼板，其耐火极限依次不低于1.50h和1.00h。中庭、自动扶梯电梯井、楼梯间等竖井的分区也属于竖向防火分区。防火分区面积的大小是根据建筑物的类别、使用性质、耐火等级、层数及其消防设施等因素确定的。

### 4.4.2 分隔设施

竖向分隔设施主要有楼板、避难层、防火挑檐、竖井的防火分隔、建筑物的功能转换层。耐火楼板、防烟楼梯间和封闭楼梯间均属于竖向防火分区的分隔物。

**1. 耐火楼板**

凡符合建筑设计防火规范要求的楼板，即为耐火楼板，一级耐火等级建筑物的楼板为不燃烧体，耐火极限在 1.50h 以上；二级耐火等级建筑物的楼板为不燃烧体，耐火极限在 1.00h 以上。

**2. 封闭楼梯间**

封闭楼梯间，是指用耐火建筑构件分隔，能防止烟和热气进入的楼梯间。封闭楼梯间的设置要求：

(1) 楼梯间应靠外墙，并能直接天然采光和自然通风，当不能直接天然采光和自然通风时，应按防烟楼梯间规定设置。

(2) 高层民用建筑和高层工业建筑中封闭楼梯间的门应为乙级防火门，并向疏散方向开启。

(3) 楼梯间的首层紧接主要出口时，可将走道和门厅等包括在楼梯间内形成扩大的封闭楼梯间，但应采用乙级防火门等防火措施与其他走道和房间隔开。

**3. 防烟楼梯间**

防烟楼梯间，是指具有防烟前室和防排烟设施，并与建筑物内使用空间分隔的楼梯间。其形式一般有带封闭前室或合用前室的防烟楼梯间、用阳台作前室的防烟楼梯间、用凹廊作前室的防烟楼梯间等。防烟楼梯间的设置要求：

(1) 楼梯间入口处应设前室、阳台或凹廊。

(2) 前室的面积，对公共建筑不应小于 $6m^2$，与消防电梯合用的前室不应小于 $10m^2$；对于居住建筑不应小于 $4.5m^2$，与消防电梯合用前室的面积不应小于 $6m^2$；对于人防工程不应小于 $10m^2$。

(3) 前室和楼梯间的门均应为乙级防火门，并应向疏散方向开启。

(4) 如无开窗，则须设管道井正压送风。一类高层建筑必须由管道正压送风。

**4. 防火挑檐、窗槛墙**

除了采用耐火楼板进行层间分隔以外，防火挑檐、窗槛墙也是重要的竖向防火分区分隔措施。科学研究及火灾实例表明，火灾从外墙窗口向上蔓延也是现代高层建筑火灾蔓延的一个重要途径。火焰在着火层轰燃后喷出外窗，在浮力和风力作用下，火向上窜越，将上层窗口及其附近的可燃物烤着，进而引燃上层室内的可燃物，形成逐层甚至越层向上蔓延，致使整个建筑物起火。

增大上下楼层间窗间墙（窗槛墙）的高度，或者在窗口上方设置挑檐，是防止火灾从外窗向上蔓延的行之有效的方法。火灾实例说明，窗槛墙高度小于 1m，很难起到防火作用。参照国外有关资料，建议窗槛墙高度不宜小于 1.2m；若窗口上方设有防火挑檐时，其挑出墙面的宽度不宜小于0.5m，檐板的长度应大于窗宽1.2m。设防火挑檐的窗槛墙高度可减小，但其高度和挑檐宽度之和不应小于1.2m。防火挑檐可视具体情况灵活设置，其应采用不燃性材料制作，具有一定的耐火性能。

**5. 防火阀**

高层及其他各类现代建筑大多设有通风、空调及防排烟系统，一旦发生火灾，这些系统中的管道将成为火焰、烟气蔓延的通道。安装防火阀，可以在一定时间内能满足耐火稳定性和耐火完整性的要求，起隔烟阻火作用。

防火阀，是指在一定时间内能满足耐火稳定性和耐火完整性要求，用于通风、空调管道内阻火的活动式封闭装置。防火阀通常安装在通风、空调系统的送、回风管路上，平时呈开启状态。火灾时，当管道内气体温度达到70℃时，易熔片熔断，阀门在扭簧力作用下自动关闭。防火阀可自动（与报警系统联动）、手动关闭，均需手动复位。

防火阀按照其动作温度可分为防火阀和排烟防火阀，其动作温度分别为70℃和280℃；按照其控制方式分可分为手动防火阀和电动防火阀；按照其控制距离的远近可分为远程控制防火阀和本体控制防火阀，具体分类见表4-4。

表4-4 **防火阀的分类**

| 名称 | 应用范围 | 功能特点 | 配用操作装置 |
| --- | --- | --- | --- |
| 防火阀 | 安装在通风、空调系统风管内，防止火势沿风管蔓延 | 1. 70℃自动关闭，风机停机<br>2. 手动关闭，风机停机<br>3. 输出关闭电讯号 | FD |
| 防火调节阀 | 安装在通风、空调系统风管内，防止火势沿风管蔓延 | 1. 70℃自动关闭，风机停机<br>2. 手动关闭，风机停机<br>3. 阀门在0°~90°内五挡调节风量<br>4. 输出关闭电讯号 | FVD |
| 防烟防火调节阀 | 安装在有防烟防火要求的通风、空调系统管道上 | 1. 靠烟感器控制动作，用电讯号通过电磁铁关闭（防烟），通风、空调系统风机停机<br>2. 70℃自动关闭（防火），风机停机<br>3. 手动关闭，风机停机<br>4. 阀门在0°~90°内五挡调节风量<br>5. 输出阀门关闭电讯号 | SFVD |
| 远距离防烟防火调节阀 | 安装在有防烟防火要求的通风空调系统管道上，在较复杂地形，且又需经常调节的地方比较适用 | 1. 靠烟感器控制动作，用电讯号通过电磁铁关闭（防烟），通风、空调系统风机停机<br>2. 70℃自动关闭（防火），风机停机<br>3. 远距离手动关闭，风机停机<br>4. 阀门在0°~90°内五挡调节风量<br>5. 输出阀门关闭电讯号 | BSFVD |

续表

| 名称 | 应用范围 | 功能特点 | 配用操作装置 |
| --- | --- | --- | --- |
| 排烟防火阀 | 安装在有排烟、防火要求的排烟系统管道上及排烟风机吸入口处管道上 | 1. 电讯号 DC24V 开启，排烟风机同时启动<br>2. 温度熔断器在 280℃ 时熔断，使阀门关闭，排烟风机同时停机<br>3. 手动开启，排烟风机同时启动<br>4. 阀门开启后，输出开启电讯号 | SFD |
| 远控排烟防火阀 | 安装在有排烟、防火要求的排烟系统管道上及排烟风机吸入口处管道上 | 1. 电讯号 DC24V 开启，排烟风机同时启动<br>2. 温度熔断器在 280℃ 时熔断，使阀门关闭，排烟风机同时停机<br>3. 远距离手动开启，排烟风机同时启动<br>4. 阀门开启后，输出开启电讯号 | BSFD |

注：S—电磁铁控制；F—温度熔断器控制；V—风量调节；D—手动操作及复位；Y—远距离控制，所谓远距离控制，是将操作装置安装在距阀体 6m 以内的任何部位并通过控制缆绳来控制阀体，其余操作装置均安装在阀体上，实行就地操作。

## 4.5　防火分区设计标准

从防火的角度看，防火分区划分得越小，越有利于保证建筑物的防火安全。但如果划分得过小，则势必会影响建筑物的使用功能，这样做显然是行不通的。防火分区面积大小应考虑建筑物的使用性质、重要性、火灾危险性、建筑物高度、消防扑救能力以及火灾蔓延的速度等因素，并且应遵循以下原则：

（1）火灾危险性大的部分应与火灾危险性小、可燃物少的部分隔开，如厨房与餐厅。

（2）同一建筑的使用功能不同的部分，不同用户应进行防火分隔处理，如楼梯间、前厅、走廊等。

（3）高层建筑的各种竖井，如管道井、电缆井、垃圾井，其本身是独立的防火单元，应保证井道外部火灾不得侵入，内部火灾不得外传。

（4）特殊用房，如医院重点护理病房。贵重设备的储存间，应设置更小的防火单元。

（5）使用不同灭火剂的房间应加以分隔。

我国现行的《建筑设计防火规范》、《人民防空工程设计防火规范》等均对建筑的防火分区面积作了规定，在设计、审核和检查时，必须结合工程实际，严格执行。

### 4.5.1　民用建筑防火分区标准

民用建筑防火分区面积是以建筑面积计算的。每个防火分区的最大允许建筑面积应符合表 4-5 的要求。

表 4-5 **建筑的耐火等级、允许层数和防火分区最大允许建筑面积**

<table>
<tr><th>名称</th><th>耐火等级</th><th>建筑高度或允许层数</th><th>防火分区的最大允许建筑面积（$m^2$）</th><th>备　注</th></tr>
<tr><td>高层民用建筑</td><td>一、二级</td><td>住宅类建筑大于 27m；其他类建筑高度大于 24m</td><td>1500</td><td rowspan="2">1. 当高层建筑主体与其裙房之间设置防火墙等防火分隔设施时，裙房的防火分区最大允许建筑面积不应大于 2500$m^2$<br>2. 体育馆、剧场的观众厅，其防火分区最大允许建筑面积可适当放宽</td></tr>
<tr><td rowspan="3">单层或多层民用建筑</td><td>一、二级</td><td>1. 单层公共建筑的建筑高度不限<br>2. 住宅建筑的建筑高度不大于 27m<br>3. 其他民用建筑的建筑高度不大于 24m</td><td>2500</td></tr>
<tr><td>三级</td><td>5 层</td><td>1200</td><td>—</td></tr>
<tr><td>四级</td><td>2 层</td><td>600</td><td>—</td></tr>
<tr><td>地下、半地下建筑（室）</td><td>一级</td><td>不宜超过 3 层</td><td>500</td><td>设备用房的防火分区最大允许建筑面积不应大于 1000$m^2$</td></tr>
</table>

在进行防火分区划分时，应注意以下几点：

（1）建筑内设有自动灭火系统时，每层最大允许建筑面积可按表 4-5 增加 1 倍。局部设置时，增加面积可按该局部面积 1 倍计算。

（2）建筑物内如设有上、下层相连通的走马廊、自动扶梯等开口部位时，应按上、下连通层作为一个防火分区，其建筑面积之和不宜超过表 4-5 的规定。

但多层建筑的中庭，当房间、走道与中庭相通的开口部位，设有可自行关闭的乙级防火门或防火卷帘；与中庭相通的过厅、通道等处设有乙级防火门或卷帘；中庭每层回廊设有火灾自动报警系统和自动喷水灭火系统；封闭屋盖设有自动排烟设施时，中庭上、下各层的建筑面积可不叠加计算。

（3）营业厅、展览厅设置在一、二级耐火等级的单层建筑或仅设置在一、二级耐火等级多层建筑的首层，并设置火灾自动报警系统和自动灭火系统时，其每个防火分区的最大允许建筑面积不应大于 10000$m^2$；营业厅、展览厅设置在高层建筑内时，并设置火灾自动报警系统和自动灭火系统，且采用不燃烧或难燃烧材料装修时，其防火分区的最大允许建筑面积不应大于 4000$m^2$。

（4）地下室、半地下室发生火灾时，人员不易疏散，消防人员扑救困难，故对其防火分区面积应控制得严一些，规定建筑物的地下室、半地下室应采用防火墙划分防火分区，其面积不应超过 500$m^2$。

（5）划分防火分区的防火分隔物除防火墙外，还可根据具体情况采用防火卷帘和防火水幕带等，但防火卷帘长度应控制一定的比例。

（6）设在变形缝处附近的防火门，应设在楼层数较多的一侧，且门开启后不应跨越变形缝。

（7）设置防火墙有困难的场所，可采用防火卷帘作为防火分隔，当采用以背火面温升作为耐火极限判定条件的防火卷帘时，其耐火极限不应小于 3. 00h；当采用不以背火面温升作为耐火极限判定条件的防火卷帘时，其卷帘两侧应设独立的闭式自动喷水系统保护，系统喷水延续时间不应小于 3h。喷头的喷水强度不应小于 0. 5L/S · M ，喷头间距应为 2~2. 5m，喷头距卷帘的垂直距离宜为 0. 5m。

（8）设在疏散走道上的防火卷帘应在卷帘的两侧设置启闭装置，并应具有自动、手动和机械控制的功能。

### 4. 5. 2　厂房防火分区标准

工业厂房可分为单层厂房、多层厂房和高层厂房。单层工业厂房，即使建筑高度超过 24m，其防火设计仍按单层考虑；建筑高度等于或小于 24m、二层及二层以上的厂房为多层厂房；建筑高度大于 24m、二层及二层以上的厂房为高层厂房。

对于工业厂房来说，它的层数和面积是由生产工艺所决定的，但同时也受生产的火灾危险类别和耐火等级的制约。工业厂房的生产工艺、火灾危险类别、建筑物的耐火等级、层数和面积构成一个互相联系、互相制约的统一体。

厂房每个防火分区面积的最大允许占地面积应符合表 4-6 的要求。多层厂房表中最大允许占地面积是指每层允许最大建筑面积。

表 4-6　　**厂房的耐火等级、层数和防火分区的最大允许建筑面积**

| 生产类别 | 耐火等级 | 最多允许层数 | 每个防火分区的最大允许面积（$m^2$） | | | |
|---|---|---|---|---|---|---|
| | | | 单层厂房 | 多层厂房 | 高层厂房 | 地下、半地下厂房，厂房的地下室、半地下室 |
| 甲 | 一级 | 除生产必须采用多层者外，宜采用单层 | 4000 | 3000 | — | — |
| | 二级 | | 3000 | 2000 | — | — |
| 乙 | 一级 | 不限 | 5000 | 4000 | 2000 | — |
| | 二级 | 6 | 4000 | 3000 | 1500 | — |
| 丙 | 一级 | 不限 | 不限 | 6000 | 3000 | 500 |
| | 二级 | 不限 | 8000 | 4000 | 2000 | 500 |
| | 三级 | 2 | 3000 | 2000 | — | — |
| 丁 | 一、二级 | 不限 | 不限 | 不限 | 4000 | 1000 |
| | 三级 | 3 | 4000 | 2000 | — | — |
| | 四级 | 1 | 1000 | — | — | — |

续表

| 生产类别 | 耐火等级 | 最多允许层数 | 每个防火分区的最大允许面积（$m^2$） | | | |
|---|---|---|---|---|---|---|
| | | | 单层厂房 | 多层厂房 | 高层厂房 | 地下、半地下厂房，厂房的地下室、半地下室 |
| 戊 | 一、二级 | 不限 | 不限 | 不限 | 6000 | 1000 |
| | 三级 | 3 | 5000 | 3000 | — | — |
| | 四级 | 1 | 1500 | — | — | — |

在进行防火分区设计时应注意以下几点：

（1）防火分区间应采用防火墙分隔。防火墙上开设门窗洞口时，应采用甲级防火门窗。一、二级耐火等级的单层厂房（甲类厂房除外）如面积超过表4-6中规定的数值，设置防火墙有困难时，可用防火卷帘或防火水幕带等进行分隔。

（2）一级耐火等级的多层及二级耐火等级的单层、多层纺织厂房（麻纺厂除外），其防火分区最大允许占地面积可按表4-6中的规定增加50%，但上述厂房的原棉开包、清花车间均应设防火墙分隔。

（3）一、二级耐火等级的单层、多层造纸生产联合厂房，其防火分区最大允许占地面积可按表4-6的规定增加1.5倍。

（4）甲、乙、丙类厂房设有自动灭火系统时，防火分区最大允许占地面积按表4-6的规定增加1倍；丁、戊类厂房设自动灭火系统时，其占地面积不限。局部增设时，增加面积按该局部面积的1倍计算。

### 4.5.3 库房防火分区标准

库房建筑的特点，一是物资储存集中，而且许多库房超量储存，有的仓库不仅库内超量储存，而且库房之间的防火间距也堆放大量物资；二是库房的耐火等级较低，原有的老库房多数为三级耐火等级，甚至四级及其以下的库房也占有一定比例，一旦失火，大多造成严重损失；三是库区水源不足，消防设施缺乏，扑救火灾难度大。

库房也可分为单层库房、多层库房、高层库房，其划分高度可参照工业厂房。此外，层高在7m以上的机械操作和自动控制的货架仓库，称做高架仓库。高层仓库和高架仓库的共同特点是，储存物品比普通仓库（单层、多层）多数倍甚至数十倍，发生火灾时，疏散和抢救困难。为了保障仓库在发生火灾时不致很快倒塌，赢得扑救时间，减少火灾损失，要求其耐火等级不低于二级。

由于储存甲、乙类物品的库房的火灾爆炸危险性大，所以甲、乙类物品库房宜采用单层建筑，不要设在建筑物地下室、半地下室内，因为一旦发生爆炸事故，将会威胁到整个建筑的安全。

甲类物品库房失火后，燃烧速度快、火势猛烈，并且还可能发生爆炸，所以其防火分区面积不宜过大，以便能迅速控制火势蔓延，减少损失。考虑到仓库储存物资集中、可燃物多、发生火灾造成的损失大等因素，仓库的耐火等级、层数和面积要严于厂房和民用建筑。

丙类固体可燃物品库房以及丁、戊类物品库房，当采用一、二级耐火等级建筑时，层数不限，即可以建造高层库房。

综上所述，各类库房的耐火等级、层数和面积应符合表 4-7 的要求。

表 4-7　**各类库房的耐火等级、层数和面积**

<table>
<tr><th colspan="2" rowspan="3">储存物品类别</th><th rowspan="3">耐火等级</th><th rowspan="3">最多允许层数</th><th colspan="7">最大允许建筑面积（m²）</th></tr>
<tr><th colspan="2">单层库房</th><th colspan="2">多层库房</th><th colspan="2">高层库房</th><th>库房的地下室、半地下室</th></tr>
<tr><th>每座库房</th><th>防火墙间</th><th>每座库房</th><th>防火墙间</th><th>每座库房</th><th>防火墙间</th><th>防火墙间</th></tr>
<tr><td rowspan="2">甲</td><td>3、4 项</td><td>一级</td><td>1</td><td>180</td><td>60</td><td>—</td><td>—</td><td>—</td><td>—</td><td>—</td></tr>
<tr><td>1、2、5、6 项</td><td>一、二级</td><td>1</td><td>750</td><td>250</td><td>—</td><td>—</td><td>—</td><td>—</td><td>—</td></tr>
<tr><td rowspan="4">乙</td><td rowspan="2">1、3、4 项</td><td>一、二级</td><td>3</td><td>2000</td><td>500</td><td>900</td><td>300</td><td>—</td><td>—</td><td>—</td></tr>
<tr><td>三级</td><td>1</td><td>500</td><td>250</td><td>—</td><td>—</td><td>—</td><td>—</td><td>—</td></tr>
<tr><td rowspan="2">2、5、6 项</td><td>一、二级</td><td>5</td><td>2800</td><td>700</td><td>1500</td><td>500</td><td>—</td><td>—</td><td>—</td></tr>
<tr><td>三级</td><td>1</td><td>900</td><td>300</td><td>—</td><td>—</td><td>—</td><td>—</td><td>—</td></tr>
<tr><td rowspan="4">丙</td><td rowspan="2">1 项</td><td>一、二级</td><td>5</td><td>4000</td><td>1000</td><td>2800</td><td>700</td><td>—</td><td>—</td><td>150</td></tr>
<tr><td>三级</td><td>1</td><td>1200</td><td>400</td><td>—</td><td>—</td><td>—</td><td>—</td><td>—</td></tr>
<tr><td rowspan="2">2 项</td><td>一、二级</td><td>不限</td><td>6000</td><td>1500</td><td>4800</td><td>1200</td><td>4000</td><td>1000</td><td>300</td></tr>
<tr><td>三级</td><td>3</td><td>2100</td><td>700</td><td>1200</td><td>400</td><td>—</td><td>—</td><td>—</td></tr>
<tr><td colspan="2" rowspan="3">丁</td><td>一、二级</td><td>不限</td><td>不限</td><td>3000</td><td>不限</td><td>1500</td><td>4800</td><td>1200</td><td>500</td></tr>
<tr><td>三级</td><td>3</td><td>3000</td><td>1000</td><td>1500</td><td>500</td><td>—</td><td>—</td><td>—</td></tr>
<tr><td>四级</td><td>1</td><td>2100</td><td>700</td><td>—</td><td>—</td><td>—</td><td>—</td><td>—</td></tr>
<tr><td colspan="2" rowspan="3">戊</td><td>一、二级</td><td>不限</td><td>不限</td><td>不限</td><td>不限</td><td>2000</td><td>6000</td><td>1500</td><td>1000</td></tr>
<tr><td>三级</td><td>3</td><td>3000</td><td>1000</td><td>2100</td><td>700</td><td>—</td><td>—</td><td>—</td></tr>
<tr><td>四级</td><td>1</td><td>2100</td><td>700</td><td>—</td><td>—</td><td>—</td><td>—</td><td>—</td></tr>
</table>

注：库房设有自动灭火设备，视其保护范围的大小，建筑面积可按规定增加 1 倍。

# 第5章　建筑材料耐火性能及防火保护

## 5.1　建筑构件的耐火极限与燃烧性能

### 5.1.1　建筑构件的耐火极限

**1. 定义**

对任一建筑构件，置于标准火灾环境下，按照时间-温度标准曲线进行耐火试验，从受火作用时起，到构件失去稳定性或完整性或绝热性时止，这段抵抗火的作用时间，称为耐火极限，通常用小时（h）来表示。

**2. 标准时间-温度曲线（标准火灾升温曲线）**

所谓标准火灾环境，是一种人为设计的炉内燃烧环境，试验炉内的气相温度按照规定的温升曲线变化，现在这种温度-时间变化曲线称为标准火灾温升曲线（图5-1）。标准火灾曲线的概念最先是1916年根据早期的火灾试验对木垛火的温度观测提出的，后来慢慢

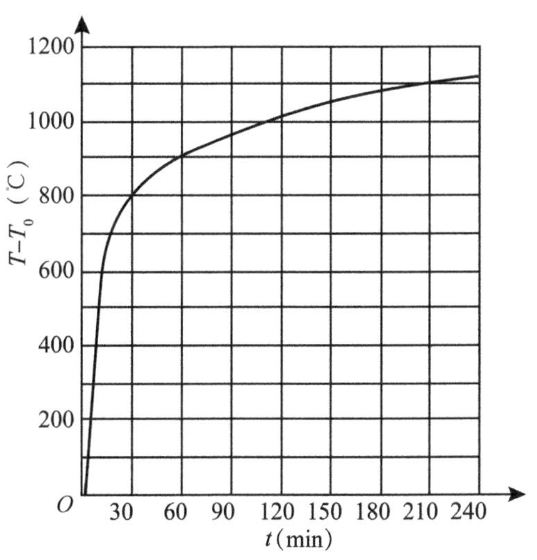


图5-1　标准火灾温升曲线

被大多数国家所采用。我国决定采用国际标准 ISO834 规定的标准火灾升温曲线：

$$T-T_0=345\lg(8t+1) \tag{5-1}$$

式中：$t$——试验加热时间，单位 min；

$T$——$t$ 时刻炉内温度，单位℃；

$T_0$——炉内初始温度，单位℃。

**3. 耐火极限的判定条件**

1）失去稳定性

这一判定条件是指构件在火焰或高温作用下，由于构件材质性能的变化，构件失去支持能力或抗变形能力，使承载能力和刚度降低，承受不了原设计的荷载而破坏。例如，钢筋混凝土在受火作用后，梁失去支承能力，钢柱失稳破坏；非承重构件自身解体或垮塌等，均属失去支持能力。

（1）外观判断：如墙发生垮塌；梁板变形大于 $L/20$；柱发生垮塌或轴向变形大于 $h/100$（mm）或轴向压缩变形速度超过 $3h/1000$（mm/min）；

（2）受力主筋温度变化：16Mn 钢，510℃。

2）失去完整性

这一判定条件适用于分隔构件，如楼板、隔墙等。失去完整性的标志：出现穿透性裂缝或穿火的孔隙。例如，预应力钢筋混凝土楼板使钢筋失去预应力，发生爆裂，出现孔洞，使火苗窜到上一楼层。

3）失去绝热性

失去绝热性，是指具有分隔作用的构件，背火面温度升高到足以引燃其附近的可燃物。适用于墙、楼板等。

失去绝热性的标志：下列两个条件之一：

试件背火面测温点平均温升达 140℃；

试件背火面测温点任一点温升达 180℃。

建筑构件耐火极限的三个判定条件，实际应用时，要具体问题具体分析：

（1）分隔构件（隔墙、吊顶、门窗）：失去完整性或绝热性；

（2）承重构件（梁、柱、屋架）：失去稳定性；

（3）承重分隔构件（承重墙、楼板）：失去稳定性、完整性或绝热性。

### 5.1.2　建筑构件的燃烧性能

建筑构件按其燃烧性能分为三大类：

（1）不燃烧体：用不燃材料制成的构件。不燃材料指的是在空气中遇到火烧或高温作用时不起火、不微燃、不炭化的材料，如砖、石、钢材、混凝土等。

（2）难燃烧体：用难燃性材料做成的构件或用燃烧性材料做成而用不燃烧材料做保护层的构件。难燃性材料是指在空气中遇到火烧或高温作用时难起火、难微燃、难炭化，当火源移走后燃烧或微燃立即停止的材料。如经过阻燃处理的木材、沥青混凝土、水泥刨花板等。

（3）燃烧体：用燃烧材料做成的构件。燃烧性材料是指在空气中遇到火烧或高温作用时立即起火或微燃，且火源移走后仍继续燃烧或微燃的材料，如木材。

## 5.2 建筑耐火等级

建筑耐火等级是衡量建筑物耐火程度的综合指标，规定建筑物的耐火等级是建筑设计防火规范中规定的防火技术措施中最基本的措施之一。在建筑结构体系中，一般楼板直接承受有效荷载，受火灾影响比较大，因此建筑耐火等级的评判是以楼板为基准的，并结合火灾的实际情况做出规定。

### 5.2.1 耐火等级的划分

《建筑设计防火规范》把一般建筑物的耐火等级划分为四级，对主要建筑构件的燃烧性能和耐火极限做出具体规定，见表5-1。

表5-1 **一般建筑物构件的燃烧性能和耐火极限** （单位：h）

| 名称 | | 耐火等级 | | | |
|---|---|---|---|---|---|
| 构件 | | 一级 | 二级 | 三级 | 四级 |
| 墙 | 防火墙 | 非燃烧体<br>3.00 | 非燃烧体<br>3.00 | 非燃烧体<br>3.00 | 非燃烧体<br>3.00 |
| | 承重墙 | 非燃烧体<br>3.00 | 非燃烧体<br>2.50 | 非燃烧体<br>2.00 | 难燃烧体<br>0.50 |
| | 非承重外墙 | 非燃烧体<br>1.00 | 非燃烧体<br>1.00 | 非燃烧体<br>0.50 | 燃烧体 |
| | 楼梯间、电梯井的墙 | 非燃烧体<br>2.00 | 非燃烧体<br>2.00 | 非燃烧体<br>1.50 | 难燃烧体<br>0.50 |
| | 疏散走道两侧的隔墙 | 非燃烧体<br>1.00 | 非燃烧体<br>1.00 | 非燃烧体<br>0.50 | 难燃烧体<br>0.25 |
| | 房间隔墙 | 非燃烧体<br>0.75 | 非燃烧体<br>0.50 | 难燃烧体<br>0.50 | 难燃烧体<br>0.25 |
| 柱 | | 非燃烧体<br>3.00 | 非燃烧体<br>2.50 | 非燃烧体<br>2.00 | 难燃烧体<br>0.50 |
| 梁 | | 非燃烧体<br>2.00 | 非燃烧体<br>1.50 | 非燃烧体<br>1.00 | 难燃烧体<br>0.50 |
| 楼板 | | 非燃烧体<br>1.50 | 非燃烧体<br>1.00 | 非燃烧体<br>0.50 | 燃烧体 |

续表

| 名称 | 耐火等级 | | | |
|---|---|---|---|---|
| 疏散楼梯 | 非燃烧体<br>1.50 | 非燃烧体<br>1.00 | 非燃烧体<br>0.50 | 燃烧体 |
| 屋顶承重构件 | 非燃烧体<br>1.50 | 非燃烧体<br>1.00 | 燃烧体 | 燃烧体 |
| 吊顶（包括吊顶搁栅） | 非燃烧体<br>0.25 | 难燃烧体<br>0.25 | 难燃烧体<br>0.15 | 燃烧体 |

## 5.2.2　耐火等级的选择

耐火等级的选择主要根据建筑物的重要性、火灾危险性大小、可燃物多少、建筑物高度、疏散及扑救难度来确定。

### 1. 厂房

《建筑设计防火规范》依据生产中使用或产生的物质性质及其数量等因素，把生产的火灾危险性分为五个类别，分为甲、乙、丙、丁、戊类，并应符合表 5-2 的规定。

表 5-2　**生产火灾危险性分类**

| 生产类别 | 火灾危险性特征 |
|---|---|
| 甲 | 使用或产生下列物质的生产：<br>1. 闪点小于 28℃的液体<br>2. 爆炸下限小于 10%的气体<br>3. 常温下能自行分解火灾空气中氧化即能导致迅速自燃或爆炸的物质<br>4. 常温下受到水或空气中水蒸气作用，能产生可燃气体并引起燃烧或爆炸的物质<br>5. 遇酸、受热、撞击、摩擦、催化以及遇有机物或硫磺等易燃的无机物，极易引起燃烧或爆炸的强氧化剂<br>6. 受撞击、摩擦或与氧化剂、有机物接触时能引起燃烧或爆炸的物质<br>7. 在密闭设备内操作温度大于等于物质本身自燃点的生产 |
| 乙 | 使用或产生下列物质的生产：<br>1. 闪点大于等于 28℃，但小于 60℃的液体<br>2. 爆炸下限大于等于 10%的气体<br>3. 不属于甲类氧化剂<br>4. 不属于甲类的化学易燃危险固体<br>5. 助燃气体<br>6. 能与空气形成爆炸性混合物的浮游状态的粉尘、纤维、闪点大于等于 60℃的液体雾滴 |

续表

| 生产类别 | 火灾危险性特征 |
| --- | --- |
| 丙 | 使用或产生下列物质的生产：<br>1. 闪点大于等于60℃的液体<br>2. 可燃固体 |
| 丁 | 使用或产生下列物质的生产：<br>1. 对不燃烧物质进行加工，并在高温或熔化状态下经常产生强辐射热、火花或火焰的生产<br>2. 利用气体、液体、固体作为燃料或将气体、液体进行燃烧作其他用的各种生产<br>3. 常温下使用或加工难燃烧物质的生产 |
| 戊 | 常温下使用或加工不燃烧物质的生产 |

厂房（仓库）的耐火等级可分为一、二、三、四级，其构件的燃烧性能和耐火极限除《建筑设计防火规范》另有规定者外，不应低于表5-3的规定。

表5-3　**厂房（仓库）建筑构件的燃烧性能和耐火极限**　（单位：h）

| 名称 | | 耐火等级 | | | |
| --- | --- | --- | --- | --- | --- |
| 构件 | | 一级 | 二级 | 三级 | 四级 |
| 墙 | 防火墙 | 非燃烧体<br>3.00 | 非燃烧体<br>3.00 | 非燃烧体<br>3.00 | 非燃烧体<br>3.00 |
| | 承重墙 | 非燃烧体<br>3.00 | 非燃烧体<br>2.50 | 非燃烧体<br>2.00 | 难燃烧体<br>0.50 |
| | 楼梯间、电梯井的墙 | 非燃烧体<br>2.00 | 非燃烧体<br>2.00 | 非燃烧体<br>1.50 | 难燃烧体<br>0.50 |
| | 疏散走道两侧的隔墙 | 非燃烧体<br>1.00 | 非燃烧体<br>1.00 | 非燃烧体<br>0.50 | 难燃烧体<br>0.25 |
| | 非承重外墙 | 非燃烧体<br>0.75 | 非燃烧体<br>0.50 | 非燃烧体<br>0.50 | 难燃烧体<br>0.25 |
| | 房间隔墙 | 非燃烧体<br>0.75 | 非燃烧体<br>0.50 | 非燃烧体<br>0.50 | 难燃烧体<br>0.25 |
| 柱 | | 非燃烧体<br>3.00 | 非燃烧体<br>2.50 | 非燃烧体<br>2.00 | 难燃烧体<br>0.50 |
| 梁 | | 非燃烧体<br>2.00 | 非燃烧体<br>1.50 | 非燃烧体<br>1.00 | 难燃烧体<br>0.50 |

续表

| 名称 | 耐 火 等 级 | | | |
|---|---|---|---|---|
| 楼板 | 非燃烧体<br>1.50 | 非燃烧体<br>1.00 | 非燃烧体<br>0.75 | 难燃烧体<br>0.50 |
| 疏散楼梯 | 非燃烧体<br>1.50 | 非燃烧体<br>1.00 | 非燃烧体<br>0.75 | 燃烧体 |
| 屋顶承重构件 | 非燃烧体<br>1.50 | 非燃烧体<br>1.00 | 难燃烧体<br>0.50 | 燃烧体 |
| 吊顶（包括吊顶搁栅） | 非燃烧体<br>0.25 | 难燃烧体<br>0.25 | 难燃烧体<br>0.15 | 燃烧体 |

甲、乙类厂房，耐火等级不应低于二级，其建筑中的防火墙的耐火极限应按表 5-3 的规定提高 1.00h；不能设于地下或半地下，但面积小于 300m$^2$的独立厂房，可采用三级耐火等级的单层建筑。

丙类厂房耐火等级不应低于三级，丁、戊类不限。但使用或生产丙类液体的厂房和有火花、赤热表面、明火的丁类厂房耐火等级不应低于二级，如上述丙类厂房面积小于 500m$^2$、丁类面积小于 100m$^2$者，可采用三级耐火等级的单层建筑。

甲、乙、丙类仓库中的防火墙的耐火极限应按表 5-3 中的规定提高 1.00h；一、二级耐火极限的单层厂房（仓库）的柱，其耐火极限可按表 5-3 中的规定降低 0.50h。

**2. 民用建筑**

一类高层建筑、地下室的耐火等级应为一级，二级高层建筑、与高层主体相连的附属建筑的耐火等级不应低于二级。二级耐火等级的高层建筑中，面积不超过 100m$^2$的房间隔墙，可采用耐火极限不低于 0.50h 的难燃烧体或耐火极限不低于 0.30h 的不燃烧体。

应当说明，建筑物耐火等级的选择并不是孤立的，在常温下进行结构选型后，大量使用的钢筋混凝土结构，砖混结构的梁、柱，一般都能满足一、二级耐火等级要求，只要对楼板进行检查。特别是预应力混凝土梁、板耐火极限较小，必要时，应对其外露部分加防火面层，如抹灰、喷涂防火涂料等，以提高其耐火极限。

### 5.2.3　影响耐火极限的因素

建筑构件达到耐火极限有三个判定条件：失去支持能力、失去完整性和失去隔火作用。只要三个条件中达到任一个条件，就确定其达到了耐火极限了。影响耐火极限的因素也由此产生。主要有以下几方面因素：

（1）材料的燃烧性能。相同截面的材料不燃烧体的耐火极限比难燃烧体的耐火极限高，难燃烧体比易燃烧体的耐火极限高。

（2）构件的截面尺寸。截面尺寸越大，耐火极限就越高。

（3）保护层厚度。大量构件的耐火极限和其保护层的厚度有直接的关系，如钢结构构件，加大保护层的厚度，可以大大提高其耐火极限。

## 5.3 混凝土构件的耐火性能

混凝土是由水泥、水和骨料（如卵石、碎石、砂子）等原材料经搅拌后入模浇筑，经养护硬化后形成的人工石材。

### 5.3.1 混凝土构件的力学性能

#### 1. 混凝土在高温下的抗压强度

混凝土受热后抗压强度、温度与时间的关系，如图5-2所示。在低于300℃的情况下，混凝土抗压强度只是轻微降低，温度升高对抗压强度的影响不大；但是在高于300℃时，随温度升高强度快速降低，且降低速度随温度升高而加快；当温度为600℃时，强度已降低50%以上；当温度上升到1000℃时，强度值变为0。大量实验表明，混凝土在热作用下，抗压强度随温度的上升而大体上呈直线下降。

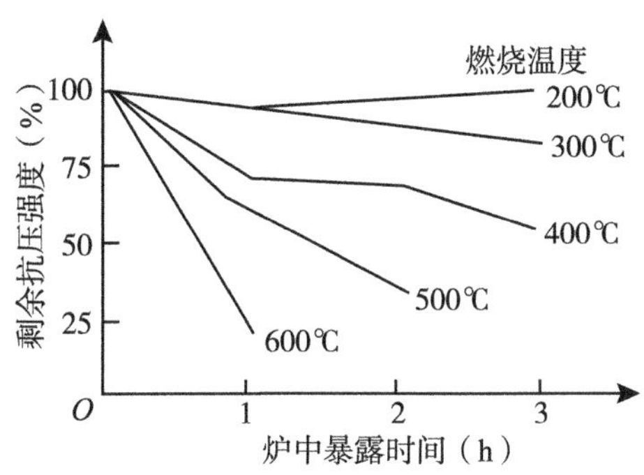


图5-2　混凝土受热温度、时间与强度的关系

#### 2. 混凝土的抗拉强度

在一般的结构设计中，强度计算起控制作用，而抗裂度和形变计算起辅助验算作用。抗拉强度是混凝土在正常使用阶段计算的重要物理指标之一。它的特征值高低直接影响构件的开裂、变形和钢筋锈蚀等性能。而在防火设计中，抗拉强度更为重要。这是因为构件过早地开裂会将钢筋直接暴露于火中，并由此产生过大的变形。

图5-3给出了混凝土抗拉强度随温度上升而下降的实测曲线。图中纵坐标为高温抗拉强度与常温抗拉强度的比值，横坐标为温度值。实验结果表明，混凝土抗拉强度在50℃到600℃之间的下降规律基本上可用一直线表示，当温度达到600℃时，混凝土的抗拉强度为0。与抗压相比，抗拉强度对温度的敏感度更高。

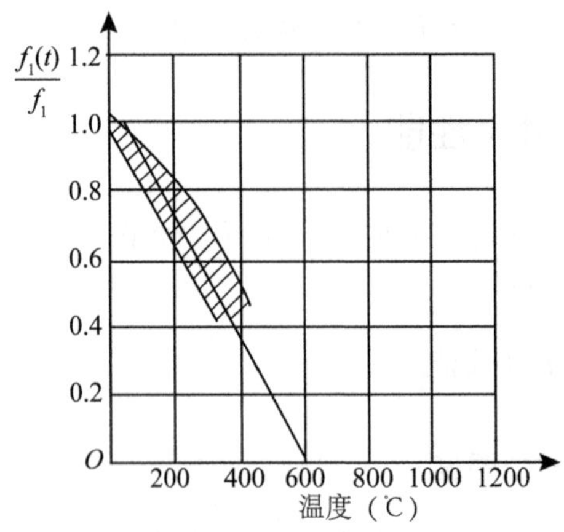


图 5-3　混凝土抗拉强度随温度变化

## 5.3.2　高温时钢筋混凝土的破坏

钢筋与混凝土的粘结力，主要是由混凝土硬结时将钢筋紧紧握裹而产生的摩擦力、钢筋表面凹凸不平而产生的机械咬合力及钢筋与混凝土接触表面的相互胶结力所组成。

当钢筋混凝土受到高温时，钢筋与混凝土的粘结力要随温度的升高而降低。粘结力与钢筋表面的粗糙程度有关。试验表明，光面钢筋在 100℃时，粘结力降低约 25%；200℃时，降低约 45%；250℃时，降低约 60%；而在 450℃时，粘结力几乎完全消失。但非光面钢筋在 450℃时，粘结力才降低约 25‰。其原因是，光面钢筋与混凝土之间的粘结力主要取决于其摩擦力和胶合力。在高温作用下，混凝土中水分排出，出现干缩的微裂缝，混凝土抗拉强度急剧降低，二者的摩擦力和胶合力迅速降低。而非光面钢筋与混凝土的粘结力，主要取决于钢筋表面螺纹与混凝土之间的咬合力。在 250℃以下时，由于混凝土抗压强度的增加，二者之间的咬合力降低较小；随着温度的继续升高，混凝土被拉出裂缝，粘结力逐渐降低。

试验表明，钢筋混凝土受火情况不同，耐火时间也不同。对于一面受火的钢筋混凝土板来说，随着温度的升高，钢筋由荷载引起的徐变不断加大，在 350℃以上时更加明显。徐变加大，使钢筋截面减小，构件中部挠度加大，受火面混凝土裂缝加宽，使受力主筋直接受火作用，承载能力降低。同时，混凝土在 300~400℃时强度下降，最终导致钢筋混凝土完全失去承载能力而被破坏。

## 5.3.3　钢筋混凝土在火灾作用下的爆裂

爆裂是钢筋混凝土构件和预应力钢筋混凝土构件在火灾中的常见现象。混凝土的突然爆裂，导致构件丧失原有的力学强度；或使钢筋暴露在火灾中；或使构件出现穿透裂缝或孔洞，失去隔火作用，并最终使结构丧失整体稳定或失去承载能力而倒塌破坏。

实验证明，构件承受的压应力是发生爆裂的主要因素之一，从理论上讲，爆裂可以认为是内力释放。这个内力由两部分组成：一是外部施加的荷载应力，二是混凝土内部所含水分在温度作用下所产生的热应力，这两项应力是导致混凝土爆裂的主要原因。当构件受热时，最初会发生膨胀，而后混凝土中的水泥砂浆会有一段体积缩小的过程，可是混凝土中的骨料却一直随温度的升高而膨胀。最后又出现水泥砂浆和骨料共同膨胀。这种不协调的膨胀与收缩必然在混凝土中产生内应力，与阻碍构件自由变形的外加荷载的共同作用，导致混凝土中的应力集中和内部出现裂缝，并最终产生混凝土的爆裂。

### 5.3.4 保护层对钢筋混凝土构件耐火性能的影响

在火灾中，无论是水平构件还是垂直构件，最常见的是单面受火作用。如楼板就是受拉面单面受火的典型构件。为了使楼板具有规定的耐火性能，就必须保证钢筋不过早地改变物理学性能。因而，必须掌握混凝土保护层厚度对构建耐火性能的影响，即混凝土中温度变化。图 5-4 表明，沿混凝土深度的变化，其内部温度将由表及里呈递减状态。由图可见，适当加大受拉区混凝土保护层的厚度，是降低钢筋温度提高构件耐火性能的重要措施之一。

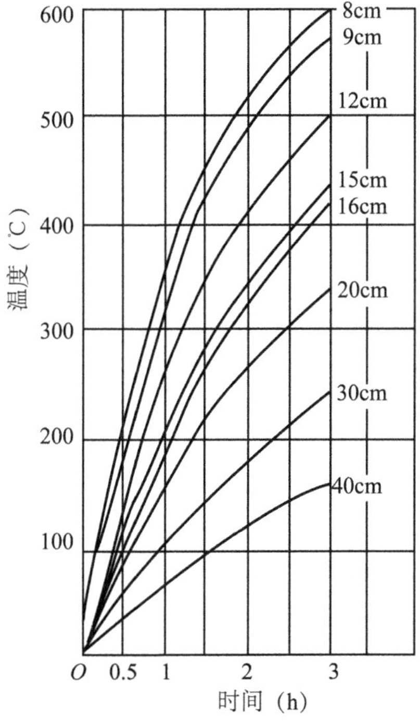


图 5-4 混凝土保护层厚度、受火时间与内部温度的关系

四川消防科研所对不同保护层的预应力钢筋混凝土楼板做了耐火试验，结果表明，适当地增加预应力钢筋混凝土楼板的保护层，对提高耐火时间是十分有效的。当然，在客观条件允许的情况下，也可以在楼板受火（拉）面抹一层防火涂料，可较大幅度地延长构件的耐火性时间。

通过空心楼板的耐火试验，可以说明钢筋混凝土受弯构件的破坏原因。一块受火 32 分钟断裂的楼板，其混凝土被烧酥并呈淡紫红色，在楼板断处的钢筋有颈缩现象，在断处 15cm 的范围内，因高温下的徐变，钢筋直径由 $\phi6$ 减小到 $\phi5$ 左右。由此可见，加大混凝土保护层厚度和减小混凝土徐变，是防止板类构件破坏的重要措施。

一般地说，预应力钢筋混凝土构件要比非预应力构件的耐火时间短。这主要是因为在同等配筋的情况下，预应力构件在使用阶段承受的荷载要大于非预应力构件。即在受火作用时，预应力是处于高应力状态，而高应力状态一定要导致高温下钢筋的徐变。例如，当低碳拔钢丝强度为 600N/mm$^2$，温度达到 300℃时，预应力几乎全部消失，此时构件的刚度降低 2/3 左右。

四川消防科研所对钢筋混凝土简支梁的耐火性能进行了试验研究，得出受力主筋温度与保护层厚度的关系，如表 5-4 所示。

表 5-4　　火灾温度作用下梁内主筋温度与保护层厚度的关系

| 升温时间 (min) | 15 | 30 | 45 | 60 | 75 | 90 | 105 | 140 | 175 | 210 |
|---|---|---|---|---|---|---|---|---|---|---|
| 火灾温度 (℃) | 750 | 840 | 880 | 925 | 950 | 975 | 1000 | 1020 | 1045 | 1065 |
| 主筋保护层厚度 (cm) ＼ 主筋温度 (℃) | | | | | | | | | | |
| 1 | 245 | 390 | 480 | 540 | 590 | 620 | | | | |
| 2 | 165 | 270 | 350 | 410 | 460 | 490 | 530 | | | |
| 3 | 135 | 210 | 290 | 350 | 400 | 440 | | 510 | | |
| 4 | 105 | 175 | 225 | 270 | 310 | 340 | | | 500 | |
| 5 | 70 | 130 | 175 | 215 | 260 | 290 | | | | 480 |

### 5.3.5　提高混凝土耐火性能的措施

由于注意到火灾爆裂引起的后果之严重，建筑工程界一直在研究混凝土爆裂问题，寻找防止混凝土爆裂的手段。已经出现在各类文献上的方法主要有以下几种：

（1）在承载钢筋之上附加钢丝网，以防止钢丝网下的混凝土因爆裂而大量脱落。因为有试验表明，爆裂主要发生在钢丝网的表层，造成表面严重破坏。但还是发现个别区域的破坏深度甚至大于钢筋的埋置深度。试验用两根 28d 抗压强度等于 100MPa 的混凝土柱，结果是两个试件的钢丝网都不能使混凝土达到 90min 的耐火时间。

（2）在 60℃把混凝土构件预干 21d，以减少混凝土结构体内藏置的水分。设想中的情况是混凝土结构体内的水分在预干过程中可以被排出。但是实验结果表明，经过这样的预处理的试件在耐火试验时依然开裂。

（3）在构件表面覆盖保护层，以确保耐火性。迄今为止在此领域尚未见到有系统的研究，故不能做出最后的结论。

（4）加入钢纤维改善耐火性。由于钢纤维的应用与研究均有一定基础和积累，所以人们非常自然地想到掺入钢纤维以解决混凝土的高温爆裂问题。试验测试了不同钢纤维掺量的混凝土柱。观察表明，钢纤维不能改善混凝土的爆裂性能。无论是单纯加钢纤维，还是钢纤维与钢丝复合使用，都不能避免爆裂破坏。

（5）加熔点低的纤维。近年来有大量试验表明，在混凝土中掺入低熔点纤维，例如聚丙烯纤维，具有良好的耐火前景。这样的纤维混凝土柱经过标准耐火试验几乎观察不到破坏，这说明低熔点纤维能防止混凝土爆裂。

## 5.4 钢结构耐火性能

近年来，我国经济突飞猛进的发展，建筑业空前繁荣，一些大跨度、超高层建筑也相应出现，在建筑中运用的钢结构种类也越来越多，由于其本身具备自重轻、强度高、施工快等独特优点，因此对高层、大跨度，尤其是超高层、超大跨度，采取钢结构更是非常理想。钢结构产量不断增加和钢结构技术不断改进，使钢结构建筑在现代建筑中得到了越来越广泛的应用。但钢结构存在耐火性能低的缺点，所以提高钢结构的耐火性能，对于建筑的安全性至关重要。

### 5.4.1 钢材的比热容和导热系数

材料的比热容是指单位体积内所能储存的热量。当其所吸收的热量一定时，比热容越高，材料的温度上升就越小。一般情况下，钢材的比热容约为520J/（kg·℃）。在钢材受热时，由于钢材内部结构材质的变化，比热容在较窄的温度范围内有一个迅速升高又很快回落的变化过程。但这一变化在火灾中的影响很小，所以在整个温度范围内可将钢材的比热容近似看做常数。

钢材的导热系数（$K_s$）近似地确定为37.5W/（m·℃），它是单位时间内单位长度温度每升高1℃所需要的热量。实际上，这一数值随温度的变化也有所改变，更精确的计算方法可由下式得出：

$$K_s = 52.57 - 1.541 \times 10^{-2}T - 2.155 \times 10^{-5}T^2 \quad [\mathrm{W/(m \cdot ℃)}] \tag{5-2}$$

与其他材料相比，钢材的比热容系数较大，约为混凝土的50倍，蛭石的500倍。

### 5.4.2 钢结构的耐火性能

当钢材受到高温时，其比热容、导热系数等热学特性迅速影响其强度、形变等力学特征。钢材的力学性能随温度的升高而变化，一般表现为弹性模量、屈服强度、极限强度随温度的升高而下降，塑性变形和蠕变随温度的升高而增加。

在200~350℃时，热轧钢出现所谓的“蓝脆”现象，此时钢材的极限强度提高，而塑性降低，与其他温度段相比变“脆”。在500℃时，钢的极限强度和屈服极限大大降低，塑性增大。在450~600℃时，碳化物趋于石墨化和球化。石墨化的产物是由于碳化铁分解，生成游离的石墨粒的结果。如果加热的温度越高、时间越长，钢的含碳量越高，则碳化物的球化便越剧烈。存在石墨化和球化现象，表明钢在高温下弱化了，力学性能降低。

钢材在高温下屈服点降低是决定钢结构耐火性能的重要因素，如某一钢构件在常温下受荷载作用应力值大于其屈服强度，但高温下钢材出现屈服强度降低现象，当实际应力值达到了降低了的屈服强度时就表现出屈服现象而破坏，使结构承载力能力急剧下降，造成钢结构建筑部分或全部垮塌毁坏。

事实上，钢构件在火灾条件下抗火性能的破坏远没有那么简单，它与钢构件的截面积、截面形状、试验时的荷载量等都有着密切的关系。

多数研究者认为，钢材强度的损失始于 300℃，且至 800℃间其降低速率较为稳定，直到 1500℃左右速率较为明显的升高。一般来说，普通热轧钢或钢筋，其弹性模量在温度上升至 500℃之前基本上是线性变化的，在这之后，其降低速率则较快。而对于冷轧钢来说，其弹性模量在 20~700℃之间比热轧钢的弹性模量低 20%。因此，冷轧钢较热轧钢在受热条件下的力学性能差。钢材的强度降低系数对不同的钢材来讲有所不同，图 5-5 给出了普通结构钢、高强合金钢筋及冷拔钢丝或钢绞线在不同温度下的极限强度或屈服强度的降低系数。由图中可见，普通结构钢早受热时的强度下降速率最小。这些参数对进行钢结构建筑设计有很重要的参考价值。

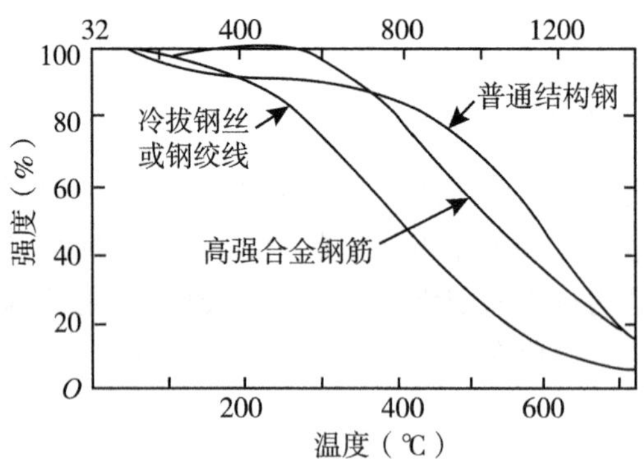


图 5-5　不同钢材在受火条件下的强度变化

高强钢筋用于预应力钢筋混凝土结构，它属于硬钢，没有明显的屈服极限。在高温下，高强钢丝的抗拉强度的降低比其他钢筋快。在火灾作用下，其耐火性能低于非预应力钢筋混凝土构件，在防火设计时应充分考虑其高温下应力的变化。

结构钢材在高温下的抗拉性能很好，但受火作用后，会迅速变坏。试验表明，某结构钢梁在温度 20℃时的抗拉强度为 440MPa；温度升高至 485℃时，其抗拉强度为 270MPa；温度到 614℃时，其抗拉强度为 70MPa，这时完全失去承载能力。从挠度变化可以看出，当温度升高 700℃左右时，钢梁的挠度已超过了 13.3%，已失去支持能力。从高温作用的时间看，钢梁浴火 15~20min 后就急剧软化，这样便可使建筑物整体失去稳定而破坏，而且被破坏后的结构无法修复。

### 5.4.3　钢结构的防火保护

钢结构的防火是建筑设计中必不可少的一个方面，钢结构虽然是不燃烧体，但未加保护的钢结构的耐火极限较低，必须实施防火保护。钢结构防火保护的措施，就是在其表面提供一层绝热或吸热的材料，隔离火焰直接灼烧钢结构，以延迟钢结构温升和强度减弱的时间，减轻钢结构在火灾中的破坏，避免钢结构在火灾中局部倒塌造成灭火及人员疏散的困难。

目前，世界各国对建筑钢结构的保护措施有多种，按照其防火行为，主要分为主动防火和被动防火。主动防火主要是指水喷淋法以及消防员的灭火行动，即主动地控制建筑发生火灾的趋势；被动防火是不包括灭火行为而采取其他形式提高钢结构的耐火极限的一种防火保护方法。从热量传输原理来说，钢结构防火保护措施可以分为截流法和疏导法。

**1. 水喷淋法**

水喷淋法是在结构顶部设喷淋供水管网，火灾发生时，自动（或手动）启动开始喷水，在构件表面形成一层连续流动的水膜，从而起到保护作用。

**2. 截流法**

在构件的表面设置一层保护材料，截断或阻滞火灾产生的热流量向构件的传输，使构件在规定的时间内温升不超过其临界温度。由于选用的材料导热系数小而热容量大，可以很好地阻滞热流向构件的传输，从而起到保护作用。截流法又包括喷涂法、屏蔽法和包封法等方法。

（1）喷涂法。用喷涂机具将防火涂料直接喷在构件表面，形成保护层。涂喷法是一种最简单、最经济、最有效的做法，其价格低、重量轻、施工速度快，适用于形状复杂的钢构件，也是钢结构厂房中最常用的防火处理方法之一。

（2）屏蔽法。把钢结构包藏在耐火材料组成的墙体或吊顶内，在钢梁、钢屋架下作耐火吊顶，火灾时可以使钢梁、钢屋架的升温大为延缓，大大提高钢结构的耐火能力，而且这种方法还能增加室内的美观，但要注意吊顶的接缝、孔洞处应严密，防止窜火。

（3）包封法。在钢结构表面做耐火保护层，将构件包封起来，其具体做法有：用现浇混凝土作耐火保护层，用砂浆或灰胶泥作耐火保护层，用矿物纤维作耐火保护层，用轻质预制板作耐火保护层。

**3. 疏导法**

疏导法是先将热量传导至构件上，然后再设法把热量导走或消耗掉，同样可使构件温度不至于升到临界温度，从而起到保护作用。疏导法目前主要是充水冷却这一种方法，水冷却法是在空心钢柱内充满水，高温时，构件把从外界环境中吸收的热量传给水，依靠水的蒸发消耗热量或通过循环把热量导走，构件的温度可维持在100℃左右。冷却方法对于钢管柱的结构体系来说是一种非常有效的防火方法，但为了防止钢结构生锈，须在水中放入专门的防锈外加剂，冬天还须加入防冻剂，而且由于对结构设计有专门的要求，所以目前实际上已很少使用。

对于钢结构的防火材料，无论采取哪种方法都应具备以下几点：安全无毒；易于与钢结构结合；在预期的耐火极限内可有效地保护钢结构；在钢结构受火后发生允许变形时，防火玻璃等建筑材料在高温时还要考虑软化、熔融等现象的出现。

## 5.5　建筑内部装饰工程防火设计

随着现代社会生活水平的提高，建筑内部的装饰越来越高档，投入装饰工程的资金也随之加大，比较高档的装饰投资甚至要超过其主体本身的价格，推动了装饰行业的蓬勃发展。目前装饰工程中所采用的主要材料有石材、木材、人造板材、金属、布料、塑料制品、油漆涂料等，这里面除了石材、金属外，其余都是可燃或易燃材料，而且可燃室内装饰材料增加了发生火灾的几率，助长火灾蔓延，产生大量有毒气体。由此可见，装饰工程的防火也是一个需要给予重视的问题。

### 5.5.1　装饰材料防火

易燃、可燃装饰材料在较低的热辐射值作用下就会燃烧，而难燃性装修材料则在较高热量下才会燃烧。并且，易燃、可燃材料一旦遭遇高温，就会产生烟雾和有毒气体，增大了人员疏散和火灾扑救难度，往往使小火酿成大灾。虽然起因各异，但导致人员重大伤亡、财产损失的主要原因是建筑物内使用了大量燃烧烟浓度大、毒性高或燃烧性能不符合要求的建筑装饰材料。

在火灾中，可燃装饰材料还是造成火势蔓延的重要因素之一。采用可燃材质装修的房间能够沿着装修面蔓延燃烧。这种蔓延迅速、波及面广，更具有破坏性，容易造成整个房间的主体燃烧。

建筑装修材料按其燃烧性能可分为四级，即不燃性材料、难燃性材料、可燃性材料、易然性材料，并符合表 5-5 的规定。

表 5-5　**我国建筑材料燃烧性能分级**

| 装修材料燃烧性能 | 等级 | 说　明 |
| --- | --- | --- |
| A | 不燃性 | 不燃烧材料指空气中受到火烧或高温作用时不起火、不微燃、不炭化的材料，如建筑中采用的金属材料和天然或人工的无机矿物材料 |
| B1 | 难燃性 | 难燃烧材料指在空气中受到火烧或高温作用时难起火，难微燃、难炭化，当火源移走后燃烧或微燃立即停止 |
| B2 | 可燃性 | 可燃材料指在空气中受到火烧或高温作用时立即起火或微燃，且火源移走后仍继续燃烧或微燃的材料，如木材等 |
| B3 | 易燃性 | |

注：我国建材燃烧性能分级 A、B1、B2 是按照《建筑材料燃烧性试验方法》进行检验判定；B3 类不检验。

#### 1. 装饰工程的防火设计

设计是装饰工程的一个龙头，它是指导施工的指挥棒。装饰设计的主要指导思想是美观、实用、安全，应当是结合现有的空间，在满足了使用条件下尽可能完美豪华。施工图设计时要对所用的材料和各专业的配合进行分工，各专业都要围绕着效果图来进行，在不破坏效果的情况下要满足各类专业规范的要求。《建筑内部装修设计防火规范》中对不同使用功能及场所的各个部位用材进行了规定，见表5-6。从表中可以看出建筑面积大、人比较集中的场合所用的材料耐火等级要求高，而耐火等级高的材料有时不一定能够满足美观的要求，往往在美和安全之间人们选择了前者，这就在无形中给建筑留下了隐患。所以要采用多个方案，用不同的材料进行代替，满足美观的同时还要满足防火的要求。

表5-6　**不同使用功能及场所的各个部位用材燃烧性等级要求**

| 建筑物及场所 | 建筑规模、性质 | 装修材料燃烧性能等级 | | | | | | | |
|---|---|---|---|---|---|---|---|---|---|
| | | 顶棚 | 墙面 | 地面 | 隔断 | 固定家具 | 装饰织物 | | 其他装饰材料 |
| | | | | | | | 窗帘 | 帷幕 | |
| 候机楼的候机大厅、商店、厅、贵宾候机室、售票厅等 | 建筑面积>10000m²的候机楼 | A | A | B1 | B1 | B1 | B1 | | B1 |
| | 建筑面积≤10000m²的候机楼 | A | B1 | B1 | B1 | B2 | B2 | | B2 |
| 汽车站、火车站、轮船客运站的候车室、餐厅、商场 | 建筑面积>10000m²的车站、码头 | A | A | B1 | B1 | B2 | B2 | | B2 |
| | 建筑面积≤10000m²的车站、码头 | B1 | B1 | B1 | B2 | B2 | B2 | | B2 |
| 影院、会堂、礼堂、剧院、音乐厅房 | >800座 | A | A | B1 | B1 | B1 | B1 | B1 | B1 |
| | ≤800座 | A | B1 | B1 | B1 | B2 | B1 | B1 | B2 |
| 体育馆 | >3000座 | A | A | B1 | B1 | B1 | B1 | B1 | B2 |
| | ≤3000座 | A | B1 | B1 | B1 | B2 | B2 | B1 | B2 |
| 商场营业厅 | 每层建筑面积>3000m²或总建筑面积>9000m²的营业厅 | A | B1 | A | A | B1 | B1 | | B2 |
| | 每层建筑面积1000~3000m²或总建筑面积为3000~9000m²的营业厅 | A | B1 | B1 | B1 | B2 | B1 | | |
| | 每层建筑面积<1000m²或总建筑面积<3000m²的营业厅 | B1 | B1 | B1 | B2 | B2 | B2 | | |

续表

| 建筑物及场所 | 建筑规模、性质 | 装修材料燃烧性能等级 | | | | | | | |
|---|---|---|---|---|---|---|---|---|---|
| | | 顶棚 | 墙面 | 地面 | 隔断 | 固定家具 | 装饰织物 | | 其他装饰材料 |
| | | | | | | | 窗帘 | 帷幕 | |
| 饭店、旅馆的各方及公共活动用房等 | 设有中央空调系统的饭店、旅馆 | A | B1 | B1 | B1 | B2 | B2 | | B2 |
| | 其他饭店、旅馆 | B1 | B1 | B2 | B2 | B2 | B2 | | |
| 歌舞厅、餐馆等娱乐、餐饮建筑 | 营业面积>100m$^2$ | A | B1 | B1 | B1 | B2 | B1 | | B2 |
| | 营业面积≤100m$^2$ | B1 | B1 | B1 | B2 | B2 | B2 | | B2 |
| 幼儿园托儿所、中、小学、医院病房楼、疗养院、养老院 | | A | B1 | B2 | B1 | B2 | B1 | | B2 |
| 纪念馆、展览馆、博物馆、图书馆、档案馆、资料馆等 | 国家级、省级 | A | B1 | B1 | B1 | B2 | B1 | | B2 |
| | 省级以下 | B1 | B1 | B2 | B2 | B2 | B2 | | B2 |
| 办公楼、综合楼 | 设有中央空调系统的办公楼综合楼 | A | B1 | B1 | B1 | B2 | B2 | | B2 |
| | 其他办公楼、综合楼 | B1 | B1 | B2 | B2 | B2 | | | |
| 住宅 | 高级住宅 | B1 | B1 | B1 | B1 | B2 | B2 | | B2 |
| | 普通住宅 | B1 | B2 | B2 | B2 | B2 | | | |

注：1. 单层、多层民用建筑内面积小于 100m$^2$的房间，当采用防火墙和甲级防火门窗与其他部位分隔时，其装修材料的燃烧性能等级可在表中的基础上降低一级。

2. 当单层、多层民用建筑需做内部装修的空间内装有自动灭火系统时，除顶棚外，其内部装修材料的燃烧性能等级可在表中基础上降低一级；当同时装有火灾自动报警装置和自动灭火系统时，其顶棚装修材料的燃烧性能等级可在表中基础上降低一级，其他装修材料的燃烧性能等级可不限制。

**2. 建筑装饰工程防火材料的选择**

为了既满足装饰的效果又达到安全的要求，就必须认真地选材。表 5-7 对材料进行了划分。目前用得最多的材料是石材和人造板材，石材按规范划分属于 A 级防火材料，在任何地方使用都没有问题。而木材属 B2 级材料，使用时就要受到很大的限制，如必须使用，就需要进行防火处理。还有一些经常用到的材料，如塑料制品、油漆等，耐火等级比较低，且装饰中又离不开，所以在选材时要了解其性能，有些塑料是经过防火处理的。

表 5-7　**各部位材料级别分类**

| 材料类别 | 级别 | 材料举例 |
|---|---|---|
| 各部位材料 | A | 花岗岩、大理石、水磨石、水泥制品、混凝土制品、石膏板、石灰制品、黏土制品、玻璃、瓷砖、马赛克、钢铁、铝、铜合金等 |
| 顶棚材料 | B1 | 纸面石膏板、纤维石膏板、水泥刨花板、矿棉装饰吸声板、玻璃棉装饰吸声板、珍珠岩装饰吸声板、难燃胶合板、难燃中密度纤维板、岩棉装饰板、难燃木材、铝箔复合材料、难燃酚醛胶合板、铝箔玻璃钢复合材料等 |
| 墙面材料 | B1 | 纸面石膏板、纤维石膏板、水泥刨花板、矿棉板、玻璃板、珍珠岩板、难燃胶合板、难燃中密度纤维板、防火塑料装饰板、难燃双面刨花板、多彩涂料、难燃墙纸、难燃墙布、难燃仿花岗岩装饰板、氯氧镁水泥装配式墙板、难燃玻璃钢平板、PVC 塑料护墙板、轻质高强复合墙板、阻燃模压木质复合板材、彩色阻燃人造板、难燃玻璃钢等 |
| | B2 | 各类天然木材、木制人造板、竹材、纸制装饰板、装饰微薄木贴面板、印刷木纹人造板、塑料贴面装饰板、聚酯装饰板、复塑装饰板、塑纤板、胶合板塑料壁纸、无纺贴墙布、墙布、复合壁纸、天然材料壁纸、人造革等 |
| 地面材料 | B1 | 硬 PVC 塑料地板、水泥刨花板、水泥木丝板、氯丁橡胶地板等 |
| | B2 | 半硬质 PVC 塑料地板、PVC 卷材地板、木地板氯纶地毯等 |
| 装饰织物 | B1 | 经阻燃处理的各类难燃织物等 |
| | B2 | 纯毛装饰布、纯麻装饰布经阻燃处理的其他织物等 |
| 其他装饰材料 | B1 | 聚氯乙烯塑料、酚醛塑料、聚碳酸酯塑料、聚四氯乙烯塑料。三聚氰胺、硅树脂塑料装饰型材、经阻燃处理的各类织物等。另见顶棚材料和墙面材料内中的有关材料 |
| | B2 | 经阻燃处理的聚乙烯、聚丙烯、聚氨酯、聚苯乙烯、玻璃钢、化纤织物木制品等 |

地下民用建筑和工业厂房内部个部位装修材料的燃烧性能等级也应符合规范《建筑内部装修设计防火规范》的要求。

目前市场供应非常丰富，装饰材料多如牛毛。使用前应多做一些市场调查，了解其产品质量与耐火性能。同时，随着装饰行业的发展，很多高性能的替代品和一些虽美观但性能差的材料不断出现，选择时更应当认真小心。

### 5.5.2　其他方面的防火要求

#### 1. 防火设施的装修

建筑物中的防灾设施具有在灾害时指挥、救人、抢险、灭火的功能，其装修应采用 A 级材料。如防灾中心、消防水泵站、排烟机房、固定灭火系统设备间、配电室、消防电梯机房等，在火灾情况下也不得受到蔓延火灾的威胁，所以全部装修均应采用 A 级材料。此外，建筑装修不应遮挡室内消火栓，消火栓四周墙面装修材料的颜色应与消火栓门的颜色有明显的区别，避免在火灾时带来负面影响。

#### 2. 疏散路线的装修

疏散走道和安全出口的门厅，其顶棚应采用 A 级装饰材料，其他部位应采用不低于 B1 级并且发烟量小的装修材料。建筑物内上下层连通的中庭、走廊、开敞楼梯、自动扶梯等，其连通部位的顶棚、墙面应采用 A 级装修材料，其他部位应采用不低于 B1 级的装修材料。建筑装修不应遮挡消防设施和疏散指示标志及出口，并且不应妨碍消防设施和疏散走道的正常使用。

#### 3. 使用明火部位的装修

厨房装修中，顶棚、墙面、地面均应采用 A 级装修材料。经常使用明火器具的餐厅、科研实验室等装修材料的燃烧性能等级，除 A 级以外，应比一般规定提高一级。

#### 4. 灯具与电气防火

开关、插座和照明器具靠近可燃物时，应采取隔热、散热等保护措施。灯饰所用材料多燃烧性能等级不应低于 B1 级。白炽灯、荧光高压汞灯、镇流器等不应直接设置在可燃装修材料或可燃构件上。

供电线路敷设在吊顶内部空间，当其内部有可燃烧物时，其配电线路应采用穿金属管保护，并应在吊顶外部设置电源开关，以便必要时切断吊顶内所有电气线路的电源。

疏散应急照明灯宜设在墙面上或顶棚上，安全出口标志宜设在出口的顶部，疏散走道的指示标志宜设在疏散走道及转角处距地面 1m 以下的墙面上，疏散走道的标志灯的间距不应大于 20m。应急照明灯和疏散标志灯，应设玻璃或其他不燃烧材料制作的保护罩。

### 5.5.3　防火对策

近年来的许多火灾告诉我们，火灾的一般成因都是源于内装修的最初燃烧。因此，内装修是生命安全和财产损失潜在重要因素。

要想遏制其发生，就必须做到以下几点：

（1）必须积极认真贯彻“预防为主，防消结合”的消防工作方针，坚持防火、灭火两手都要抓，两手都要硬。根据建筑内部装修的火灾危险性特点，从预防和扑救两方面采取措施，既要严格监督管理，避免火灾的发生，又要加强灭火救援工作，做到起火后能够及时有效地控制火势，最大限度地减少人员伤亡和财产损失。

（2）依照《建筑内部装修设计防火规范》的要求，认真、合理地采用各种装修材料，切实把控住火灾源头。降低火灾发生的关键就在于控制易燃、可燃材料的数量，积极采用不燃性、难燃性的材料和先进防火技术。

（3）规范建筑内部电气线路的敷设和设施设备的安装，达到安全用电的要求。正确处理电气设备与内装修设计的关系，也是防止火灾发生的一个重要因素。应由有资格的电工选用安装电气设备以及进行线路敷设；导线不得直接敷设在易燃、可燃材料上，并应穿金属管或阻燃型 PVC 管敷设，导线的接线盒要进行封闭处理；电控设备、插座、开关、灯具应采取隔热、散热等防火措施。

（4）强化建筑内部装修工程的安全管理，加强设计、装修人员的安全技术培训和教育。许多装修企业的消防组织机构不健全，职工的防火意识薄弱，在设计、施工及材料的选用上有章不循，致使施工质量低劣，给内部装修工程遗留先天性的火灾隐患，增加建筑的火灾危险性。设计单位、装饰企业、消防监督机构要把防火安全措施纳入装修设计、施工管理的全过程。装饰企业要建立健全的消防安全组织，增强防火意识，提高自身业务素质。

## 5.6 阻燃材料及其应用

为了减轻火灾导致的损失，一些发达国家在 20 世纪 60 年代和 70 年代纷纷开始制定有关阻燃标准和阻燃法令，并且不断予以完善和提高。我国的阻燃技术基本上与国外先进国家保持在同一水平上，各种阻燃制品的难燃要求也是参照发达国家的同类标准制订的。

阻燃剂是阻燃技术在实际生活中的应用，它是一种用于改善可燃易燃材料燃烧性能的特殊的化工助剂，广泛应用于各类装修材料的阻燃加工中。经过阻燃剂加工后的材料，在接触外界火源时，能够有效地延缓或终止火焰的传播，从而达到阻燃的作用。

阻燃剂在相关学术文献中的解释是指能使聚合物不容易着火和着火后使其燃烧变慢的一种助剂。按阻燃剂所含的元素分类，可分为有机阻燃剂和无机阻燃剂。有机阻燃剂又可分为磷系、卤系（包含溴系和氯系）、氮系阻燃剂。目前工业生产的阻燃材料是指合成和天然高分子材料（包括塑料、橡胶、纤维、涂料等，但大部分是塑料）。

### 5.6.1 阻燃性塑料

塑料是以高聚物为主要成分，再加入填料、增塑剂、抗氧化剂及其他一些助剂，经加工制成的材料。塑料燃烧时会产生大量有毒气体，对人体会产生很大的危害。使塑料阻燃化的主要手段是添加各种阻燃剂。通常，高聚物阻燃技术主要分为添加型和反应型两种方式，而在所谓的“塑料”概念下，主要是以添加型为主。对于高聚物用阻燃剂，除具有阻止燃烧的效果外，还必须具备以下条件：（1）毒性及气味小，热稳定性能好，能在高聚物成型加工过程中不分解；（2）挥发性和渗出性小，在高聚物使用条件下不至于降低其阻燃效果；（3）与高聚物相容性好，能均匀分散到高聚物中，不使高聚物的其他性能明显降低。

高聚物（各种塑料包括工程塑料）的阻燃技术，当前主要是以添加型溴系阻燃剂为主，常用的有十溴二苯醚、八溴醚、四溴双酚 A、六溴环十二烷等，这中间尤其以十溴二苯醚使用量最大。

溴系阻燃剂的优点在于，它们的分解温度大多在 200~300℃，与各种高聚物的分解温度相匹配，因此能在最佳时刻，于气相及凝聚相同时起到阻燃作用，添加最小，效果最好。前些年，欧洲“绿色”环保组织对溴系阻燃剂产生了误解，认为溴系阻燃剂燃烧时会产生有毒的烟雾，为此，溴化物科学与环境论坛和溴系阻燃剂生产商会完成了多项研究报告，显示溴系阻燃剂能显著减少阻燃高聚物燃烧时有毒气体的排放，从而有利于环境。美国国家标准和技术实验室 NIST 的研究显示，在燃烧时，含溴阻燃剂的高聚物所产生的总发烟量中有毒成分只是无阻燃剂高聚物的 1/3。

阻燃性塑料按在加热和冷却的重复条件下阻燃塑料的特征，可分为阻燃热塑性塑料和阻燃热固性塑料。

阻燃热塑性塑料：遇热软化，冷却后变硬，这一过程可以反复转变。典型的产品有阻燃的聚氯乙烯、聚乙烯、聚丙烯、聚苯乙烯、聚酰胺（又称尼龙）、聚碳酸酯以及一些新型阻燃耐热塑料，如阻燃的聚次苯基硫醚等。

阻燃热固性塑料：这种塑料的特点是在一定的温度下加热到一定时间后就会出现硬化。硬化后的塑料质地坚硬，不溶于溶剂，也不能再加热使其软化。如果温度过高，此塑料就会发生分解。典型的有阻燃性酚醛、环氧、氨基、聚酯、有机硅、不饱和聚酯、聚酰亚胺塑料等。

下面介绍两种阻燃性塑料制品：

（1）阻燃聚丙烯塑料。聚丙烯以其优异的机械性，良好的电绝缘性、耐化学药品性以及密度小、质量轻等特点而广泛用于汽车、家电、纺织、建筑等行业，但是聚丙烯氧指数低、容易燃烧，且燃烧发热量大，产生大量熔滴，极易传播火焰。阻燃聚丙烯便成为解决这一问题的重要方向。由于聚丙烯的单体没有活性基因，反应型阻燃剂对它不适用，只能采用添加型阻燃体系。目前用于聚丙烯的阻燃剂有卤系阻燃剂、无机阻燃剂、硅系阻燃剂和膨胀型阻燃剂，使聚丙烯的在阻燃烧性能方面有比较明显的改善。

（2）阻燃聚乙烯塑料。阻燃聚乙烯塑料是在聚乙烯树脂中添加阻燃剂、阻燃协效剂、交联剂、填充剂和其他助剂，经分散保护处理、混合混炼、破碎造粒而制成。聚乙烯树脂可选用高压、中压和低压聚乙烯，常用十溴二苯醚、三氧化二锑、氯化石蜡、氢氧化铝、四溴双酚 A 衍生物作为阻燃剂；交联剂常选用含氯量为 36%的氯化聚乙烯；填充剂常选用超细级的滑石粉；偶联剂可选用钛酸酯或硅烷偶联剂。

### 5.6.2　阻燃性橡胶

橡胶广泛应用于电线电缆包皮、传送带、电机与电器工业橡胶制品、矿山导气用管等。天然橡胶和大多数合成橡胶都是可燃的，应当进行阻燃处理。

橡胶作为高分子材料，其燃烧过程比较复杂，其燃烧温度也高于一般物质，即使引火点燃，温度也应达到 316℃以上。橡胶着火后，其燃烧过程通常可分为三个阶段：（1）热分解：达到燃烧点（不同胶种有不同的燃烧点，如 NR 为 620~670℃）后首先开始变软熔化，分解为低分子物，在此阶段无明火可见，可视为燃烧的前奏；（2）燃烧：热分解的产物与大气中的氧剧烈反应出现火焰，伴随着光和热的释放，产生新的低分子可燃物（CO）、不可燃物（$CO_2$）以及烟雾；（3）继续燃烧：此阶段可延续到所有可燃物燃尽为止。大部分胶种都要经历这三个阶段，但含卤橡胶有可能只进行到第二阶段，因为燃烧中生成的卤化氢起抑制作用。

橡胶按照其大分子组成和燃烧难易程度，可分为三类：（1）大分子主链只含碳、氢的橡胶，如天然橡胶（NR）、丁苯橡胶（SBR）、丁晴橡胶（NBR）、环氧橡胶（EPM）、丁基橡胶（ⅡR）、丁二烯橡胶（BR）和乙丙橡胶等。这类橡胶是最主要的一类。（2）大分子主链除含碳、氢外，还含有其他非卤元素的橡胶，如硅胶、聚硫橡胶等。（3）含卤素的橡胶，如氯丁橡胶、氟橡胶等。这类橡胶一般比较难燃烧。

阻燃剂是橡胶专用的助剂的一类，适用于所有的要求阻燃的橡胶制品。有些阻燃剂还兼备增塑、填充等功能。阻燃剂的种类不少，其作用机理不尽相同，大致有以下几方面：

### 1. 自由基捕获机理

根据燃烧的链反应理论，维持燃烧所需的是自由基。阻燃剂可作用于气相燃烧区，捕捉燃烧反应中的自由基，从而阻止火焰的传播，使燃烧区的火焰密度下降，最终使燃烧反应速度下降，直至终止。如含卤阻燃剂，它的蒸发温度和聚合物分解温度相同或相近，当聚合物受热分解时，阻燃剂也同时挥发出来。卤素便能够捕捉燃烧反应中的自由基，从而阻止火焰的传播。

### 2. 降温吸热

燃烧进行时，热分解和氧化反应都会导致大量生热，又为继续燃烧提供条件，而阻燃剂的作用则正好与之相反。如有的阻燃剂作用时生成水分，而水分受热汽化时则会吸收周围的热量，从而起到降温的作用。如氢氧化铝即典型代表物，其反应式为：

$$2Al(OH)_3 \xrightarrow[\triangle]{300℃} Al_2O_3 + 3H_2O$$

两分子的氢氧化铝热分解后能释放出三分子的水，其质量相当于氢氧化铝原重的36.4%。

### 3. 阻断氧的来源

有些阻燃剂会在燃烧中把燃烧体包围起来，生成由不可燃烧气体（如 $CO_2$、$N_2$）组成的屏障，这些不可燃气体能有效地抑制火势蔓延。有的阻燃剂遇燃后会在橡胶表面蒙上一层不燃的阻隔层，把燃烧物包围、孤立起来，形成阻隔。如三氧化二锑与含卤阻燃剂作用后生成氯化氢或溴化氢反应后生成三氯化锑、三氯化溴。这些生成物因比重大而沉积于橡胶表面，形成阻燃屏障。

### 4. 抑制橡胶的可燃性

有些阻燃剂遇热分解后，其生成物使橡胶丧失可燃性，效果更为彻底，如氯化石蜡遇燃后释放出来的卤素游离基便具有此种特殊功能。

习惯上阻燃剂采用两种分类，即按无机、有机来分或按含卤、不含卤来分，两种分类相互有交叉。无机阻燃剂普遍具有降温和阻隔作用，且本身不可燃。它们的用量大，因此可有效稀释胶料中的可燃物浓度。而有机阻燃剂则以含溴或含磷的有机化合物为主。它们共同的特点是高效。在添加量等同的情况下，阻燃效果超过无机阻燃剂。

对于 NR、SBR 等橡胶的阻燃，是加入三氧化二锑或氯化石蜡、四溴双酚 A、十溴联苯醚等有机卤化物，使之组成的复合阻燃体系，而对于 NBR，则可再加入含磷阻燃剂，以实现阻燃化；硼酸锌是橡胶阻燃的良好增效剂，它一般可与三异三聚氰酸酯、氯化橡胶、氯化石蜡、十溴联苯醚等卤素阻燃剂以及三氧化二锑或五氧化二锑并用。

### 5.6.3　阻燃纤维材料

现在纤维材料的使用也相当广泛，天然或合成的纤维，由于化学结构的不同，其燃烧性能也是不同的。按燃烧时引燃容易程度、燃烧速度、息燃性等特征，可将纤维定性地分为阻燃纤维和非阻燃纤维两大类。其中，不燃纤维和难燃纤维属阻燃纤维，可燃纤维和易燃纤维属非阻燃纤维。

#### 1. 纤维阻燃机理与方法

纤维受热后发生氧化裂解，产生可燃性气体、不燃性气体和固体残渣。可燃性气体在氧气的作用下呈火焰燃烧，释放出热、光和烟，释放出的热又促进纤维继续裂解，产生燃烧循环。固体残渣的无焰燃烧是产生余辉或阴燃的主要原因。

由纤维的燃烧过程可知，要达到阻燃的目的，就必须破坏由纤维、氧气和热构成的燃烧循环。经研究结果，阻燃机理可分为：吸热作用（降低纤维表面的温度，抑制可燃性气体的生成）、覆盖作用（阻燃剂受热后在纤维表面形成隔离层，隔绝氧气）、气体稀释作用（阻燃剂受热分解释放出不燃性气体，以稀释可燃性气体）、熔滴作用、提高热裂解温度、降低燃烧热、凝聚相阻燃、气相阻燃、微粒的表面效应等。在一个阻燃体系中，往往不只包含一种阻燃作用。

纤维及其制品的阻燃方法，按其生产制造过程及阻燃添加剂引入的方法，大致可分为原丝阻燃改性和成品阻燃整理两大类。原丝阻燃改性具体又可分为共聚法和共混法（包括全造粒法和母粒法）。

（1）共聚法。将含有磷、卤素、硫等阻燃元素的化合物作为共聚单体（反应型阻燃剂）引入成纤高聚物的大分子链中，然后再把这种阻燃成纤高聚物用熔融或湿法纺丝制成阻燃纤维。由于阻燃剂结合在大分子链上，因而阻燃效果持久。

（2）共混法。将阻燃剂加入纺丝熔体中或将液中纺制阻燃纤维。阻燃效果的持久性与阻燃剂的性质有关。对使用的阻燃剂也有所求，如粒度、与纺丝液的相溶性、稳定性等。

以上两种方法对纤维原有的性能没有显著影响。

（3）后处理阻燃法。在纤维成形后或制成织物及染色后进行，通常采用浸轧烘焙法、喷雾法和涂覆法等，使阻燃剂和纤维或发生化学键合，或吸附沉积，或借助范德华力结合，从而固着在纤维和纱线上，获得阻燃效果的加工过程。根据阻燃剂性质，有耐久性和非耐久性阻燃整理。

**2. 几种常见的阻燃纤维**

1）芳香族聚酰胺纤维

芳香环聚酰胺纤维在我国称为芳纶，这类纤维的高分子结构中都有芳香环，其中主要品种有芳纶 13、芳纶 14、芳纶 1414、芳纶 1313，其中芳纶 1313 属于阻燃耐高温纤维，它是由间苯二胺和间苯二酰氯缩聚后，经干法和湿法纺丝所制得的一种全聚芳酰胺纤维。

2）聚丙烯腈氧化纤维

聚丙烯腈氧化纤维是生产碳纤维的中间产品，其含碳量在 60%左右，LOI 值在 50%以上，居合成纤维和阻燃纤维的榜首，属于永久性难燃纤维。它具有优良的阻燃性，直接与火焰接触不熔融，在瞬间能耐 1300℃以上的高温，具有自熄性，燃烧后仅碳化，纤维在 500℃高温中 10 分钟后强度保持率达 65%，热收缩率 40%，具有良好的热稳定性，由于它不像一般纤维靠添加阻燃化合物，因此，其产品具有永久性的耐热性。LOI 值高和永久的耐燃性是它的两大特点。

其他特殊纤维还有芳香族聚酰亚胺纤维、酚醛纤维、丙烯酸、丙烯酰胺共聚纤维，它们除了阻燃耐高温这一特点外，各自还具有其他特殊性能。以上阻燃纤维多数属于芳香族高分子物质，具有优良的耐高温阻燃性能，可用于各种工业滤布、飞机部件、阻燃地毯以及体育用品等。

# 第 6 章　建筑物内人员安全疏散

## 6.1　安全分区与疏散路线

### 6.1.1　疏散安全分区

当建筑物内某一房间发生火灾，并达到轰燃时，沿走廊的门窗被破坏，导致浓烟、火焰涌向走廊。若走廊的吊顶上或墙壁上未设有效的阻烟、排烟设施，则烟气就会继续向前室蔓延，进而流向楼梯间。而且发生火灾时，人员的疏散路线，也基本上和烟气的流动路线相同，即，房间→走廊→前室→楼梯间。因此，烟气的蔓延扩散，将对火灾层人员的安全疏散构成很大的威胁。为了保障人员疏散安全，疏散路线的布置一般是按照路线上各个空间的防烟、防火性能依次提高进行，下一个空间单元比上一个单元安全性一定要高，直到楼梯间，此时安全性达到最高，最后通过楼梯间到达室外。为了阐明疏散路线的安全可靠，需要把疏散路线上的各个空间划分为不同的区间，称为疏散安全分区，简称安全分区，并依次称为第一安全分区、第二安全分区等。离开火灾房间后，先要进入走廊，走廊的安全性就高于火灾房间，故称走廊为第一安全区；依此类推，前室为第二安全分区，楼梯间为第三安全分区。一般说来，当进入第三安全分区，即疏散楼梯间，即可认为达到了相当安全的空间。安全分区的划分如图 6-1 所示。

如前所述，进行安全分区设计，主要目的是为了人员疏散时的安全可靠，而安全分区的设计，也可以减少火灾烟气进入楼梯间，防止烟火向上层扩大蔓延。另外，安全分区也为消防灭火活动提供了场地和进攻路线，消防救援人员一般是通过安全区逐步进入次安全区，遇到危险还可以退回到安全区。

为了保障各个安全分区在疏散过程中的防烟、防火性能，一般可采用外走廊，或在走廊的吊顶上和墙壁上设置与感烟探测器联动的防排烟设施，设防烟前室和防烟楼梯间。同时，还要考虑各个安全分区的事故照明和疏散指示等，为火灾中的人员创造一条求生的安全路线。

### 6.1.2　疏散路线的布置与疏散设施

#### 1. 合理组织疏散路线

根据火灾事故中疏散人员的心理与行为特征，在进行建筑平面设计，尤其是布置疏散楼梯间时，原则上应使疏散的路线简捷，便于寻找、辨认，并能与人们日常生活的活动路

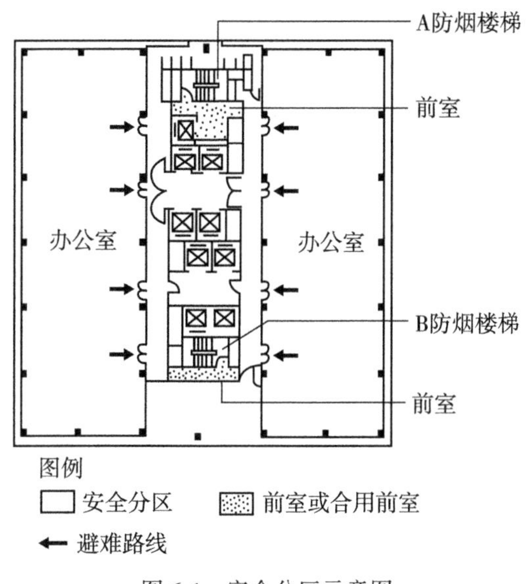


图 6-1　安全分区示意图

线相结合，使人们通过日常活动来了解疏散路线，并尽可能使建筑物内的每一房间都能向两个方向疏散，避免出现袋形走道。

对于综合性高层建筑，应按照不同用途、容纳人数以及在火灾时不同人员的心理状态等情况分别布置疏散路线，火灾时便于有组织地疏散。如某高层建筑地下一、二层为停车场，地上几层为商场，商场以上若干层为办公用房，再上若干层是旅馆、公寓。为了便于安全使用，有利于火灾时紧急疏散，在设计时必须做到车流与人流完全分流，百货商场与其上各层的办公、住宿人流分流。

**2. 疏散楼梯**

疏散楼梯是供人员在火灾紧急情况下安全疏散所用的楼梯。疏散楼梯的设计应遵循如下原则：

（1）在平面上，应尽量靠近标准层（或防火分区）的两端或接近两端出口设置，这种布置方式便于进行双向疏散，提高疏散的安全可靠性；或者尽量靠近电梯间布置。疏散楼梯也可靠近外墙设置，利用外墙开启窗户进行自然排烟。若因条件限制，将疏散楼梯布置在建筑核心部位时，应设有机械排烟装置。

（2）在竖向布置上，疏散楼梯应保持上下畅通。不同层的疏散楼梯、普通楼梯、自动扶梯等不应混杂交叉，以免紧急情况时部分人流发生冲撞拥挤，造成通道堵塞。对高层民用建筑来说，疏散楼梯应通向屋顶，以便当向下疏散的通道发生堵塞或被烟气切断时，人员可上到屋顶暂时避难，等待消防人员利用登高车或直升机进行救援。

疏散楼梯的形式，按照防烟火作用可分为敞开楼梯、防烟楼梯、封闭楼梯、室外疏散楼梯。

1）敞开楼梯

敞开楼梯是在平面上三面有墙、一面无墙无门的楼梯间，其隔烟阻火作用最差，适用范围为五层及五层以下的公共建筑或六层及六层以下的组合式单元住宅。

2）防烟楼梯

防烟楼梯，是指在楼梯入口设有前室（面积不少于6m²，并设有防、排烟设施）或设有专供排烟用的阳台、凹廊等，且通向前室和楼梯间的门均为乙级防火门的楼梯间。楼梯间必须是安全空间，防烟楼梯是高层建筑中常用的疏散楼梯形式。

防烟楼梯设计简便、管理方便、造价较低，要在进入楼梯前设有阳台或凹廊。疏散人员通过走道和两道防火门，才能进入封闭的楼梯间内（图 6-2、图 6-3）。随人流进入阳台的烟气通过自然风力迅速排走，同时转折路线也使烟很难袭入楼梯间，无需再设其他的排烟装置。

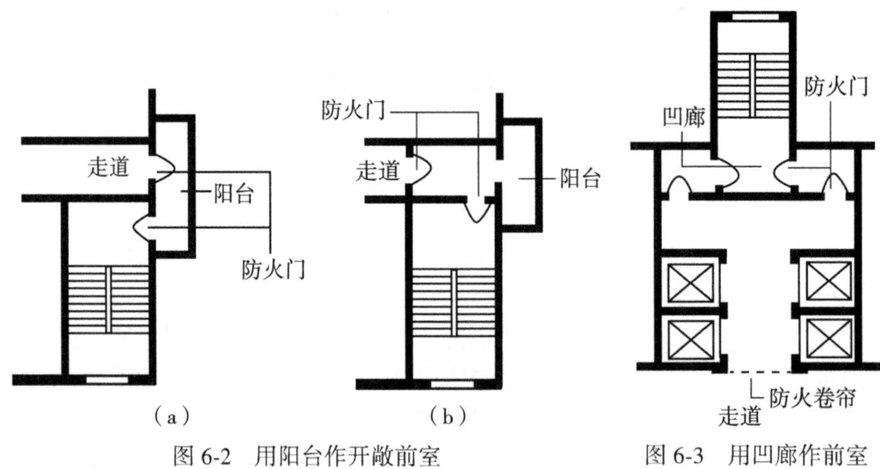


图 6-2　用阳台作开敞前室

图 6-3　用凹廊作前室

图 6-4 所示的布置形式不仅采用了阳台作前室，还将楼梯与消防电梯结合布置，形成了一个良好的安全区。

利用阳台或凹廊作前室，需要楼梯间靠外墙时才能采用，使用起来有一定的局限性。因此，一种既可靠外墙设置，也可放在建筑物内部的带封闭前室的疏散楼梯间被应用在高层建筑中，这种平面布置形式可灵活多样。图 6-5（a）为楼梯间布置在建筑内部的形式，前室和楼梯间设有排烟装置。图 6-5（b）为靠外墙布置的带封闭前室的楼梯间，外墙处应设排烟窗。

3）封闭楼梯

不带前室，只设有能阻挡烟气进入的双向弹簧门或防火门的楼梯间，称为封闭楼梯。封闭楼梯也是高层建筑中常用的疏散楼梯形式。

可采用封闭楼梯间的情况有：

（1）高层建筑中，高度在 24m 以上、32m 以下的二类建筑，允许使用封闭楼梯间。

（2）楼层在 12~18 层的单元式住宅，允许使用封闭楼梯间。对于 11 层及 11 层以下的单元式住宅，可以不设封闭楼梯间，但楼梯间必须靠外墙设置，同时开向楼梯间的门必须是乙级防火门。

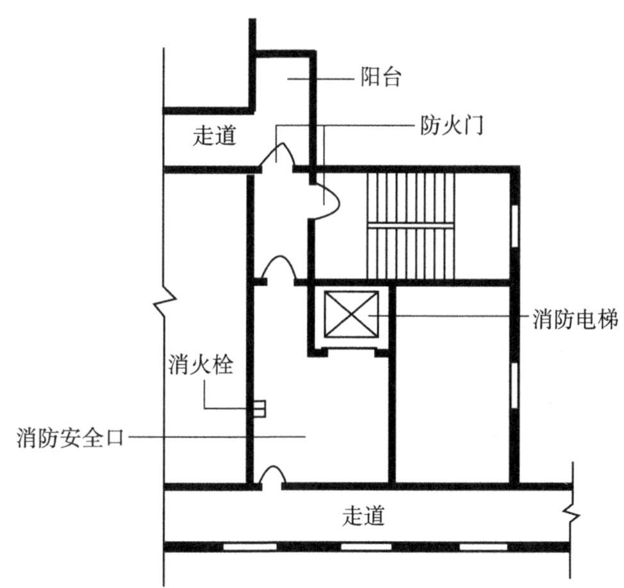


图 6-4　楼梯与消防电梯结合布置示意图

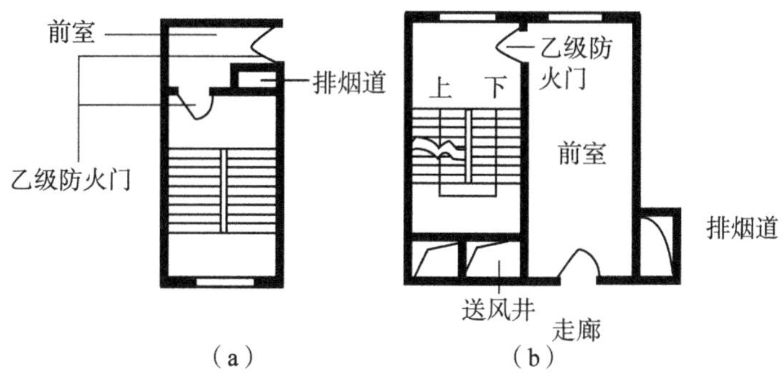


图 6-5　带封闭前室的楼梯间

(3) 和高层建筑主体部分直接相连的附属建筑（裙房）允许采用封闭楼梯间。11 层及 11 以下的通廊式住宅应设封闭楼梯间。

封闭楼梯间的形式如图 6-6 所示。图 6-7 为带门斗的封闭楼梯间，这种情况是在有可能的条件下，设置两道防火门形成门斗。因门斗面积小，所以与前室由所区别，这样处理后可提高楼梯间的防护能力。

高层建筑的楼梯间一般都要求开敞地设在门厅或靠近主要出口处，在首层将楼梯间封闭起来影响美观，又不能保障安全。因此，为适应某些公共建筑的实际需要，规范中允许将通向室外的走道、门厅包括在楼梯间范围内，形成扩大的封闭楼梯间，但在门厅和通向房间的走道之间，门厅与楼梯间之间用防火门、防火水幕等予以分隔，扩大封闭空间使用的装修材料宜用难燃或不燃材料。

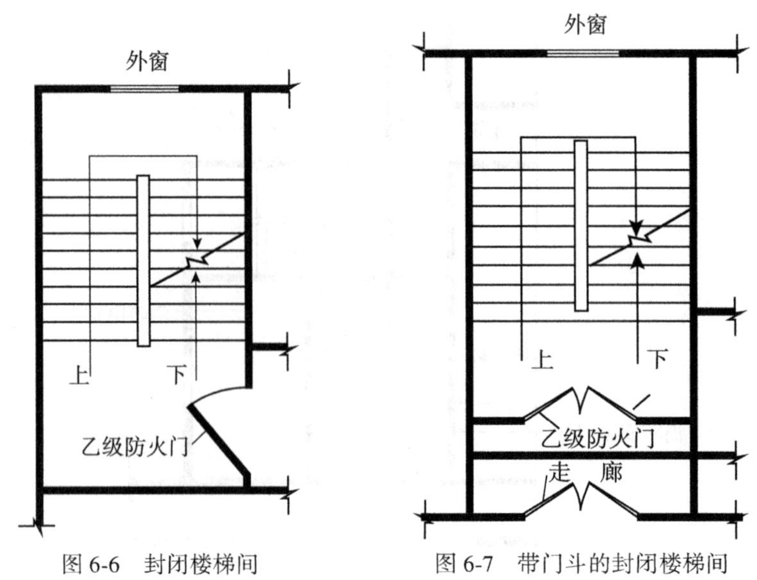


图 6-6　封闭楼梯间　　图 6-7　带门斗的封闭楼梯间

4）室外疏散楼梯

对于平面面积较小、设置室内楼梯有困难的建筑，可设置室外疏散楼梯。它不易受到烟火的威胁，既可供疏散人员使用，也可供消防人员救援使用。它在结构上通常采用悬挑的形式，因此不占用室内使用面积，既经济，又有良好的防烟效果。而它在室外，楼梯较窄，人员拥挤时可能发生意外事故，同时只设一道防火门，安全性较前两种楼梯稍差。室外疏散楼梯的布置形式如图 6-8 所示。

在设计室外疏散楼梯时，需要注意如下几点：

（1）室外楼梯的最小净宽不应小于 0. 9m，倾斜度不得大于 45℃，栏杆扶手的高度不应低于 1. 1m。

（2）室外楼梯和每层出口处平台应采用耐火极限不低于 1h 的不燃烧材料。在楼梯周围 2m 的墙面上，除设疏散门外，不应开设其他门、窗洞口。疏散门应采用乙级防火门，且不应正对楼梯段设置。

### 3. 疏散走道

疏散走道，是指火灾发生时，楼内人员从火灾现场逃往安全避难所的通道。疏散走道的设置应保证逃离火场的人员进入走道后，能顺利地继续奔向楼梯间，到达安全地带。疏散走道的布置应满足如下要求：

（1）走道应简捷，尽量避免宽度方向上急剧变化。不论采用何种形式的走道，均应按规定设有疏散指示标志灯和诱导灯。

（2）在 1. 8m 高度内不宜设管道、门垛等突出物，走道中的门应向疏散方向开启。

（3）避免设置袋形走道。因为袋形走道只有一个出口，发生火灾时容易带来危险。

（4）对于多层建筑，疏散走道的最小宽度不应小于 1. 1m；高层建筑疏散走道的宽度

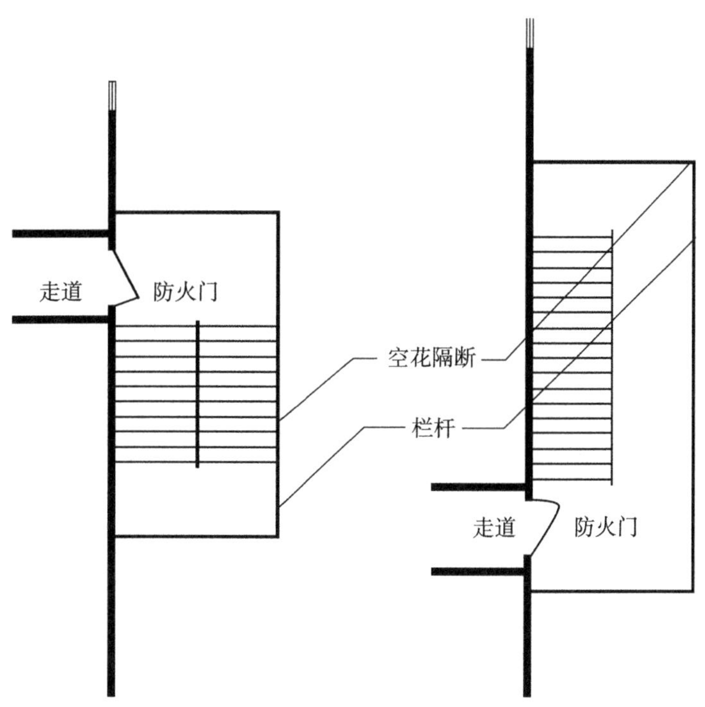


图 6-8 室外疏散楼梯间

可按表 6-1 的规定执行。

表 6-1 **高层建筑外门和走道的净宽**

| 高层建筑 | 每个外门的净宽（m） | 走道净宽（m） | |
|---|---|---|---|
| | | 单面布房 | 双面布房 |
| 医院 | 1.30 | 1.40 | 1.50 |
| 居住建筑 | 1.10 | 1.20 | 1.30 |
| 其他 | 1.20 | 1.30 | 1.40 |

#### 4. 疏散门

疏散门的构造及设置应符合下列要求：

（1）疏散门应向疏散方向开启，但当房间内人数不超过 60 人，且每樘门和平均通行人数不超过 30 人时，门的开启方向可以不限。

（2）对于高屋建筑内人员密集的观众厅、议会厅等的入场门、太平门等，不应设置门槛，且其宽度不应小于 1.4m。门内、门外 1.4m 范围内不设置台阶、踏步，以防摔倒、伤人。

(3) 建筑物直通室外疏散门的上方，应设置宽度不小于 1.0m 的防火挑檐，以防止建筑物上的跌落物伤人，确保火灾时人员疏散的安全。

(4) 位于两个安全出口之间的房间，当面积不超过 $60m^2$ 时，可设置一个门，门的净宽度不应小于 0.90m；位于走道尽端的房间，当面积不超过 $75m^2$ 时，可设置一个门，门的净宽不应小于 1.40m。

### 5. 消防电梯

高层建筑，因其竖直高度大，火灾扑救困难大，因此根据《民用建筑设计防火规范》的要求，必须设置消防电梯。设置范围是：一类高层民用建筑；10 层及 10 层以上的塔式住宅；12 层及 12 层以上的单元式住宅、宿舍或高度超过 32m 的其他二类民用建筑。对于高层民用建筑，每个防火分区均应设置一台消防电梯。消防电梯可与客梯或工作电梯兼用，但应符合消防电梯的功能要求。

1）消防电梯的设置

消防电梯应设前室，这个前室同防烟楼梯间的前室一样，应具有防火、防烟的功能。有时为了平面布置紧凑，消防电梯和防烟楼梯间可合用一个前室，如图 6-9 所示。消防电梯的前室面积：对于住宅建筑，不小于 $4.5m^2$；对于公共建筑，不小于 $6m^2$。与楼梯间合用前室的面积：对于住宅建筑，不小于 $6m^2$；对于公共建筑，不小于 $10m^2$。消防电梯前室宜靠外墙设置，这样可达到自然排烟的效果。消防电梯井必须与其他竖井管（如管道井、电缆井等）分开设置。

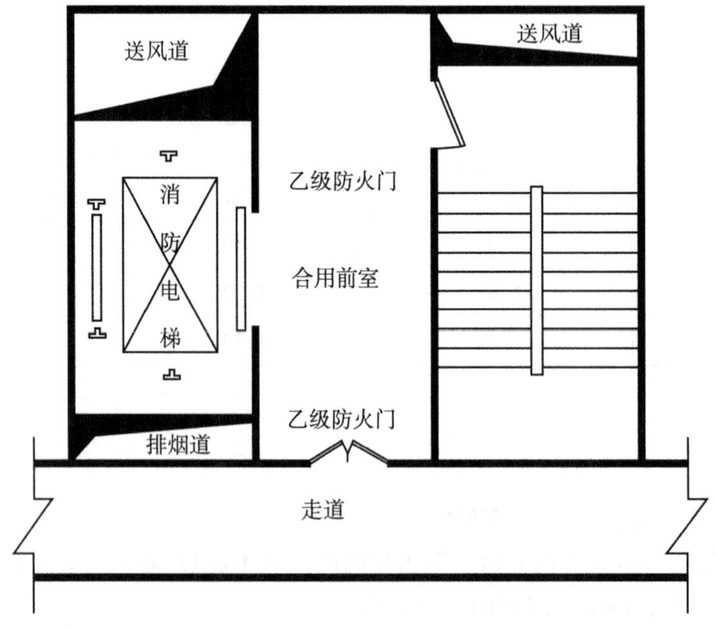


图 6-9　消防电梯与防烟楼梯合用前室时的布置示意图

2）消防电梯的防火要求

消防电梯井壁应具有足够的耐火能力，耐火极限一般不低于2.50h。消防电梯内装修材料应采用不燃烧材料。

消防电梯的载重量及轿厢尺寸应符合要求：载重量不宜小于1000kg，轿厢的平面尺寸不宜小于100cm×150cm。其作用在于能保证一个战斗班7~8名消防队员进行扑火和救助活动及搬运大型消防器具的正常进行。

消防电梯的速度应符合要求，一般从首层到顶层的运行时间应控制在60s以内。电梯轿厢内应设专用电话，并在首层轿厢门附近设供消防员专用的操纵按钮。消防电梯的动力与控制电线应采用防水措施。电梯间前室门口应设挡水设施。如在入口处设有比平面高4~5cm的漫坡。

**6. 避难层**

在一般情况下，建筑高度超过100m的高层旅馆、住宅、办公楼和综合楼，应设置避难层或避难间，作为火灾紧急情况下的安全疏散设施之一。避难层是供人员临时避难使用的楼层。避难间是供人员临时避难使用的若干个房间。大量的火灾实例表明，超高层建筑内人员众多，在安全疏散时间内全部从建筑疏散出来是有困难的，设置避难层（间）是一项有效的安全脱险措施。

避难层的设置高度与消防登高车的作业高度以及消防队员能承受的最大体力消耗等因素有关。一般高消防车的最大作业高度在30~45m之间，少数在50m左右，消防队员的体力消耗以不超过10层为宜。因此，自地面起到10~15层设第一层避难层，聚集在避难层的人员可利用云梯车进行救助。避难层与避难层之间的层数也应控制在10~15层，这样一个区间的疏散时间不会太长，同时也在较佳的扑救作业范围内。

避难层的形式有两种：与设备层结合使用的避难层和专用避难层。

避难层与设备层结合布置，是采用较多的一种形式。避难层与设备层的合理间隔层数比较接近，且设备层的层高较一般楼层低，利用这种非常用空间做避难层是提高建筑空间利用率的一种较好的途径。这种形式的设计要注意：一是各种设备、管道应集中布置，分隔成间，以方便设备的维护管理，同时避免人员避难时有疏散障碍；二是要满足疏散人员对停留面积的要求。避难层净面积指标按5.0人/$m^2$考虑，则避难层的面积除去设备等占用的面积外，应满足该指标的要求。

## 6.2　安全疏散时间与距离

民用建筑中设置安全疏散设施的目的在于，发生火灾时，使人能从使用的建筑物中迅速而有秩序地通过安全地带疏散出去。特别是在影剧院、体育馆、大型会堂等大量人员密集的建筑物中，人员疏散问题更为重要。

### 6.2.1　允许疏散时间

当建筑物发生火灾时，人员疏散行为过程可大体概括为两个主要阶段：疏散行动开始前的决策反应阶段和疏散行动开始后的人员疏散运动阶段。

当火灾发生时，人们并不会马上知道，一般会存在一个感知时间。当人们感知火警后，建筑物内人员会有一个反映判断并做出进行疏散决策的过程，这个决策反应时间对于整个人员疏散行为过程的影响非常重要。疏散行动开始时间与整个疏散行动可利用的安全疏散时间的关系，如图 6-10 所示。其中人的生理及心理特点、火灾安全的教育背景和经验、当时的工作状态等因素，对疏散行动开始前的决策过程起着非常重要的制约作用。疏散行动时间，是指人们从建筑物内撤离至安全区的行走时间，取决于建筑内部布置、人流拥挤程度及人员的行动能力。

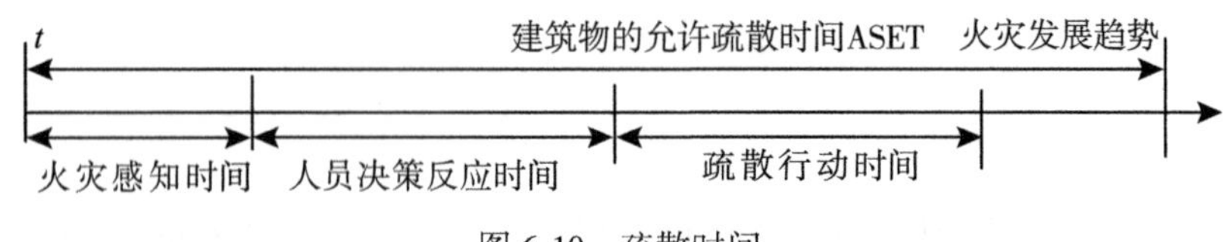


图 6-10 疏散时间

建筑物内允许疏散时间，即保证大量人员安全地完全离开建筑物的时间。由于建筑物的疏散设施不同，对普通建筑物（包括大型公共民用建筑）来说，允许疏散时间，是指人员离开建筑物，到达室外安全场所的时间；而对于高层建筑来说，则是指到达封闭楼梯间、防烟楼梯间、避难层的时间。一般来说时间不长，只有几分钟。

影响允许安全疏散时间的因素特别多，其中主要的可从两个方面来分析，一方面是起火后烟气对人的威胁；另一方面是建筑结构的倒塌。

根据火场伤亡的统计，火灾条件下人员伤亡的原因多数是由于烟气中毒、高热或缺氧。而火场上出现有毒的烟气、高热或严重缺氧的时间，由于种种条件的不同而有早、有晚，少则 5~6 分钟，多则 10~20 分钟。

建筑物倒塌，是由建筑构件的耐火极限决定的。耐火性能好，倒塌的可能性小，允许人员全部从容离开建筑物疏散的时间长。一、二级耐火等级的建筑，一般说来是比较耐火的。我国建筑物吊顶的耐火极限一般为 15min，它限定了允许疏散时间不能超过这一极限。但其内部若大量使用可燃、易燃装修材料，如房间、走廊、门厅的吊顶、墙面等采用可燃材料，并铺设可燃地毯等，火灾时不仅着火快，而且还会产生大量有毒气体，所以，在确定建筑物允许疏散时间时，首先考虑的是火场上烟气中毒的问题。

除了上述因素以外，考虑到人们发现火灾往往不是在火刚刚点燃时，而是火已经扩大时才开始疏散，以及其他影响疏散时间的一些条件，经过调查研究，参考有关的资料，在设计中，对于一、二级耐火等级的公共建筑，可将允许疏散时间定为 6min，三、四级耐火等级建筑物允许疏散时间定为 2~4min。

### 6.2.2 安全疏散距离

到安全出口距离的长短，将直接影响疏散所需时间。为了满足允许疏散时间的要求，可以通过计算，求得由房间到安全出口允许的最大距离。因为超出了这个距离，疏散所用的时间就要超出安全所允许的限度。

最大允许疏散距离的计算可分段进行。例如，在一般居住及公共建筑物中可将疏散的全程分为：在房间内、在走道上和在楼梯间内等三段来计算，即

$$t=t_1+\frac{L_1}{V_1}+\frac{L_2}{V_2}\leqslant \text{允许疏散时间} \tag{6-1}$$

式中：$t$——建筑物内总的疏散时间，单位 min；

$t_1$——自房间内最远点到房间门的疏散时间。据统计，人数少时可采用 0.25min，人数多时采用 0.7min。

$L_1$——从房门到出口或到楼梯间的走道长度，单位 m。位于两个楼梯之间的走道长度，由于考虑其中一个楼梯间入口被火堵住，走道应按全长计算（图 6-11）。

$V_1$——人群在走道上疏散的速度，单位 m/min。人员密集时可采用 22m/min；

$L_2$——各层楼梯水平长度的总和，单位 m；

$V_2$——人群下楼时的疏散速度，单位 m/min。可采用 15m/min。

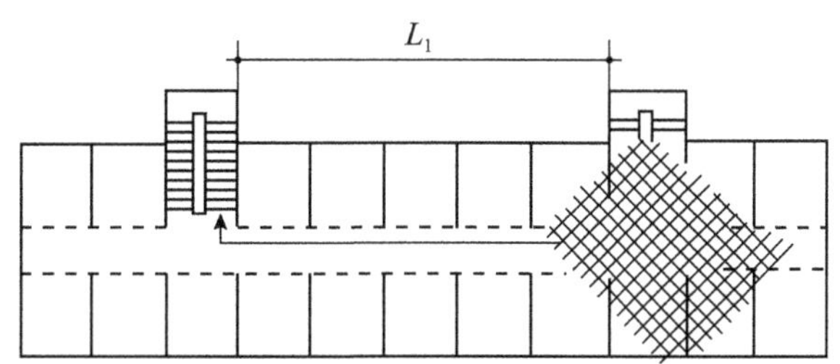


$L_1$ 为两个楼梯间之间的走道长度；方格为燃烧部位

图 6-11　走道长度的计算

据调查统计，一般熟悉建筑内部情况的健康成年人正常疏散移动速度为 1.2~1.5 m/s，老人、重病人等为 0.8m/s 左右；人员密集时，每分钟疏散的距离为 22m，下楼梯的速度为 15m/min。

但是，由于火灾情况下疏散的过程非常复杂，房屋耐火等级不同，应予区别对待，除了考虑人员移动速度外，还与不同建筑物人员是否拥挤，以及心理状态、消防教育、训练、建筑物的照明、疏散诱导策略等有关，所以上述计算只能作为理论探讨的参考。建筑设计中还应从实际出发，确定允许疏散距离，为了消防安全，同时也便于设计人员把握，我国建筑防火设计规范对此做出了一些强制性规定。

例如当房间面积过大时，可能集中人员过多，要把较多的人群集中在一个宽度很大的安全出口来疏散，实践证明，因为疏散距离大，则疏散时间长，若超过允许的疏散时间，就是不安全的。因此，为了保障房间内的人员能顺利地疏散到门口，再从走道疏散到楼梯安全区，一般规定房间内最远点到房门的距离不要超过 15m。如达不到这个要求，则要增设房间或户门。

对于商场营业厅、影剧院、多功能厅、大会议室等，由于人员聚集，通常安全出口总宽度能满足要求，但出口数量过少时，可能会造成从房间最远点到出口距离过大，疏散时

间会延长，影响疏散安全，因此，一般要求分散设置出口，将此距离控制在 25m 以内，这样均匀地、分散地设置一些数量和宽度适当的出口，更有利于安全。

从房门到安全出口的疏散距离一般以透过烟雾能看到安全出口或者疏散标志为依据，这个距离受建筑物内人员密集程度、烟气情况、人员对疏散路线的熟悉程度等影响，同时人员行动能力是大不相同的，据有关观测资料表明，人在烟雾中通过的极限距离为 30m 左右。因此，通常情况下，从房间到安全出口的距离不宜大于 30m。

对于一般多层民用建筑，不同建筑物疏散门至最近安全出口的最大距离的具体规定见表 6-2。

表 6-2　**直接通向疏散走道的房间疏散门至最近安全出口的最大距离**　（单位：m）

| 名　称 | 位于两个安全出口之间的疏散门 | | | 位于袋形走道两侧或尽端的疏散门 | | |
|---|---|---|---|---|---|---|
| | 耐火等级 | | | 耐火等级 | | |
| | 一、二级 | 三级 | 四级 | 一、二级 | 三级 | 四级 |
| 托儿所、幼儿园 | 25.0 | 20.0 | — | 20.0 | 15.0 | — |
| 医院、疗养院 | 35.0 | 30.0 | — | 20.0 | 15.0 | — |
| 学校 | 35.0 | 30.0 | — | 22.0 | 20.0 | — |
| 其他民用建筑 | 40.0 | 35.0 | 25.0 | 22.0 | 20.0 | 15.0 |
| 建筑内的观众厅、展览厅、多功能厅、餐厅、营业厅和阅览室等，其室内任何一点至最近安全出口的直线距离不宜大于 30.0m | | | | | | |

## 6.3　安全出口

### 6.3.1　安全出口的数量

为保证公共场所的安全，应设有足够数量的安全出口。因为正常条件下的疏散是有序进行的，而紧急疏散时，则由于人们惊恐的心理状态，必然会出现拥挤等许多意想不到的现象。所以，平日使用的各种内门、外门、楼梯等，发生事故时不一定都能满足安全疏散的要求。因此，在建筑物中应设有较多的安全出口，以保证起火时能足够满足安全疏散的要求。

在建筑设计中，应根据使用要求，结合防火安全疏散的需要，布置门、走道和楼梯。设计中要研究安全出口的数量是否能够满足需要，同时使它们都能有天然采光，有防火隔墙和顶板的保护，便于行走，有利于人们很快离开火场。

建筑物一般都要求有两个或两个以上的安全出口，这样当一个被火堵住了，还有一个能够通行。由于使用人员较多，公共建筑物安全出口的数量一般不应少于两个，并且为了保证不至于过于拥挤，要求每个疏散门的平均疏散人数不应超过 250 人；当容纳人数超过 2000 人时，其超过 2000 人的部分，每个疏散门的平均疏散人数不应超过 400 人。

但对那些建筑物层数不多（指三层及三层以下）、占地面积不大、使用人数不多，而都有自行疏散能力，且符合下列条件时，也可只设一个疏散门：

（1）房间位 2 个安全出口之间，且建筑面积小于等于 $120m^2$，疏散门的净宽度不小于 0. 9m；

（2）除托儿所、幼儿园、老年人建筑外，房间位于走道尽端，且由房间内任一点到疏散门的直线距离小于等于 15. 0m，其疏散门的净宽度不小于 1. 4m；

（3）歌舞娱乐放映游艺场所内建筑面积小于等于 $50m^2$ 的房间；

（4）二、三层的建筑（医院、疗养院、托儿所、幼儿园除外）符合表 6-3 要求时，可设一个疏散楼梯。

表 6-3　**设置一个疏散楼梯的条件**

| 耐火等级 | 层数 | 每层最大建筑面积（$m^2$） | 人　数 |
| --- | --- | --- | --- |
| 一、二级 | 二、三层 | 500 | 第二层和第三层人数之和不超过 100 人 |
| 三级 | 二、三层 | 200 | 第二层和第三层人数之和不超过 50 人 |
| 四级 | 二层 | 200 | 第二层人数不超过 30 人 |

### 6.3.2 安全出口的总宽度

在一个建筑物内，要在允许疏散时间内全部疏散完毕，取决于：疏散人数、安全出口宽度、疏散距离。已知设计的疏散人数、通行能力和人流股数，就可计算出安全出口的总宽度。对疏散距离，这个因素则排除在外，因为疏散距离这个因素已经在前面介绍过了，其方法是在设计中对走道长度和房间内最远位置距出口距离加以控制。

为了便于设计中运用，确定安全出口宽度的比较简捷的方法是，预先按各种已知因素计算出一套“百人宽度指标”。设计运用时只要按使用人数乘以上述指标即可。

百人宽度指标的计算可按下列公式：

$$B=\frac{N}{A\cdot t}b \tag{6-2}$$

式中：$B$——百人宽度指标，即每 100 人安全疏散需要的最小宽度，单位 m；

$N$——疏散总人数，人；

$t$——允许疏散时间（指房屋耐火等级的不同确定不同数值），单位 min；

$A$——单股人流通行能力，单位人/min，按平地、坡地、使用对象等确定数值，平坡时 $A=43$ 人/min；阶梯地时，$A=37$ 人/min；

$b$——单股人流宽度，单位 m，按空身和提物确定数值，人流空身时 $b=0.6$m。

计算示例：$N=100$ 人；

$t=2$min（三级耐火等级建筑）；

$A=40$ 人/min（平地，一般人）；

$b=0.6\text{m}$（空身）

则百人指标 $=\frac{100}{40\times 2}\times 0.6=0.75\text{m}$。

当计算楼梯的百人宽度指标时，将数值调整如下：

$N=100$ 人；$t=2\text{min}$；$A=33$ 人/min；$b=0.6\text{m}$

则百人指标（楼梯）$=\frac{100}{33\times 2}\times 0.6=0.9\text{m}$

为了使设计既安全又经济，符合实际使用情况，对上述计算结果做适当调整后，学校、商店、办公楼、候车室等的走道的宽度百人指标如表 6-4 所示，影剧院、礼堂、体育馆的疏散宽度指标如表 6-5 所示。

表 6-4　**楼梯、门和走道宽度指标**

| 耐火等级宽度指标（m/百人）<br>层数 | 一、二级 | 三级 | 四级 |
|---|---|---|---|
| 一、二层 | 0.65 | 0.75 | 1 |
| 三层 | 0.75 | 1 | — |
| ≥四层 | 1 | 1.25 | — |

表 6-5　**大型公共建筑疏散宽度指标**

| | | 影剧院、礼堂 | | 体育馆 | | |
|---|---|---|---|---|---|---|
| 观众厅座位数（个） | | ≤2500 | ≤1200 | ≤3000~5000 | 5001~10000 | 10001~20000 |
| 耐火等级<br>宽度指标（m/百人）<br>疏散部位 | | 一、二级 | 三级 | 一、二级 | 一、二级 | 一、二级 |
| 门和走道 | 平坡地面 | 0.65 | 0.85 | 0.43 | 0.37 | 0.32 |
| | 阶梯地面 | 0.75 | 1 | 0.5 | 0.43 | 0.37 |
| 楼梯 | | 0.75 | 1 | 0.5 | 0.43 | 0.37 |

底层外门和每层楼梯的总宽度应按该层或该层以上人数最多的一层计算，但楼上外门可按一层的人数计算。

安全出口的数量和宽度，要在建筑物的各个部分都能满足安全疏散的需要。不应在一段距离内满足，而在另一段距离内又不能满足。例如，在观众厅内能够基本满足出口宽度的要求，而一离开观众厅就变成一个窄小的夹道，这样是不能适应安全疏散的要求的，而且也不适应灭火的需要，应该避免。室外疏散通道的净宽度应不小于疏散要求的总宽度，其最小净宽应不小于 3m。

## 6.4 超高层建筑人员疏散策略

在我国，超高层建筑，是指建筑高度超过 100m 的建筑物。近年来，我国的各大城市陆续出现了许多超高层建筑。超高层建筑与一般高层建筑相比，在火灾扑救、人员安全疏散等方面有更多的困难。

### 1. 超高层建筑的安全疏散问题

超高层建筑应能进行彻底的双向甚至三向的安全疏散，以确保安全。超高层建筑的疏散设计应注意以下问题：

1）楼梯的数量

每个防火分区应在不同的方向设置两座防烟楼梯。在许多情况下，电梯厅常设在建筑物的中部，人们也习惯于利用这条线路。因此，在电梯厅旁增设一道楼梯的做法，可使平时的交通流线与紧急避难线路有机地结合为一体。

2）走道形式

由于结构的需要，楼梯、电梯常集中设置，而通道则围绕着它们而存在。这种通道的形式无疑是很好的。它可以保证人在任意一个方向都能找到疏散口。平面布局应尽可能不要出现袋形走道。当无法避免出现袋形走道时，为充分保障安全，应在其尽头增设垂直避难口或缓降器一类的辅助设施。

3）连通式阳台

即使已有完善的双向疏散路线，也会出现因房门被烟封堵而无法走入走道的可能。因此，可考虑在超高层建筑的大房间之间设置相通的紧急备用房门，或在外墙上设立连通的阳台和凹廊。这样既可安全疏散，又可便于消防救援。

4）穿梭电梯疏散

对于超高层建筑，近年来也有人主张设置安全的穿梭疏散电梯，该电梯做好良好的防火分隔，采用双路电源，确保火灾时能安全运行，同时该电梯由专人控制，只在避难层停留，保证火灾时在避难层之间穿梭运送疏散人员。

### 2. 超高层建筑设置避难层的问题

超高层建筑由于楼层多、人员密度大，尽管已有一些其他的安全措施，但还是无法保证人员能在短时间内迅速撤出火场。防烟楼梯尽管有较高的安全度，但也并非完全安全。加之人员疏散过程中可能出现意外的阻塞等，所以在火灾中疏散不能完全寄希望于防烟楼梯间。为此，在这些超高层建筑中，在适当的楼层设计出一块临时避难的安全区——避难层和避难间，是疏散设计的一项重要内容。表 6-6 中给出了避难层设计的最基本要求。

表 6-6　**避难层的基本设计要求**

| 名称 | 基 本 要 求 |
| --- | --- |
| 设置范围 | 建筑高度超过 100m 的旅馆、办公楼和综合楼 |
| 数量 | 自建筑物首层至第一个避难层或两个避难层之间不宜超过 15 层 |
| 设置要求 | 避难用房与周围房间应用防火墙、甲级防火门相分隔，楼板的耐火极限不宜低于 2h |
| | 避难层可兼作设备层，但设备和管道宜集中布置 |
| | 通向避难层的防烟楼梯宜分隔或上下层错位，但均必须经过避难层方能上下 |
| | 避难层的净面积设计应能满足避难人数避难的要求，宜按 5 人/$m^2$计算 |
| | 应在避难层内设消防电梯出口 |
| | 应设消防专线电话，并应设消火栓或消防水喉设备 |
| | 应设置应急广播和照明，其供电时间不应小于 1h，且照度不应低于 1lh |
| | 封闭式避难层应设独立的防烟设施 |

#### 3. 加强结构的耐火强度

超高层建筑应在火灾中保持较长久的耐火时间，以保证安全疏散不因结构的失稳破坏而中断。一般建筑的下部承受的荷载较大，且容易失火，因此下部结构在火作用下遭受破坏的可能性较大。因而，加强超高层建筑的整体受力和提高下部结构的耐火能力是必要的。

另外，严格控制可燃材料的装修，尽量采用非燃和难燃材料也是十分重要的，它可以减少结构所受的热荷作用强度。

#### 4. 加强自我保护能力

由于外部救援在超高层建筑中十分困难，所以加强建筑自身的防护能力是十分必要的。超高层建筑中一般均要设置自动报警、自动灭火以及自动排烟系统，这些系统基本上将楼内的每一个位置都保护了起来。这些系统由消防中心进行全面的监控和管理。

总之，超高层建筑的防火疏散是十分重要的设计内容之一，但也是尚未得到很好解决的重要问题之一。

## 6.5　人员疏散分析计算方法

安全疏散计算是假设某一层发生火灾，预测该层的人员全部疏散到下层，并校核疏散环节的安全性。一般以各层为单位进行校核即可，但也可以根据建筑的规模、形状、使用性质等，只校核其一个分区的安全疏散或几层同时疏散，或整栋建筑的安全疏散，通过计算建筑物内的人员疏散时间来检验设计的建筑疏散路线，检查出口宽度、数量等能否满足要求，如果不能保证人员在可用的时间内疏散完毕，就必须对其设计进行调整。

## 6.5.1 疏散计算的理论模型

通常研究建筑内人员疏散时间的计算方法大致有三类：第一类是根据出口容量和人员在通过出口的速度计算，称为出口容量计算方法。这类方法主要以20世纪五六十年代苏联Predtechenski和Milinski、日本Togawa以及英国Melinek等人为代表，他们主要考虑的是建筑物的出口容量，或根据建筑物的人口来估算。第二类是网络计算方法，它是将建筑物各功能单元当做网络中的一个个节点以确定出口数量和宽度，我国目前的建筑设计规范基本上是基于此类方法进行的，利用节点之间存在一定的流量限制原理来计算建筑物总体疏散时间。该方法的研究者包括美国的Chalmet、Francis、Gunnar、MacGregor等人。第三类是网格计算方法。该方法将建筑物划分成一个个比较细小的网格，人员可当做一个个移动的质点，质点在移动到相应的网格时，会根据环境的变化调整各自的移动速度和方向，并因此可以跟踪人员移动的轨迹，从而得到建筑物的人员疏散时间，所取得的结果可以在计算机上进行动态显示。目前国外已有一些学者和研究机构开发了一些相应的计算软件。

通常的理论模拟主要将人的因素作为模拟工作中的一个重要参数。而人的模拟又取决于以下情况：疏散人员的性别、年龄、体能对疏散能力的影响；人员在楼层平面的分布状况和密度对计算结果的影响；步行速度与人员密度和建筑布局的关系，等等。当然，模拟工作同样要处理各种建筑空间所带来的具体影响。模拟的基本条件可分为两大类：

（1）假定建筑内的所有人员均能正常地按照设计师事先规划的路线和通道向安全地带转移，则理论模拟主要是解决疏散所需时间和人员状态的问题。

（2）当人员在火灾中受阻于烟气和火焰时，模拟人员当时的分布状况以及有可能出现的伤亡情况。

目前，由于人员疏散涉及的心理、生理因素复杂，特别是烟气笼罩下人员拥挤时行为的描述十分复杂，不确定性也十分强，各种理论模拟工作均未达到完善与实用阶段，但就现有水平而言，其成就已不可小视，并且有一些理论成果已开始指导人们的设计和安全行为。

## 6.5.2 日本的疏散时间计算方法简介

### 1. 疏散时间

1）房间安全疏散时间

当某一房间发生火灾时，可通过计算来确定该房间所有人员撤到室外所需的时间。所谓室外，此时指着火处之外某个安全区域或与该房间有相当耐火强度相间隔的走廊、大厅等。设房间允许的疏散时间为$T_1$，假如计算的时间比$T_1$小，则可认为满足安全疏散的要求。$T_1$的取值如下：

（1）一般房间：

$$T_1 = 2\sqrt{A} \quad (\mathrm{s}) \tag{6-3}$$

式中：$A$——该房间的地面面积，单位$\mathrm{m}^2$。

（2）顶棚高度超过6m的房间：

$$T_1 = 3\sqrt{A} \quad (s) \tag{6-4}$$

（3）房间面积小于 200 $m^2$的情况：

$$T_1 = 30s$$

上述允许值的确定并不严格。假定房间很大，也可以根据火焰和烟气的传播速度，凭经验确定该值。

2）走廊疏散时间

失火时，无论是起火房间里的人，还是未着火房间里的人，都会涌到走廊中来，并经过它撤到楼梯、临时避难层和建筑物外部。对走廊疏散的评价就是核算人们通过第一安全区的时间。当避难者有多种路径可选择时，要按把避难者分配到每一个途径进行疏散来计算。走廊允许的避难时间用 $T_2$表示，一般取

$$T_2 = 4\sqrt{A_{1+2}} \quad (s) \tag{6-5}$$

式中：$A_{1+2}$——着火房间面积 $A_1$加上本楼层着火房间以外各房间面积和走廊面积的总和 $A_2$。

3）楼层疏散时间

该评价是指核算火灾发生楼层的全体人员从着火处撤到最终避难处所用的时间。此时允许的避难时间用符号 $T_3$表示，一般取

$$T_3 = 8\sqrt{A_{1+2}} \quad (s) \tag{6-6}$$

通常避难计算都是每层分别进行的。

**2. 滞留人数**

在人们通过走廊向楼梯间入口集中的过程中，疏散人流受到入口宽度限制，会出现入口前“等待”现象。这种狭窄入口处等待的人数会相当多，而且走廊面积狭窄时会引起疏散混乱，有时甚至还会使疏散人员堵在房间门口而延长了房间的疏散时间。为此，有必要算出走廊、前室的最大滞留人数，并用下列公式确认各部分面积是否能够容纳滞留人员：

$$A_2 = N_2 \times 0.3 \tag{6-7}$$

$$A_3 = N_3 \times 0.2 \tag{6-8}$$

式中：$A_2$——走廊等第一安全分区的必需面积，单位 $m^2$；

$N_2$——走廊等第一安全分区的滞留人数，单位人；

$A_3$——前室或阳台等第二安全分区的必需面积，单位 $m^2$；

$N_3$——前室或阳台等第二安全分区的滞留人数，单位人。

虽然同是滞留人数，考虑到走廊等第一安全分区，由于群集步行，每人按 0.3$m^2$计算，前室、阳台等第二安全分区，因有防火排烟措施，比一般房间和走廊有更安全的措施，所以，这部分每人按 0.2 $m^2$计算。

**3. 安全疏散计算假设条件**

安全疏散计算是在以下假设条件下进行的：

（1）疏散人员在房间内是均匀分布的；
（2）在起火房间，疏散是同时开始的；
（3）疏散人员按预先设定的路线进行；
（4）步行速度是一定的，没有超越和返回的反向行走现象；
（5）群集人流受楼梯间出入口等宽度限制（流动系数）；
（6）有两个以上出入口时，如无良好的疏散诱导，则经过最近的出入口疏散。

**4. 楼层疏散计算**

1）房间疏散时间的计算

首先，设定房间的起火点，并据此确定人员疏散路线、疏散出口。对面积小于 $200m^2$ 的房间，当可燃物较少时，其各个出口可供疏散使用；反之，当可燃物较多时，则要考虑某一出口距起火点位置较近而不能使用的最不利情况。

房间疏散时间按下式计算，并与房间允许疏散时间比较，确认其安全性：

$$t_{11i}=\frac{N_i}{1.5B_i} \tag{6-9}$$

$$t_{12i}=\frac{L_{xi}+L_{yi}}{V} \tag{6-10}$$

$$T_1=\max(t_{11},\ t_{12}) \tag{6-11}$$

式中：$t_{11i}$——疏散通过疏散出口所需要时间，单位 s；
$t_{12i}$——最后一名疏散者到达出口的时间，单位 s；
$N_i$——火灾房间的人数，单位人；
$B_i$——房间出入口的有效宽度，单位 m；
$L_{xi}+L_{yi}$——房间最远点到疏散出口的直角步行距离，单位 m；
$V$——步行速度，单位 m/s；
1.5——流动系数，单位人/m·s。

当疏散人数一定时，房间的出口宽度越大，疏散时间就越短。当其宽度超过一定程度，则疏散时间就没有影响了。当出入口狭窄时，会出现在出入口等待的现象，此时，疏散时间取决于 $t_{11}$；反之，当出入口足够宽时，就不会发生等待现象，而是由房间内距出入口最远处的人员达到出入口的时间来决定的，此时所需时间为 $t_{12}$，而 $T_1$ 是取 $t_{11}$ 与 $t_{12}$ 中的大者。通常情况下，在矩形平面的房间内是沿直角路线的步行距离（$L_x+L_y$），当房间内未设家具时，取直线步行距离进行计算。

步行速度 $V$，一般说来，人员密集度越高，其值越低，可按下述数值采用：

办公、学校等建筑：$V=0.5$m/s；

百货大厦、宾馆、一般会议室等服务对象不确定的建筑：$V=1$m/s；

医院、人员密度高的会议室等：$V=0.5$m/s。

房间的允许疏散时间（$T_1$）是由房间面积 $A_1$（$m^2$）决定的，但房间高度不同，其蓄烟量也会发生变化，故按一般房间 $T_1=2\sqrt{A}$（s）计算。当面积小的房间，求出 $T_1<30$s 时，取 $T_1=30$s。

2）楼层疏散计算

各个房间的安全疏散时间计算之后，就可对楼层安全疏散状况进行预测计算，并校核其安全性，这里仅就走廊的疏散时间 $T_2$、楼层疏散时间 $T_3$ 以及走廊和前室等处的最大滞留人数进行计算，并校核安全性。如图 6-12 所示，一个房间的不同区域，有一部分人员直接进入楼梯间，而另外一部分人员既要进行房间疏散时间计算，同时还要进行走廊的疏散时间计算，由此构成楼层的安全疏散计算。

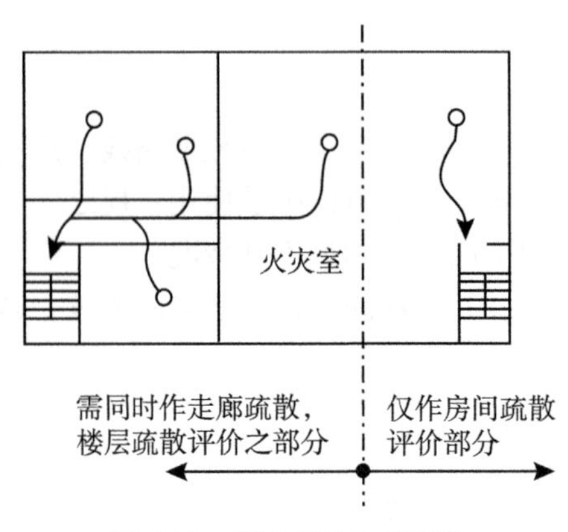


图 6-12　楼层疏散计算模型

3）疏散路线的设定

（1）起火房间的设定。房间疏散计算首先要设定起火点，然后确定疏散路线、疏散口；其次要设定某一房间为起火房间，研究整个楼层疏散的状况，但一般不考虑走廊和楼梯失火的情况。

起火房间变化后，疏散路线就要变化，所以 $T_1$、$T_2$、$T_3$ 等都发生变化。原则上应以某一楼层的各个房间分别设想为起火房间，并逐一进行疏散计算，以校核其安全性。但为了简化起见，仅就判断为疏散最不利的房间以及失火危险性大的房间设定为起火房间就可以了。一般把某一层的主要房间及饮食店、厨房等用火房间优先考虑为起火房间。

（2）走廊疏散路线的设定。在建筑设计中，一般要求形成双向疏散，即有两个以上的出口。在进行楼层疏散计算时，要设定各个房间的人员疏散到走廊后向哪个楼梯或前室疏散。

（3）开始疏散时间 $T_0$ 的设定。所谓开始疏散时间 $T_0$，是指从失火时起到疏散行动开始为止的时间。但是，对高层建筑来说，火灾房间与非火灾房间的开始疏散时间是不同的，按下式求出：

火灾房间：
$$T_0=2\sqrt{A_1}\quad (\text{s}) \tag{6-12}$$

非火灾房间：
$$T'_0=2T_0 \tag{6-13}$$

式中：$A_1$——起火房间的面积，单位 $m^2$。当 $A_1$ 很小、$T_0$ 不足 30s 时，取 $T_0=30s$。

根据式（6-12）、式（6-13），起火房间的开始疏散时间是与其面积有关系的，面积越大，开始疏散时间越长。而非起火房间是起火房间开始疏散时间的 2 倍。这是基于以下考虑而得出的：我们假设起火房间的人员看到起火后，就开始疏散了，而非火灾房间人员还要等到防灾中心的疏散广播指令才开始疏散，因而开始疏散时间要晚一些。

根据火灾事故的调查，疏散行动未必同时开始，火灾房间与非火灾房间开始疏散时间也未必刚好相差2倍。而且，失火时刻、火灾报警系统的性能以及设置条件等，也有一定的差异，是不易确定的因素。但为了简化计算，做出上述规定。

4）走廊疏散时间 $T_2$ 及楼层疏散时间 $T_3$ 的计算与评价

楼层疏散时间是房间疏散时间与走廊疏散时间之和。因此，只要求出 $T_2$，也就求出 $T_3$。而计算走廊疏散时间、楼层疏散时间，就要计算每条到达各楼梯间的路线所需要的时间。

走廊的疏散时间 $T_2$，是从疏散人员最早开始到走廊时起，到最后一名疏散者进入楼梯间或前室时为止的时间。

一般说来，走廊作为一个安全分区的空间，它与各房间有联系的门洞等，其防火性能比防火分区的墙体要差一些。为此，要限定人们在走廊里的疏散时间，进而评价其疏散的安全性。

首先，疏散开始的同时（失火后 $T_0$ 或 $T'_{os}$ 后）各房间的人员从出入口先到走廊；其次，到了走廊的疏散人员分别向楼梯间步行而去。根据前述假定，人流在疏散时无超越和返回现象，按顺序在走廊里行走，先头的疏散人员首先到达楼梯入口处，此时，人流开始进入楼梯间，后续者持续进入楼梯疏散。从疏散开始到开始进入楼梯间的时间（走廊的步行时间 $T_{21}$（s）），是由先头疏散人员在走廊里步行距离与步行速度所决定的，因此可表示为：

$$T_{21}=\frac{L}{V} \tag{6-14}$$

式中：$L$——走廊里的步行距离，单位 m；

$V$——步行速度，单位 m/s。

当最后一名疏散者进入楼梯时，楼层疏散便结束了。楼层疏散时间的决定因素有两个，其一是楼梯间或前室的入口的宽度形成细颈，人流进入所需要时间 $t_{22}$；其二是疏散者到达楼梯入口处的时间 $t_{23}$。走廊的疏散时间 $t_{22}$ 可由下式求出：

$$t_{22}=\frac{N_2}{1.5B_2} \tag{6-15}$$

$$T_2=T_{21}+\max(t_{22},\ t_{23}) \tag{6-16}$$

式中：$\max(t_{22},\ t_{23})$——$t_{22}$ 或 $t_{23}$ 中的较大者；

$N_2$——利用某一楼梯间疏散的人数，单位人；

$B_2$——楼梯间入口的宽度，单位 m；

$t_{22}$——通过楼梯入口所需的时间，单位 s；

$t_{23}$——第一个疏散者进入楼梯间时起到最后一个疏散者进入楼梯间为止的时间，单位 s；

1.5——流通系数，单位人/m·s。

如图6-13所示，当出入口 $d_1$ 和 $d_3$ 的宽度分别为 $B_1$ 和 $B_3$，且 $B_1>B_3$ 时，则 $B_3$ 就形成了

瓶颈。这时，$t_{23}$由下式求出：

$$t_{23}=\frac{L_c}{V}+\frac{N}{1.5B_3} \tag{6-17}$$

式中：$N$——疏散人数，单位人；

$B_3$——$d_3$的有效宽度，单位 m。

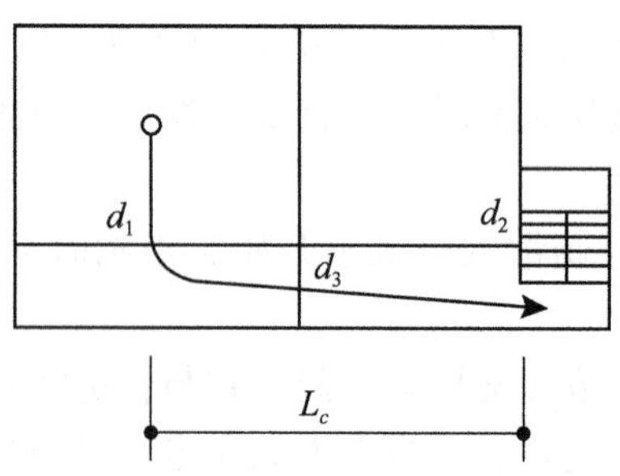


图 6-13　走廊中部有门洞时的计算

当房间有 2 个以上出口或者每层的房间数较多时，其基本的思考方法与单一出口的是一致的。必须首先估算出每一个出口的疏散人数，进而作疏散时间计算：

$$L_{21}=\frac{L_s}{V} \tag{6-18}$$

$$T_2=t_{21}+\max(t_{22},\ t_{23}) \tag{6-19}$$

$$t_{22}=\frac{\sum N_2}{1.5B_2} \tag{6-20}$$

式中：$\sum N_2$—— 采用某一楼梯间疏散的各房间人数之和，单位人；

$L_s$——走廊内的最短步行距离，单位 m，即从房间门口到最近的楼梯间的距离；

$B_2$——楼梯间的出入口宽度，单位 m。

5）走廊允许疏散时间 $T_2$与楼层允许疏散时间 $T_3$

走廊允许疏散时间 $T_2$与楼层允许疏散时间 $T_3$可按公式 $T_2=4\sqrt{A_{1+2}}$（s）、$T_3=8\sqrt{A_{1+2}}$（s）计算。应说明的是，起火房间的面积 $A_1$用设定的起火房间的面积；$A_2$的面积中不得包括第二安全分区（前室）以及楼梯间、电梯井、阳台等的面积。

## 6.6　计算机仿真模型简介

近年来开展的性能化防火设计中，人员的安全疏散已经成为其中重要的衡量指标。随着计算机技术的发展，世界各国许多科学家开始寻找各种定量化的计算方法，利用计算机模拟技术开发了多种人员疏散模型。其基本思路是：通过计算机直接模拟人员在建筑物内的移动过程，并记录不同人员在不同时刻的几何位置，从而计算建筑物内的人员疏散时间，并动态地显示人员疏散移动的全过程。根据 Gwynne 的统计研究，到目前为止，国内外学者已开发了20多种不同的疏散模型及相应的计算软件，其中比较著名的有EXIT 89、EXODUS、EVACNET、EGRESS、EVACSIM和SIMULEX等。国内学者开发的模型有SGEM模型和中国科学技术大学火灾科学国家重点实验室的元胞自动机（Cellular Automata）模型等。

根据划分建筑空间的不同，上述模型主要采用网络模拟（Coarse Network）和网格模拟（Fine Network）两种方法。网络模拟方法主要是将疏散网络中的各个建筑单元，如房间、走道、楼梯，划分为一个个节点，人员的移动则以人群的方式从一个节点移动到另一个节点，根据各建筑单元的出口容量确定人员在建筑物内的移动速度，并确定相应的几何位置。这类模型能够进行大容量的人员计算，但无法考虑不同人员对火灾的心理反应和个体之间的相互关系，不能真实地反映人们在疏散逃生过程中的拥挤状态，计算精度很低。这些模型包括EXIT89、EvacSim、EXITT等。网格模拟方法则将疏散网络中的每个建筑单元划分成很多细小的网格，人员可当做一个个移动的质点，质点在移动到相应的网格时，会根据环境的变化调整各自的移动速度和方向，并因此可以跟踪人员移动的轨迹，从而得到建筑物的人员疏散时间，所取得的结果可以在计算机上进行动态显示。各模型的网格尺寸和形状有所不同，如EXODUS为0.5m×0.5m正方形网格，SIMULEX为0.25m×0.25m，EGRESS为六边形网格。这些模型能够反映人与人之间的相互关系、环境的影响等诸多因素，因此模拟结果的精度较高。

计算机人员疏散模拟技术的飞速发展，为火灾发生时人员疏散过程的分析提供了可靠的技术手段，应用计算机疏散模拟技术，可以对建筑物的疏散通道存在的危害性和风险性进行量化分析，进而评估建筑物疏散路线设计的合理性。下面通过目前国际上几个常用的疏散软件STEPS、SIMULEX、SGEM、buildingEXODUS，来介绍人员疏散软件的建立方法及原理。

### 6.6.1 STEPS

**1. 模型的建模目的及构成方法**

该模型目的是模拟在正常或紧急情况下，人员在不同类型建筑物中的疏散情况，例如在体育馆或办公大楼。该模型为人员流动模型，它包括人员的提前移动能力、个性、耐性和家庭行为。模型是一个由一系列的网格单元组成的网络系统，在网络系统中，一个人只能占有一个单元。网格单元的缺省尺寸是0.5m×0.5m。另一个“细网格”选项可适用于多人占有一个网格单元，但仍处于测试阶段。

**2. 模型的心理学观点**

该模型把人员看做个体，使用者可以为模拟中的每个人或每组人赋予不同的特性。使用者还能为每个人（组）指定“目标”或出口，帮助特定人群制定路线，使人员对建造物有自己的认识。同时，对于每个目标，每个成员组被分配一个意识因子，其取值范围为0~1，它用来指定人群对出口的熟悉程度。如果意识因子取值为0，则表明人群中没有人知道目标或出口；而意识因子取值为1，则表明人群中所有人都知道目标或出口。人员根据每个出口设定的数值选择出口。该数值基于以下 4 个因素确定：

（1）离出口距离最短；

（2）出口的熟悉程度；

（3）出口附近人员的数量；

（4）出口通道的数量。

**3. 模型的原理**

人员在排队或高密度的情况下，人员的移动受邻近网格单元可用性的影响。在一个网格单元中，一个人员有 8 个可能的选择，决定怎么走取决于邻近网格单元的最小势位。当在 STEPS 中指定了一个出口，程序会计算它的势位表格，表格将提供每个网格单元到目标的最短距离。程序使用回归算法求得每个网格单元到出口的距离。出口单元的势位为 0，然后程序移动到与出口单元相邻的单元，并计算其势位。如果程序按对角线的方向移动，STEPS 将在单元的当前势位上增加（网格大小值 * （Sqrt. 2）），如果程序按照水平或竖直的方向移动，STEPS 将在单元的当前势位上增加网格大小值。

当人员在决定选择哪条路线或出口时，他们将选择数值最小的路线。如果有多条数值相等的路线，人员将在这些路线中随机选择。STEPS 使用一种算法来计算每个人到每个目标的数值，这个算法可划分为以下 8 个步骤：

（1）到达目标所需的时间；

（2）在目标上排队所需时间；

（3）考虑到时间不是徒步走到队列末端所需的时间，需要对时间进行调整；

（4）计算到达队列末端所需要的真实时间；

（5）考虑到人行走过程中人将会离开，需要对排队时间进行调整；

（6）计算排队所需的真实时间；

（7）纳入耐心等级；

（8）计算最终的数值。

计算到达目标所需要的时间 $T_{walk}$，等于到目标的距离（$D$，包括在前面描述的势位表格中）除以人行走的速度（$W$，使用者设定）。公式如下：

$$T_{walk}=\frac{D}{W} \tag{6-21}$$

人员在目标上排队所需的时间（$T_{queue}$），等于在此人员之前到达目标的人数（$N$）除以人员流动速度（$F$，使用者设定，单位 p/s）。公式如下：

$$T_{queue}=\frac{N}{F} \tag{6-22}$$

使用者可为人员指定（或保留缺省值）大量的属性，比如人体宽度、厚度和高度、耐性、行走速度和人的类型/组等。

在疏散开始后，人员还可以在某一个特定的时间和地点被创建到模拟中。若在 STEPS 中指定了一个家庭组，在模拟中，家庭成员组会在建筑物中的一个地点会合，然后一起疏散。

## 6.6.2 Simulex

### 1. 模型的建模目的及构成方法

Simulex 是一个能够模拟人群从复杂建筑物中疏散的模型，是一个局部的行为模式，它主要是依靠建筑内部的人员的距离来确定人群疏散过程中的运行速度。另外，该模型允许人群中的插队、身体扭转、侧身步进、小幅度的后退。这是一个连续的空间体系，各层的平面图和楼梯都划分成一个个 0. 2m×0. 2m 的块或网格。该模型包含一个算法，它能够计算出每个网格到最近安全出口的距离，并且将这些信息标注在一个距离图表上。地图上的距离显示，如图 6-14 所示。

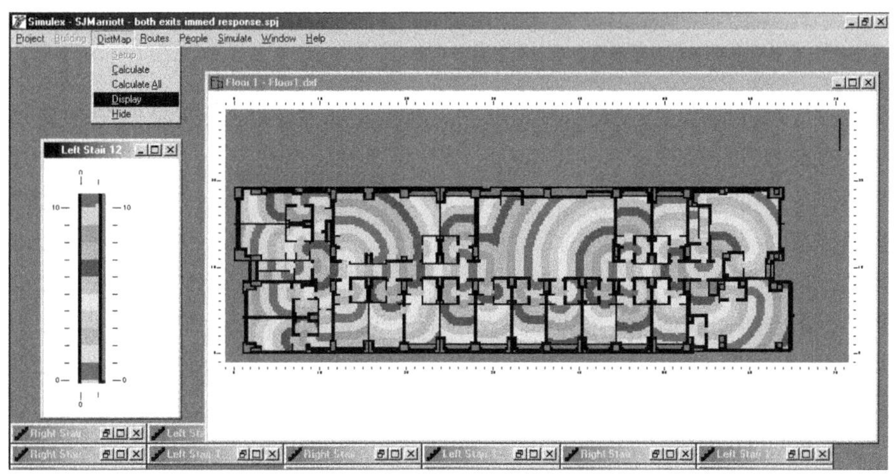


图 6-14　Simulex 中的距离地图

### 2. 模型的心理学观点

该模型把人员看做个体。模型可视化地输出在整个疏散过程中每个人的位置。同样，因为路线的选择既可以是根据模型的默认距离地图计算出的最短路线，也可以是使用者通过指定替换距离地图而自己决定的路线，所以建筑内的人员对建筑有自己的观察。替换距离地图会不标注其中的一些出口，以迫使或指导人们通过特定的路线离开建筑。

### 3. 模型的原理

在 Simulex 模型中，使用一个算法来模拟人们徒步、侧步、扭体、插队等速度的波动。该算法结合了基于人员移动视频的分析和其他的学术研究。

正如先前提到的那样，距离地图被用来指引人们通向最近的安全出口。在模拟中，用户可以创建 10 个不同的距离地图。人员行走的速度是人们相互距离的函数。这是一个用于人员移动的例子，其数据如图 6-15 所示。

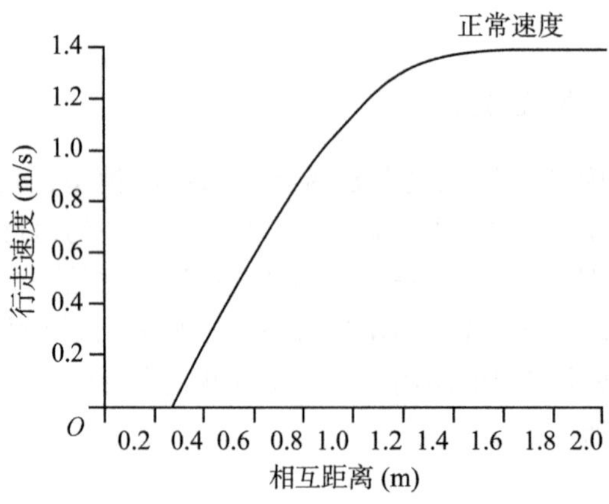


图 6-15　Simulex 中移动算法的函数关系图

人们的运行速度取决于与前面人的距离。人们相互距离的定义是两个个体中心的距离。最符合图表的方程式如下：

$$v = V_u \times \sin\left(90 \times \frac{d-b}{t_d-b}\right),\quad 当\ b \leqslant d \leqslant t_d\ 时$$
$$v = V_u,\qquad 当\ d > t_d\ 时 \tag{6-23}$$

式中：$V_u$——在受阻碍的情况下徒步行走的速度，单位 m/s；

$v$——正常（未受阻碍）的速度；

$d$——人们相互距离，单位 m；

$t_d$——离入口的距离；

$b$——人体的躯干半径。

对于不同特征的人员，在楼梯间的速度被限定为其正常速度的 0.6 倍。不同的人群类型对应相应的身体尺寸和正常速度。它们的关系由前面的方程式确定。

### 6.6.3　buildingEXODUS

#### 1. 模型的建模目的及构成方法

这种模型的目的是为了模拟疏散大量被很多障碍围困的人。该模型由 airEXODUS、buildingEXODUS、maritimeEXODUS、railEXODUS、vrEXODUS（虚拟现实图形程序）5 个部分组成。buildingEXODUS 试图考虑“人与人、人与火以及人与建筑物之间的相互作用”。这个模型如图 6-16 所示，包括 6 个在模拟疏散方面相互联系、相互传递信息的子模型，它们是人员、运动、行为、毒性、危险性和几何学子模型。

该模型是一个细网络模型。该模型利用二维空间网格绘制出几何结构、位置、障碍物等。这种网格由“节点”和“弧”组成。每个节点都代表了建筑平面图上的小空间，而弧在建筑平面图上把这些节点连接到一起。人通过利用这些弧，从建造物的一个节点到另一个节点。这些信息存储在几何子模型中。同时，在整个模拟过程中，每个节点都有毒气

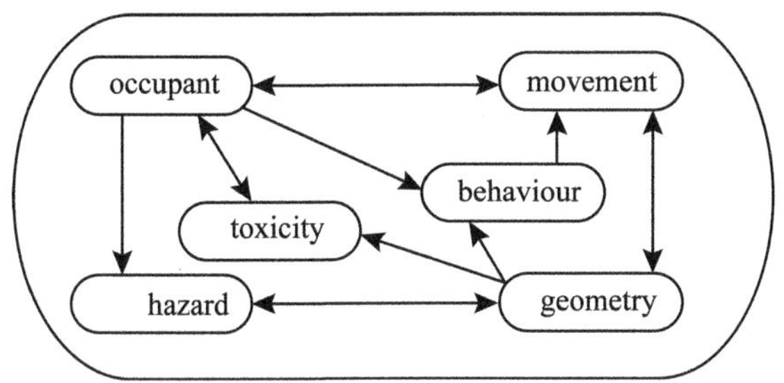


图 6-16 EXODUS 模型的相互作用

等级、烟雾浓度和温度等与其相关的动态环境。

**2. 模型的原理**

该模型把人员看做个体，并赋予每个个体个性。人员子模型的目的是描述个人，包括性别、年龄、跑动最快速度、步行最快速度、反应时间、敏捷性、耐性等。人员子模型还包括人员在整个疏散过程中移动的距离、人员的位置以及处在有毒的气体中的信息。其中一些属性是静态的，另一些会随着建筑物条件的改变而改变。

人员对建筑物的视角主要是个人的，但也包括整体的。人员的逃生策略或路线取决于行为子模型，这是在他/她与建筑、其他人员以及火灾的危险情况的相互作用下产生的结果。

该模型是基于规则或有条件的行为。行为子模型控制人身体的移动从当前的位置到下一个位置。或者，如果用户拖延了时间，模型会让人处在适当的位置。运动模型还可以将超越、侧跨以及其他的行动结合到一起。运动模型决定人员该以多快的速度移动，并且协调人员模型，以确保人员在疏散过程中有特定的能力（也就是跳过障碍物）。用户可以为每个乘员设定六个级别的步行速度中的一个，随机产生的入口，或组定义。这六个层面是：

（1）快速步行-默认速度为 1.5m/s；

（2）步行-快速步行速度的 90%；

（3）跨越式-快速步行速度的 80%；

（4）爬-快速步行速度的 20%；

（5）上楼梯；

（6）下楼梯。

人员“放慢”，因为其他人员占用他/她前面的网格。当移动到另一个人也想占有的网格式时，冲突的解决办法是分配给冲突中的每一个人一个特定的延迟时间。同时，驱动变量也影响到哪个人将实际上占有哪个网格。如果其中一个人出了一个更高的驱动价值，那个人将获得下一个网格。然而，如果每个居住者出相同的驱动价值，则决定是随机的。简而言之，从网格到网格的疏散时间由以不受阻碍的速度实际运动的时间和在路上发生冲突耽误的时间组成。

在整体层面上，疏散策略是由用户指定的。默认路线是由电位图（出口标记为0，距出口越远其值越高）确定，这将指导人们到最近的出口。如果一个出口被看成是熟悉或者更有吸引力的，则这个默认电位图及路线会改变。人员总是走上一个比他们现在具有更低电位的节点。如果一个出口更具吸引力，那这个出口的电位会降低。在正常的行为下，人员的运动是由电位图决定的，他们还努力降低自己的电位。如果较低电位的选择不存在，人员则会移动到一个具有相同电位的节点。如果这种选择不可行，人员将会等待。在极端条件下，他们可能采取更极端、更迂回的路线。在这种情况下，人员不介意短时期内接受更高潜力的替代路线。这些行动在人员子模型中也与耐心选项结合在一起。

在楼梯间，人员会认为楼梯上所有的节点具有相同的吸引力，但是如果一个人员在楼梯边缘的五个节点之内，他/她会移动到边缘，企图利用扶手。人员的移动速度取决于模型输入的资料。逃离出口取决于两个因素：出口的宽度和每单位宽度流动速率。这些评估决定了可以同时出去的人员的最大数量和分配的出去的节点数量。用户指定了在每个出口的最高和最低的流动速率。

毒性子模型处理有毒物品对建筑里人员的影响。把对人员影响的信息传递给行为子模型，行为子模型把信息传递给行动子模型。为了确定发生火灾对人员的影响，其中包括新增的辐射效应得影响，EXODUS使用了David Purser，BRE开发的数值有效剂量模型。数值有效剂量模型通过考虑辐射、温度、HCN、CO、$CO_2$以及低$O_2$的影响，来评价失效的时间。同时，根据Jin的数据，其他的影响让人员步履蹒跚和迟缓。当人员遇到烟雾障碍时，可能会走不同的路径，这取决于他们的个性。

### 6.6.4　网络网格复合模型（SGEM）

SGEM模型采用网络流理论，将一个建筑的房间、走道、楼梯等基本建筑单元简化为一个个网络单元，网络单元之间由门、开口部分等相连接，这样整个建筑就形成了由一个个单元连接成的网络。人员就从网络中的上一级单元中逐步向下一级单元移动，最后到达安全地点。这样，只要我们计算得到不同时刻人员所在的单元，那么也就得到了该人员所在的位置，当他到达最后一个单元并且走完了该单元所需要走的全部路程，那么也就说明他已经到达了安全地点，这一时刻也就是他的全部疏散时间。网络形成具体原理如图6-17所示。

一般来说，由于年龄、身体条件的不同，疏散人员疏散能力也各不相同，体现在行走速度上则是有快有慢。因此，对与建筑物空间的各个具体人员各特征量必须进行详细的描述，如必须记录不同时刻每个人员的几何位置、前进速度及方向等，这样我们就可以计算人员疏散出建筑物的具体时间。但是，对于人员密集的大型高层建筑，要识别每位疏散人员，计算机每一时间步都要计算每个疏散人员的特征参数，其计算量是相当巨大的，再加上大型高层建筑物结构的复杂性，往往由于计算机内存不够，而使得疏散模型不能计算。因此，针对这种情况，提出了对于多层建筑采用“网格”和“有效距离”相结合的建模计算方法。对于大型高层建筑而言，并不是一开始所有楼层全部着火，同时，当人员汇流到楼梯后才可能出现群聚效应。为简化起见，本模型只对大型高层建筑的着火层（楼梯间除外）按照个体人员疏散来考虑（即网格计算），而将非着火层和楼梯间的人群移动视

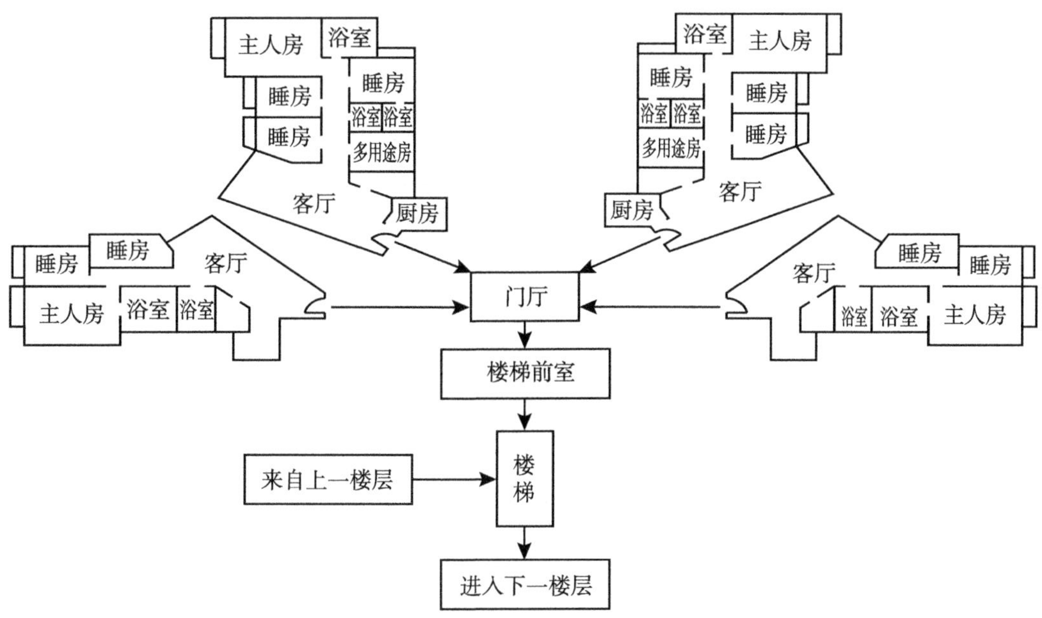


图 6-17 建立疏散模型的计算网络（主要是确定流向）

为群聚疏散，并按一定的人流方向疏散，且认为人流具有一定的密度、速度及流量，因此对此类流动不单独考虑人流内各个人员的具体特征。

**1. 人员疏散的网格模拟**

在网格模拟中，我们将疏散通道内的人群作为每个个体来处理，在每一时刻根据每个疏散人员周围的密度，分别计算每个疏散人员的几何位置（即个体坐标）和疏散速度及疏散方向。与其他的网格模型一样，我们将每个建筑单元划分为很多细小的网格，每个网格的大小为 0.4m×0.4m，其面积只比一个成年人的水平投影面积（0.113 $m^2$）大一点。当一个人进入到一个网格时，他就占据这个网格，在他离开前，其他人无法进入到该网格。疏散人员从一个网格移动到另一个网格，直到他离开指定的计算区域。

采用拉格朗日法描述个体人员的运动轨迹，当每个人的初始位置和移动速度确定了以后，也就可以计算该人员的运动轨迹。当疏散个体周围 1.13 $m^2$内没有其他人的时候，个体可以自由移动。于是模型中只考虑个体与其周围 3 个网格之内的其他个体之间的影响，其影响面积为 1.2m×1.2m，如图 6-18 所示。忽略其他一些次要因素以及个体的心理反映的影响，假定人们的移动速度只与他所处的几何位置以及该位置一定范围内的人员密度两个因素有关。疏散人员 $i$ 的密度可用下式计算：

$$D_i = \frac{N_i}{\delta x \cdot \delta y} \tag{6-24}$$

式中：$D_i$——疏散人员 i 的人员密度；

$N_i$——1.2m×1.2m 区域内的人数；

$\delta x \cdot \delta y$——1. 2m×1. 2m 的区域面积，如图 6-18 所示。

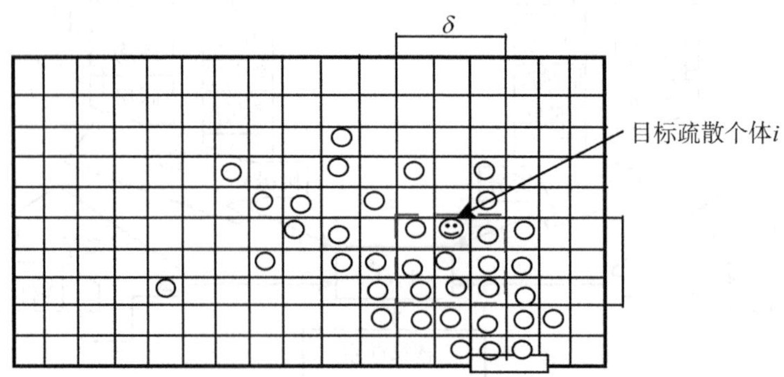


图 6-18　网格模型中的个体运动

关于个体的移动速度跟其周围的人员密度的关系，本模型提出了以下的经验公示来计算平面上人员的移动速度：

$$u_i=\begin{cases}1.4 & D_i\leqslant 0.75\\ 0.0412D_i^2-0.59D_i+1.867 & 0.75<D_i\leqslant 4.2\\ 0 & D_i>4.2\end{cases}\qquad(6\text{-}25)$$

式中：$u_i$——疏散人员 $i$ 的移动速度；

$D_i$——根据式（6-24）计算得到的 $i$ 的人员密度。

当一个网格点（$x_i$，$y_j$）中的人员多于 1 个人时，则规定只有离出口最近的那个人可以以速度 $u_i$ 向前移动，其余人则要么停留在原地，要么向两侧移动。因为当我们将网格细分到只能容纳一个人的情况下，在一个网格内出现多个人的情况是不允许的，说明其他人在上一个时间步已经停止下来，或者已经向两侧移动，当疏散个体进入下一个网格时，其开始参加下一网格的计算，其速度矢量将按下一网格节点的密度计算。

**2. 人员疏散的网络单元内模拟**

在网络单元的模拟中，只考虑每一时刻每个疏散人员离出口的相对距离，而不用考虑每个人员的几何位置。模型采用了特征长度 $L$ 这个参数来记录疏散者离出口的相对距离，每个建筑节点都有一个特征长度 $L$，位于该节点内的所以疏散者都必需走完该长度后才算进入到下一个节点。

由于建筑物空间结构特点不同，我们考虑了两种建筑单元来计算特征长度。对于走廊类的建筑单元，一般无阻碍步行的障碍物，假定疏散人员可以直线到达出口，其特征长度为单元的长度 $a$，如图 6-19 所示。而对于办公室等房间类的建筑物单元，一般都有桌子等家具，疏散人员难以直接到达出口，疏散人员需要经过家具之间的通道才能到达出口，其特征长度为单元的长度 $a$ 加上宽度 $b$，如图 6-20 所示。

与很多其他网络模型一样，我们将疏散通道内的人群作为一个整体处理，人流包含一定数目的人员，具有一定的长度与宽度。不同的密度下，人流具有不同的行走速度。在网

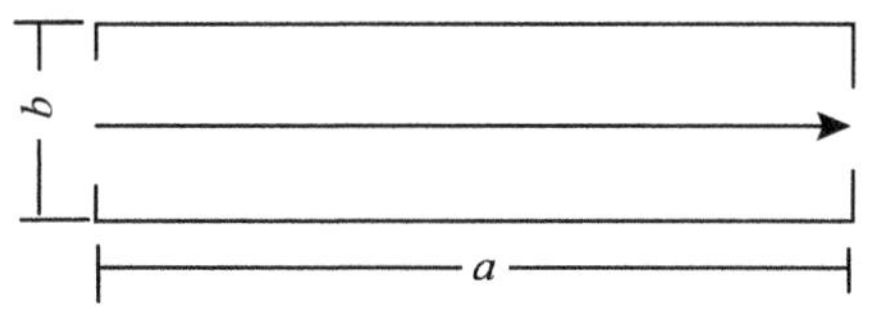


图 6-19 走廊等节点单元的特征长度

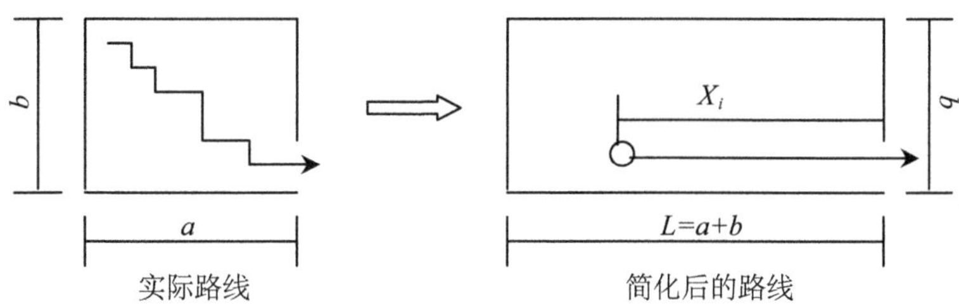


图 6-20 办公室等节点单元的特征长度

络模型中，我们采用了 Fahy 的速度计算公式，该公式使用的是面积密度（$\rho$）而不是上述公式中的人群密度 $D$。面积密度表示的是个人水平投影面积内的人数，即 $\rho=D\delta$，其中 $D$ 为人群密度，$\delta$ 为个人的水平投影面积，可以取为 0.113 $m^2$。根据 Fahy 的研究，人流的平均疏散速度为：

平面上：$u = 112\rho^4 - 380\rho^3 + 434\rho^2 - 217\rho + 57(m/min)$，$0 < \rho < 0.92$ (6-26)

对于门和楼梯间的速度，考虑受狭小空间的影响，一般给一个影响系数 $c$，即：

$$u_c = u \cdot c \tag{6-27}$$

门：$c = 1.17 + 0.13 \times \sin(6.03 \times 40 - 0.12)$

楼梯间：$c = 0.775 + 0.44 \times \exp(-0.39 \times \rho) \times \sin(5.16 \times \rho - 0.224)$

**3. 网格模拟和网络模拟的联接**

如上所述，在网络网格复合模型中，我们把网格模拟区域中的每个单元划分成了许多网格，每个疏散个体在建筑单元内的位置用平面坐标表示；而网络模拟区域中的每个单元则被划分成一个网络节点，每个疏散个体在建筑单元内的位置用特征长度这个概念参数表示。

各网络单元之间的人员数量应该满足下列平衡关系：

$$N_{in} - N_{out} = \frac{\Delta N_m}{\Delta t} \tag{6-28}$$

式中：$N_{in}$，$N_{out}$——单元的进出人员数量；

$\Delta N_m$——单元内人员在 $\Delta t$ 时间内人员数量的变化。

# 第 7 章　建筑消防系统

建筑消防系统是建筑消防工程的重要组成部分，是建筑火灾的主要灭火工具。所谓建筑消防系统，就是在建筑物内或高层建筑物内建立的自动监控自动灭火的自动化消防系统。它利用各种消防系统及时扑灭火灾，将火灾损失减小到最低，是防火工作的重要内容。

建筑消防系统根据使用灭火剂的种类和灭火方式可分为下列三种灭火系统：

（1）消火栓系统；

（2）自动喷水灭火系统；

（3）气体消防灭火系统。

## 7.1　消火栓系统

消火栓系统是建筑物的主要灭火设备。在发生火灾时，消火栓系统供消防队员或其他现场人员，利用消火栓箱内的水带、水枪进行灭火。

消火栓系统以建筑外墙为界，可分为室外消火栓系统和室内消火栓系统，又称为室外消火栓给水系统和室内消火栓给水系统。

### 7.1.1　室外消火栓系统

在建筑物外墙中心线以外的消火栓给水系统，称为室外消火栓给水系统。它由消防水源、供水设施、室外消防给水管道和室外消火栓等组成。灭火时，消防车从室外管网或消防水池吸水加压，从室外进行灭火或向室内消火栓给水系统加压供水。

#### 1. 室外消火栓的设置场所

在下列场所应设置室外消火栓：

（1）城镇、居住区及企事业单位；

（2）厂房、库房及民用建筑；

（3）汽车库、修车库和停车场；

（4）易燃、可燃材料露天、半露天堆场，可燃气体储罐或储罐区等室外场所；

（5）耐火等级不低于二级且体积不超过 3000$m^3$ 的戊类厂房，或居住区人数不超过 500 人且建筑物不超过二层的居住小区，可不设消防给水；

（6）人防工程、地下工程等建筑的出入口附近以及隧道洞口。

#### 2. 水源、用水量、水压

1）水源

用于建筑灭火的消防水源有给水管网和天然水源，消防用水可由给水管网、天然水源或消防水池供给，也可临时由雨水清水池、中水清水池、游泳池、水景池等其他水源供给。

2）室外消防用水量

（1）城镇室外消防用水量。火灾起数和一起火灾灭火用水量的确定不得小于表7-1中的规定。

表7-1　**城镇同一时间内的火灾起数和一起火灾灭火设计流量**

| 人数 N（万人） | 同一时间内的火灾起数（起） | 一起火灾灭火设计流量（L/s） |
|---|---|---|
| N≤1.0 | 1 | 15 |
| 1.0<N≤2.5 | 1 | 20 |
| 2.5<N≤5.0 | 2 | 30 |
| 5.0<N≤10.0 | 2 | 35 |
| 10.0<N≤20.0 | 2 | 45 |
| 20.0<N≤30.0 | 2 | 60 |
| 30.0<N≤40.0 | 2 | 75 |
| 40.0<N≤50.0 | 3 | 75 |
| 50.0<N≤70.0 | 3 | 90 |
| 70.0<N | 3 | 100 |

（2）工业园区、商务区、居住区等市政消防给水设计流量。工业园区、商务区、居住区等市政消防给水设计流量，宜根据其规划区域的规模和同一时间的火灾起数，以及规划中的各类建筑室内外同时作用的水灭火系统设计流量之和经计算分析确定。建筑物室外消火栓设计流量应根据建筑物的用途功能、体积、耐火等级、火灾危险性等因素综合分析确定。建筑物室外消火栓设计流量不得小于表7-2的规定。

表7-2　**建筑物室外消火栓设计流量**

| 耐火等级 | 建筑物类别 | | 建筑物体积 V（$m^3$） | | | | | |
|---|---|---|---|---|---|---|---|---|
| | | | V≤1500 | 1500<V≤3000 | 3000<V≤5000 | 5000<V≤20000 | 20000<V≤50000 | 50000<V |
| 一、二级 | 厂房 | 甲、乙类 | 15 | 15 | 20 | 25 | 30 | 35 |
| | | 丙类 | 15 | 15 | 20 | 25 | 30 | 40 |
| | | 丁、戊类 | 15 | 15 | 15 | 15 | 15 | 20 |
| | 仓库 | 甲、乙类 | 15 | 15 | 25 | 25 | — | — |
| | | 丙类 | 15 | 15 | 25 | 25 | 35 | 45 |
| | | 丁、戊类 | 15 | 15 | 15 | 15 | 15 | 20 |

续表

<table>
<tr><th rowspan="2">耐火等级</th><th rowspan="2" colspan="2">建筑物类别</th><th colspan="6">建筑物体积 $V$（$m^3$）</th></tr>
<tr><th>$V$≤1500</th><th>1500<$V$≤3000</th><th>3000<$V$≤5000</th><th>5000<$V$≤20000</th><th>20000<$V$≤50000</th><th>50000<$V$</th></tr>
<tr><td rowspan="4">一、二级</td><td colspan="2">住宅</td><td>15</td><td>15</td><td>15</td><td>15</td><td>15</td><td>15</td></tr>
<tr><td colspan="2">单层及多层公共建筑</td><td>15</td><td>15</td><td>15</td><td>25</td><td>30</td><td>40</td></tr>
<tr><td colspan="2">高层公共建筑</td><td>—</td><td>—</td><td>—</td><td>25</td><td>30</td><td>40</td></tr>
<tr><td colspan="2">地下建筑（包括地铁）、平战结合的人防工程</td><td>15</td><td>15</td><td>15</td><td>20</td><td>25</td><td>30</td></tr>
<tr><td rowspan="3">三级</td><td rowspan="2">工业建筑</td><td>乙、丙类</td><td>15</td><td>20</td><td>30</td><td>40</td><td>45</td><td>—</td></tr>
<tr><td>丁、戊类</td><td>15</td><td>15</td><td>15</td><td>20</td><td>25</td><td>35</td></tr>
<tr><td colspan="2">单层及多层民用建筑</td><td>15</td><td>15</td><td>20</td><td>25</td><td>30</td><td>—</td></tr>
<tr><td rowspan="2">四级</td><td colspan="2">丁、戊类工业</td><td>1</td><td>15</td><td>20</td><td>25</td><td>—</td><td>—</td></tr>
<tr><td colspan="2">单层及多层民用建筑</td><td>10</td><td>15</td><td>20</td><td>25</td><td>—</td><td>—</td></tr>
</table>

注：1. 成组分布的建筑物应按消火栓设计流量较大的相邻两座建筑物的体积之和确定；

2. 火车站、码头和机场的中转库房，其室外消火栓设计流量应按相应耐火等级的丙类物品库房确定；

3. 国家级文物保护单位的重点砖木、木结构的建筑物室外消火栓设计流量，按三级耐火等级民用建筑物消防用水量确定；

4. 当单座建筑的总建筑面积大于 500000m2 时，建筑物室外消火栓设计流量应按本表规定的最大值增加一倍；

5. 宿舍、公寓等非住宅类居住建筑的室外消火栓设计流量应按本表中的公共建筑确定。

（4）室外消防给水系统所需水压。室外低压消防给水系统的供水压力应保证当生活、生产和消防用水量达到最大时，不小于 0. 10MPa（从室外地面算起）。

室外高压或临时高压消防给水系统，当生活、生产和消防用水量达到最大时，供水压力应满足最不利点灭火设备的要求。

### 3. 室外消防给水管道

1）进水管

为确保消防供水安全，低层建筑和多层建筑室外消防管网的进水管不应少于两条，高层建筑室外消防管网的进水管小宜少于两条，并宜从两条市政给水管道引入，当其中一条进水管发生故障时，其余进水管应仍能保证全部用水量。

进水管管径按下式计算：

$$D = \sqrt{\frac{4Q}{\pi(n-1)v}} \tag{7-1}$$

式中：$D$——进水管管径，单位 mm；

$Q$ ——生活、生产与消防用水总量，单位 L/s；

$v$ ——进水管水流速度，单位 m/s，不宜大于 2.5m/s，独立自动喷水灭火系统，进水管水流速度不宜大于 5.0m/s；

$n$ ——进水管数量。

2）管网布置

室外消防给水管道布置应符合下列要求：

（1）室外消防给水采用两路消防供水时，应采用环状管网，但当采用一路消防供水时，可采用枝状管网。

（2）管道的直径应根据流量、流速和压力要求，经计算确定，但不应小于 DN100。

（3）消防给水管道应采用阀门分成若干独立段，每段内室外消火栓数量不宜超过 5 个。

（4）管道设计的其他要求应符合国家标准《室外给水设计规范》（GB50013）的有关规定。

**4. 室外消火栓**

室外消火栓分为地上式与地下式两种。地上式消火栓应有一个直径为 150mm 或 100mm 和两个直径为 65mm 的栓口，如图 7-1 所示。地下式消火栓应有直径为 100mm 和 65mm 的栓口各一个，如图 7-2 所示。

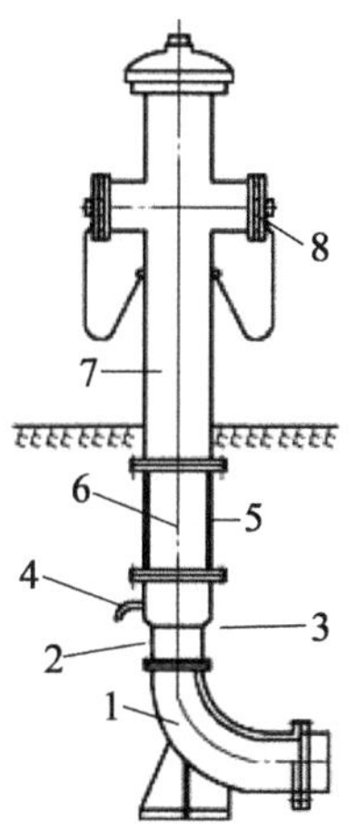


1—90℃弯头；2—阀体；3—阀座；4—阀瓣；5—排水阀；
6—法兰短管；7—阀杆；8—本体；9—接口

图 7-1 地上式消火栓

室外消火栓宜采用地上式，当采用地下式消火栓时，应有明显标志。《消防给水及消火栓系统技术规范》（509704—2014）规定室外消火栓布置应符合下列要求：

（1）室外消火栓的数量应根据室外消火栓设计流量和保护半径经计算确定，保护半径不应超过 150m，每个消火栓的出流量宜按 10～15L/s 计算；

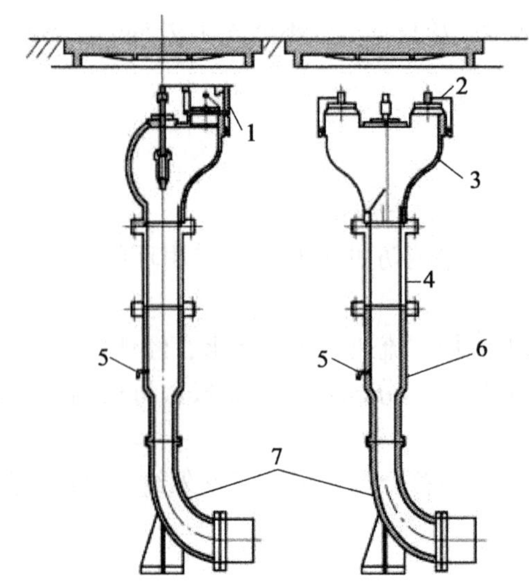


1—连接器座；2—接口；3—阀杆；4—本体；5—法兰短管；
6—排水阀；7—阀瓣；8—阀座；9—阀体；10—进水弯管

图 7-2　地下式消火栓

（2）室外消火栓宜沿建筑周围均匀布置，且不宜集中布置在建筑一侧；

（3）建筑消防扑救面一侧的室外消火栓数量不宜少于 2 个；

（4）人防工程、地下工程等建筑应在出入口附近设置室外消火栓，且距出入口距离不宜小于 5m，并不宜大于 40m；

（5）停车场的室外消火栓宜沿停车场周边设置，且与最近一排汽车的距离不宜小于 7m，距加油站或油库不宜小于 15m；

（6）甲、乙、丙类液体储罐区和液化烃储罐区等构筑物的室外消火栓，应设在防火堤或防护墙外，数量应根据每个罐的设计流量经计算确定，但距罐壁 15m 范围内的消火栓，不应计算在该罐可使用的数量内；

（7）工艺装置区等采用采用高压或临时高压消防给水系统地场所，消火栓应设置在工艺装置的周围，数量应根据设计流量经计算确定，且间距不宜大于 60m。当工艺装置区宽度大于 120m 时，宜在该装置区内的路边设置室外消火栓。

**5. 消防水池**

当市政给水管道和进水管或天然水源不能满足消防用水量，市政给水管道为枝状或只有一条进水管（二类居住建筑除外），且室外消火栓设计流量大于 20L/s 或建筑高度大于 50m 时，应设消防水池。供消防车取水的消防水池，保护半径不应大于 150m。为了保证消防车能够吸上水，供消防车取水的消防水池的吸水高度不应超过 6m。根据各供水水质的要求，消防水池与生活或生产储水池可合用，也可单独设计。当消防水池的总容量超过 1000$m^3$时，应分成两个能独立使用的消防水池，水池间设满足最低有效水位的连通管，且设控制阀门，消防泵分别在两池内设吸水管或设公用吸水井，以保证正常供水。消防水池应设有水位控制阀的进水管和溢水管、通气管、泄水管、出水管及水位指示器等附属装置。寒冷地区的消防水池应采取防冻措施。一般情况下，将室内消防水池与室外消防水池合并考虑。

### 7.1.2 室内消火栓系统

本节主要介绍了室内消火栓给水系统的设置原则、组成、类型、设备以及布置要求及用水量等。在学习这部分内容时，应了解消火栓给水系统的设置原则，注意区分高低层建筑室内消火栓给水系统的不同方式，掌握消火栓给水系统的常用设备使用要求。

消防上划分高、低层建筑消火栓给水系统，按我国《建筑设计防火规范》规定，建筑高度大于27m的住宅建筑和建筑高度大于24m的非单层厂房、仓库和其他民用建筑为高层建筑。

#### 1. 应用范围及设置场所

（1）高层公共建筑和建筑高度不超过21m的住宅建筑；

（2）特等、甲等剧场，超过800座位的其他等级的剧场、电影院以及超过1200座位的礼堂、体育馆等单、多层建筑；

（3）体积超过5000$m^3$的火车站、码头、机场、商场、教学楼、医院和图书馆等单、多层建筑；

（4）面积超过300$m^2$的厂房和仓库；

（5）建筑高度大于15m或体积大于10000$m^3$的办公建筑、教学建筑和其他单、多层建筑。

#### 2. 室内消火栓系统的组成及系统的主要设施

1）组成

室内消火栓给水系统由水枪、水带、消火栓、消防水喉、消防管道、消防水池、水箱、增压设备和水源等组成。图7-3为多层建筑室内生活、消防合用给水系统。

2）主要设施

室内消火栓给水系统的主要设施如下：

（1）消火栓箱。它由箱体及装在箱内的消火栓、水带、水枪、消防水喉（图7-4）组成。设置消防水泵的系统，消火栓箱应设启动水泵的消防按钮。

水枪一般采用直流式，喷嘴口径有13mm、16mm、19mm三种。一般低层建筑室内消火栓给水系统可选用13mm或16mm喷嘴口径水枪，但必须根据消防流量和充实水柱长度经计算后确定。高层建筑室内消火栓给水系统，水枪喷嘴口径不应小于19mm。

水带口径一般为直径50mm和65mm。水带长度有15m、20m、25m或30m四种。长度确定根据水力计算后选定。高层建筑水带长度不应大于25m。水带材质有麻织和胶里两种，有衬胶与不衬胶之分，衬胶水带的阻力较小，目前胶里水带使用居多。

水带直径应与消火栓出口直径一致。喷嘴口径13mm水枪配50mm水带，16mm水枪

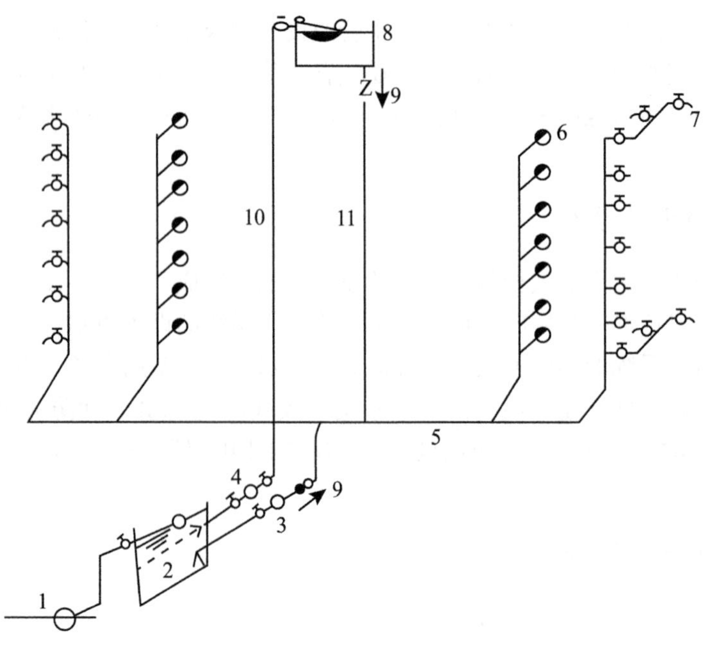


1—室外给水管；2—储水池；3—消防泵；4—生活水泵；5—室内管网；6—消火栓及消火栓立管；7—给水立管及支管；8—水箱；9—单向阀；10—水箱进水管；11—水箱出水管

图 7-3　生活、消防合用给水系统

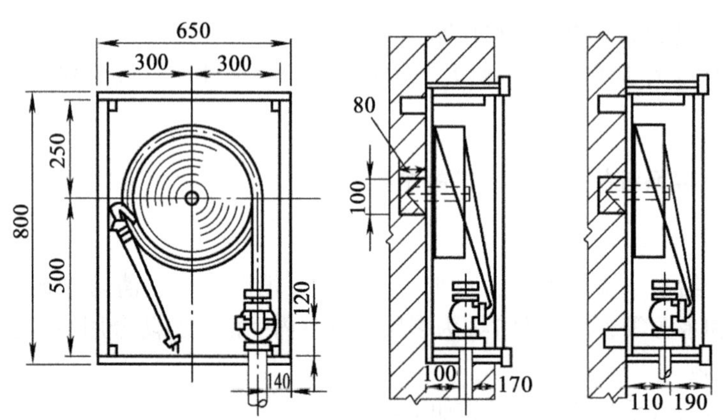


图 7-4　消火栓箱安装图（单位：mm）

配 50mm 或 65mm 水带，19mm 水枪配 65mm 水带。

消火栓均为内扣式接口的球形阀式龙头，有单出口和双出口之分。单出口消火栓直径有 50mm 和 65mm 两种，双出口消火栓直径为 65mm，常用的为 65mm。当每支水枪最小流量不小于 3L/s 时，可选直径 50mm 的消火栓。一般不推荐使用双出口消火栓，若使用，则要求每个出口都有控制阀门。

消防水喉为装在消防竖管上带小水枪及消防胶管卷盘的辅助灭火设备，一般与消火栓合并设置在消火栓箱内。旅馆服务人员、旅客和工作人员可使用消防水喉设备扑灭初期火灾，与消火栓相比，其操作简便、机动灵活。按设置条件，消防水喉有自救式小口径消火栓和消防软管卷盘两类，前者适用于有空调系统的旅馆和办公楼，后者适用于大型剧院（超过 1500 座位）、会堂闷顶内装设。

（2）水泵接合器。它是供消防车往建筑物内消防给水管网输送水的预留接口。一端由室内消火栓给水管网底层引至室外，另一端进口可供消防车或移动水泵加压向室内管网供水。当室内消防水泵发生故障或室内消防用水量不足（如火场用水量超过固定消防泵的流量）时，消防车从室外消火栓、消防水池或天然水源取水，通过水泵接合器将水送至室内管网，供室内火场灭火。这种设备适用于消火栓给水系统和自动喷水灭火系统。

火灾报警按钮一般设在消火栓箱内或附近墙壁的小壁龛内，其作用是在现场手动报警的同时，远距离直接启动消防水泵。

水泵接合器有地上、地下和墙壁式三种。其基本参数和基本尺寸见表 7-3。

表 7-3　**水泵结合器型号及基本参数**

| 型号规格 | 形式 | 公称直径（mm） | 公称压力（MPa） | 进水口 | |
|---|---|---|---|---|---|
| | | | | 形式 | 口径（mm） |
| SQ100<br>SQX100<br>SQB100 | 地上<br>地下<br>墙壁 | 100 | 1.6 | 内扣式 | 65×65 |
| SQ150<br>SQX150<br>SQB150 | 地上<br>地下<br>墙壁 | 150 | | | 80×80 |

地上式水泵接合器形似室外地上消火栓，接口位于建筑物周围附近地面上，要将其与室外消火栓区别标示。

地下式水泵接合器形似室外地下消火栓，设在建筑物周围附近的专用井内，不占地方，适用于北方寒冷地区。

墙壁式水泵接合器形似室内消火栓，设在建筑物的外墙上。

水泵接合器的接口为双接口，每个接口直径为 65mm 及 80mm 两种，它与室内管网的连接管直径不应小于 100mm，并应设有阀门、止回阀和安全阀。每个水泵接合器的流量按 10~15L/s 计，水泵接合器的数量应根据系统设计流量，经计算确定，但当计算数量超过 3 个时，可根据供水可靠性适当减少。消防水泵接合器的供水范围应根据当地消防车的供水流量和压力确定。

（3）消防管道。建筑物内消防管道是与其他给水系统合并还是单独设置，应根据建筑物的性质和使用要求经技术经济比较后确定。

（4）消防水池。消防水池用于无室外消防水源情况下，储存火灾持续时间内的室内消防用水量。消防水池可设于室外地下或地面上，也可设于室内地下室，或与室内游泳池、水景水池兼用。消防水池设有进水管、溢水管、通气管、泄水管、出水管及水位指示器等附属装置。根据各种用水系统的供水水质要求是否一致，可将消防水池与生活或生产储水池合用，也可单独设置。

（5）消防水箱。消防水箱对扑救初期火灾起着重要作用，为确保其自动供水的可靠性，应采用重力流供水方式。消防水箱宜与生活（生产）高位水箱合用，以保持箱内储水经常流动，防止水质变坏。

消防水箱应储存有 10min 的消防用水量。对于一般建筑，当室内消防用水量不超过 25L/s 时，消防水箱容积不大于 12m$^3$；当室内消防用水量超过 25L/s 时，消防水箱容积不大于 18m$^3$；对于高层建筑，一类公共建筑不应小于 18m$^3$；二类公共建筑和一类居住建筑不应小于 12m$^3$；二类居住建筑不应小于 6m$^3$。

高位消防水箱的设置高度应保证最不利点消火栓静水压力：

①一类高层公共建筑，不应小于 0.10MPa，但当建筑高度超过 100m 时，不应小于 0.15MPa；

②高层住宅、二类高层公共建筑、多层公共建筑，不应低于 0.07MPa，多层住宅不宜低于 0.07MPa；

③工业建筑不应低于 0.10MPa，当建筑体积小于 20000m3 时，不宜低于 0.07MPa。

### 3. 室内消火栓系统水量、水压

1）室内消火栓设计流量

室内消火栓灭火系统所需水量与建筑物的用途功能、高度、体积、耐水等级、火灾危险性等因素有关，其中高层民用建筑消防用水量还包括室外消防水量。室内消火栓设计流量见表 7-4。

表 7-4　**室内消火栓用水量**

<table>
<tr><th colspan="2">建筑物名称</th><th colspan="3">高度 $h$(m)、层数、体积 $V$(m$^3$)或座位数 $n$（个）、火灾危险性</th><th>消火栓用水量（L/s）</th><th>同时使用水枪数量（支）</th><th>每根竖管最小流量（L/s）</th></tr>
<tr><td rowspan="12">工业建筑</td><td rowspan="7">厂房</td><td rowspan="3">$h \leq 24$</td><td colspan="2">甲、乙、丁、戊</td><td>10</td><td>2</td><td>10</td></tr>
<tr><td rowspan="2">丙</td><td>$V \leq 5000$</td><td>10</td><td>2</td><td>10</td></tr>
<tr><td>$V>5000$</td><td>20</td><td>4</td><td>15</td></tr>
<tr><td rowspan="2">$24<h \leq 50$</td><td colspan="2">乙、丁、戊</td><td>25</td><td>5</td><td>15</td></tr>
<tr><td colspan="2">丙</td><td>30</td><td>6</td><td>15</td></tr>
<tr><td rowspan="2">$h>50$</td><td colspan="2">乙、丁、戊</td><td>30</td><td>6</td><td>15</td></tr>
<tr><td colspan="2">丙</td><td>40</td><td>8</td><td>15</td></tr>
<tr><td rowspan="5">仓库</td><td rowspan="3">$h \leq 24$</td><td colspan="2">甲、乙、丁、戊</td><td>10</td><td>2</td><td>10</td></tr>
<tr><td rowspan="2">丙</td><td>$V \leq 5000$</td><td>15</td><td>3</td><td>15</td></tr>
<tr><td>$V>5000$</td><td>25</td><td>5</td><td>15</td></tr>
<tr><td rowspan="2">$h>24$</td><td colspan="2">丁、戊</td><td>30</td><td>6</td><td>15</td></tr>
<tr><td colspan="2">丙</td><td>40</td><td>8</td><td>15</td></tr>
</table>

续表

| 建筑物名称 | | | 高度 $h$(m)、层数、体积 $V(m^3)$ 或座位数 $n$（个）、火灾危险性 | 消火栓用水量（L/s） | 同时使用水枪数量（支） | 每根竖管最小流量（L/s） |
|---|---|---|---|---|---|---|
| 民用建筑 | 单层及多层 | 科研楼、试验楼 | $V \leq 10000$ | 10 | 2 | 10 |
| | | | $V>10000$ | 15 | 3 | 10 |
| | | 车站、码头、机场的候车（船、机）楼和展览建筑（包括博物馆）等 | $5000<V \leq 25000$ | 10 | 2 | 10 |
| | | | $25000<V \leq 50000$ | 15 | 3 | 10 |
| | | | $50000<V$ | 20 | 4 | 15 |
| | | 剧院、电影院、会堂、礼堂、体育馆等 | $800<n \leq 1200$ | 10 | 2 | 10 |
| | | | $1200<n \leq 5000$ | 15 | 3 | 10 |
| | | | $5000<n \leq 10000$ | 20 | 4 | 15 |
| | | | $10000<n$ | 30 | 6 | 15 |
| | | 旅馆 | $5000<V \leq 10000$ | 10 | 2 | 10 |
| | | | $10000<V \leq 25000$ | 15 | 3 | 10 |
| | | | $25000<V$ | 20 | 4 | 15 |
| | | 商店、图书馆、档案馆等 | $5000<V \leq 10000$ | 15 | 3 | 10 |
| | | | $10000<V \leq 25000$ | 25 | 5 | 15 |
| | | | $25000<V$ | 40 | 8 | 15 |
| | | 病房楼、门诊楼等 | $5000<V \leq 25000$ | 10 | 2 | 10 |
| | | | $25000<V$ | 15 | 3 | 10 |
| | | 办公楼、教学楼、公寓、宿舍等其他建筑 | 高度超过 15m 或 $V>10000$ | 15 | 3 | 10 |
| | | 住宅 | $21<h \leq 27$ | 5 | 2 | 5 |
| | 高层 | 住宅 | $27<h \leq 54$ | 10 | 2 | 10 |
| | | | $h>54$ | 20 | 4 | 10 |
| | | 二类公共建筑 | $h \leq 50$ | 20 | 4 | 10 |
| | | 一类公共建筑 | $h \leq 50$ | 30 | 6 | 15 |
| | | | $h>50$ | 40 | 8 | 15 |
| 国家级文物保护单位的重点砖木或木结构的古建筑 | | | $V \leq 10000$ | 20 | 4 | 10 |
| | | | $V>10000$ | 25 | 5 | 15 |
| 地下建筑 | | | $V \leq 5000$ | 10 | 2 | 10 |
| | | | $5000<V \leq 10000$ | 20 | 4 | 15 |
| | | | $10000<V \leq 25000$ | 30 | 6 | 15 |
| | | | $25000<V$ | 40 | 8 | 20 |

续表

| 建筑物名称 | | 高度 $h$(m)、层数、体积 $V$(m$^3$) 或座位数 $n$（个）、火灾危险性 | 消火栓用水量（L/s） | 同时使用水枪数量（支） | 每根竖管最小流量（L/s） |
|---|---|---|---|---|---|
| 人防工程 | 展览厅、影院、剧场、礼堂、健身体育场所等 | $V\leq 1000$ | 5 | 1 | 5 |
| | | $1000<V\leq 2500$ | 10 | 2 | 10 |
| | | $2500<V$ | 15 | 3 | 10 |
| | 商场、餐厅、旅馆、医院等 | $V\leq 5000$ | 5 | 1 | 5 |
| | | $5000<V\leq 10000$ | 10 | 2 | 10 |
| | | $10000<V\leq 25000$ | 15 | 3 | 10 |
| | | $25000<V$ | 20 | 4 | 10 |
| | 丙、丁、戊类生产车间、自行车库 | $V\leq 2500$ | 5 | 1 | 5 |
| | | $V>2500$ | 10 | 2 | 10 |
| | 丙、丁、戊类物品库房、图书资料档案库 | $V\leq 3000$ | 5 | 1 | 5 |
| | | $V>3000$ | 10 | 2 | 10 |

注：1. 丁、戊类高层厂房（仓库）室内消火栓的用水量可按本表减少10L/s，同时使用水枪数量可按本表减少2支；

2. 消防软管卷盘或轻便消防水龙及住宅楼梯间中的干式消防竖管上设置的消火栓，其消火栓设计流量可不计入室内消火栓设计流量；

3. 当一座多层建筑有多种使用功能时，室内消火栓设计流量应分别按本表中不同功能计算，且应取最大值。

2）室内消火栓口所需水压

消火栓口所需水压，是指同时保证水枪最小流量和最小充实水柱时的压力。充实水柱是“具有充实核心段的水射流”，是由水枪喷嘴起，到射流的90%水柱水量穿过直径38mm圆圈处的一段射流长度。

室内消火栓栓口压力和消防水枪充实水柱应符合下列规定：

（1）消火栓栓口动压力不应大于0.50MPa，当大于0.70MPa时，必须设置减压装置；

（2）高层建设、厂房、库房和室内净空高度超过8m的民用建筑等场所，消火栓栓口动压不应小于0.35MPa，且消防水枪充实水柱应按13m计算；其他场所，消火栓栓口动压不应小于0.25MPa，且消防水枪充实水柱应该按10m计算。

为保证水枪的充实水柱长度，消火栓口所需的水压按下式计算：

$$H_{xh}=H_q+h_d+H_k=\frac{q_{xh}^2}{B}+ALq_{xh}^2+H_k \tag{7-2}$$

式中：$H_{xh}$——消火栓口的水压，0.01MPa；

$H_q$——水枪喷嘴造成一定长度的充实水柱所需要的压力，0.01MPa，可按同时满足每支水枪最小流量、充实水柱的要求，根据表7-5确定；

$h_d$——消防水带的水头损失，0.01MPa；

$H_k$ —— 消火栓口大水头损失，取0.02MPa；
$q_{xh}$ ——水枪喷嘴射出流量，单位L/s，见表7-5；
$B$ —— 水枪出流特性系数，按表7-6选用；
$A$ ——水带比阻，按表7-7采用；
$L$ ——水带长度，单位m。

表7-5　**水枪喷嘴处压力与充实水柱、流量的关系**

| $S_k$ 充实水柱（0.01MPa） | 不同直径水枪的压力和流量 | | | | | |
|---|---|---|---|---|---|---|
| | 13 | | 16 | | 19 | |
| | $H_q$ 压力（0.01MPa） | $q_{xh}$ 流量（L/s） | $H_q$ 压力（0.01MPa） | $q_{xh}$ 流量（L/s） | $H_q$ 压力（0.01MPa） | $q_{xh}$ 流量（L/s） |
| 6 | 8.1 | 1.7 | 8 | 2.5 | 7.5 | 3.5 |
| 7 | 9.6 | 1.8 | 9.2 | 2.7 | 9 | 3.8 |
| 8 | 11.2 | 2.0 | 10.5 | 2.9 | 10.5 | 4.1 |
| 9 | 13 | 2.1 | 12.5 | 3.1 | 12 | 4.3 |
| 10 | 15 | 2.3 | 14 | 3.3 | 13.5 | 4.6 |
| 11 | 17 | 2.4 | 16 | 3.5 | 15 | 4.9 |
| 12 | 19 | 2.6 | 17.5 | 3.8 | 17 | 5.2 |
| 12.5 | 21.5 | 2.7 | 19.5 | 4.0 | 18.5 | 5.4 |
| 13 | 24 | 2.9 | 22 | 4.2 | 20.5 | 5.7 |
| 13.5 | 26.5 | 3.0 | 24 | 4.4 | 22.5 | 6.0 |
| 14 | 29.6 | 3.2 | 26.5 | 4.6 | 24.5 | 6.2 |
| 15 | 33 | 3.4 | 29 | 4.8 | 27 | 6.5 |
| 15.5 | 37 | 3.6 | 32 | 5.1 | 29.5 | 6.8 |
| 16 | 41.5 | 3.8 | 35.5 | 5.3 | 32.5 | 7.1 |
| 17 | 47 | 4.0 | 39.5 | 5.6 | 33.5 | 7.5 |

表7-6　**水枪出流特性系数 *B* 值**

| 喷嘴口径（mm） | 13 | 16 | 19 |
|---|---|---|---|
| $B$ | 0.346 | 0.793 | 1.577 |

表7-7　**衬胶水带比阻 *A* 值**

| 水带口径（mm） | 衬胶水带比阻 $A$ 值 |
|---|---|
| 50 | 0.00677 |
| 65 | 0.00172 |

消火栓栓口处的出水压力超过 0.5MPa 时，可在消火栓扣处加设不锈钢减压孔板，消除消火栓栓口处的剩余水头。

消火栓栓口所需的最低压力与消火栓的直径、水枪口径、水带材质和长度有关，见表 7-8。

表 7-8 **消火栓栓口最低水压值 $H_{xh}$**

| 消火栓直径 DN (mm) | 出水量 $q_{xh}$ (L/s) | | 喷嘴直径 $d$ (mm) | 水带长度 $L_d$ (m) | 充实水柱长度 $S_k$ (m) | 喷嘴处水压 $h_g$ (kPa) | 栓口处最低水压 $H_{xh}$ (kPa) | |
|---|---|---|---|---|---|---|---|---|
| | | | | | | | 帆布、麻质水带 | 衬胶水带 |
| 50 | 2.5 | (2.7) | 16 | 20 | 7 | 92 | 133.9 | 121.9 |
| | | (3.3) | | | 10 | 137 | 189.7 | 171.8 |
| | | (2.7) | | 25 | 7 | 92 | 139.4 | 124.4 |
| | | (3.3) | | | 10 | 137 | 197.9 | 175.5 |
| 65 | 5 | (5) | 19 | 20 | 10 | 159 | 200.5 | 187.6 |
| | | | | 25 | (11.5) | | 205.9 | 189.8 |
| | | (5.4) | | 20 | | 185 | 230.2 | 215.0 |
| | | | | 25 | 13 | | 236.5 | 217.6 |

注：1. 表中消火栓接口最低水压值系按同时保证消火栓最小流量和最低充实水柱两项要求计算而得的。

2. 表中“出水量”、“充实水柱”两项中数字，不带括号者为理论值，带括号者为实际值。

**【例 7-1】** 建筑高度为 50m 的办公楼，层高为 5m，试确定其消火栓的水枪充实水柱 、设计流量和消火栓栓口压力。

**解：**(1) 确定水枪充实水柱。

根据《建筑设计防火规范》规定，该楼所需的充实水柱长度 $S_k$ 不应小于 10m，则该楼的水枪充实水柱长度 $S_k$ 取 10m。

(2) 确定水枪喷嘴流量。

由于水枪充实水柱长度为 10m，根据《建筑设计防火规范》规定，高层建筑设置水枪的口径为 19mm。查表 7-5 可得，此时水枪喷嘴流量 $q_{xh}$ 为 4.6L/s。规范规定，该楼所需的每只水枪流量最小为 5L/s，故 $q_{xh}$ =5L/s。

(3) 计算消火栓栓口压力。

该楼消火栓水带采用胶质衬里水带，水带直径为 65mm，长度为 20m，查表 7-6 及表 7-7 可得 $B$ = 1.577，$A$ = 0.00172。

将数据代入式 (7-2)，得：

$$H_{xh} = H_q + h_d + H_k = \frac{q_{xh}^2}{B} + ALq_{xh}^2 + H_k$$

$$= \left(\frac{5^2}{1.577} + 0.00172 \times 20 \times 5^2\right) + 0.02 \times 1000 = 187.1\ (\text{kPa})$$

根据表7-8可知，该消火栓栓口最低水压值应为187.6kPa，故该楼消火栓栓口的水压为187.6kPa。

**4. 室内消火栓的布置**

（1）根据《建筑设计防火规范》（GB50016—2014）室内消火栓的布置应符合下列规定：

① 除无可燃物的设备层外，设置室内消火栓的建筑物，其各层均应设置消火栓。

单元式、塔式住宅的消火栓宜设置在楼梯间的首层和各层楼层休息平台上，当设2根消防竖管确有困难时，可设1根消防竖管，但必须采用双口双阀型消火栓。干式消火栓竖管应在首层靠出口部位设置便于消防车供水的快速接口和止回阀。

② 消防电梯间前室内应设置消火栓。

③ 室内消火栓应设置在位置明显且易于操作的部位。栓口离地面或操作基面高度宜为1.1m，其出水方向宜向下或与设置消火栓的墙面成90°角；栓口与消火栓箱内边缘的距离不应影响消防水带的连接；

④ 冷库内的消火栓应设置在常温穿堂或楼梯间内；

⑤ 室内消火栓的间距应由计算确定。高层厂房（仓库）、高架仓库和甲、乙类厂房中室内消火栓的间距不应大于30m；其他单层和多层建筑中室内消火栓的间距不应大于50m。

⑥ 同一建筑物内应采用统一规格的消火栓、水枪和水带。每条水带的长度不应大于25m。

⑦ 室内消火栓的布置应保证每一个防火分区同有两只水枪的充实水柱同时到达任何部位。建筑高度小于等于24m且体积小于等于5000m$^3$的多层仓库，可采用1支水枪充实水柱到达室内任何部位。

水枪的充实水柱应经计算确定，甲、乙类厂房、层数超过6层的公共建筑和层数超过4层的厂房（仓库），不应小于10m；高层厂房（仓库）、高架仓库和体积大于25000 m$^3$的商店、体育馆、影剧院、会堂、展览建筑、车站、码头、机场建筑等，不应小于13m；其他建筑，不宜小于7m。

⑧高层厂房（仓库）和高位消防水箱静压不能满足最不利点消火栓水压要求的其他建筑，应在每个室内消防栓处设置直接启动消防水泵的按钮，并应有保护措施。

⑨室内消火栓栓口处的出水压力大于0.5MPa时，应设置减压设施；静水压力大于1.0MPa时，应采用分区给水系统；

⑩设有室内消火栓的建筑，如为平屋时，宜在平屋顶上设置试验和检查用的消火栓。

（2）布置间距。室内消火栓的布置间距应由计算确定。但为了防止布置上的不合理，保证灭火使用的可靠性，规定消火栓的最大布置间距为：高层工业与民用建筑，高架库房，甲、乙类厂房，高度超过24m的多层停车库，不应超过30m；其他单层和多层建筑等，不应超过50m。

（3）布置要求：

①凡设有室内消火栓的建筑物，其各层（无可燃物的设备层除外）均应设置消火栓，并应布置在明显的、经常有人出入、使用方便的地方。为了使在场人员能及时发现和使用消火栓，室内消火栓应有明显的标志。消火栓应涂红色，且不应伪装成其他东西。

②冷库内的室内消火栓为防止冻结损坏，一般应设在常温的穿堂或楼梯间内。冷库进人闷顶的入口处，应设有消火栓，便于扑救顶部保温层的火灾。

③消防电梯前室是消防人员进入室内扑救火灾的进攻桥头堡。为便于消防人员向火场发起进攻或开辟道路，在消防电梯前室应设室内消火栓。

④同一建筑物内应采用统一规格的消火栓、水带和水枪，以利于管理和使用。每根水带的长度不应超过 25m。每个消火栓处应设消防水带箱。消防水带箱宜采用玻璃门，不应采用封闭的铁皮门，以便在火场上敲碎玻璃使用消火栓。

⑤消火栓栓口处的出水压力超过 0. 5MPa 时，应设减压设施。减压设施一般为减压阀或减压孔板。

⑥高层工业与民用建筑以及水箱不能满足最不利点消火栓水压要求的其他低层建筑，每个消火栓处应设置直接启动消防水泵的按钮，以便及时启动消防水泵，供应火场用水。按钮应设有保护设施，如放在消防水带箱内，或放在有玻璃保护的小壁龛内，防止误操作。

## 7. 2　自动喷水灭火系统

自动喷水灭火系统是由洒水喷头、报警阀组、水流报警装置（水流指示器或压力开关）等组件，以及管道、供水设施组成，并能在火灾时喷水的自动灭火系统。它利用火灾时产生的光、热、烟及压力等信号传感而自动启动（在某些类型中当火灾被扑灭后，能自动停止喷水），将水和以水为主的灭火剂洒向着火区域，用来扑灭火灾或控制火灾蔓延。它既有探测火灾并报警的功能，又有喷水灭火、控制火灾发展的功能，起着随时监测火情、自动启动灭火装置的作用。

本节较为系统地介绍了自动喷水灭火系统的分类和闭式自动喷水灭火系统、开式自动喷水灭火系统的内容。通过学习，应对闭式和开式自动喷水灭火系统工作原理有一定的了解。

### 7. 2. 1　自动喷水灭火系统的设置场所

从灭火的效果来看，凡发生火灾时可以用水灭火的场所，均可以采用自动喷水灭火系统，但鉴于我国的经济发展状况，仅要求对发生火灾频率高、火灾等级高的建筑中某些部位设置自动喷水灭火系统。我国《自动喷水灭火系统设计规范》（GB50084—2001）规定，自动喷水灭火系统应在人员密集、不易疏散、外部增援灭火与救生困难或火灾危险性较大的场所中设置：

（1）容易着火的部位。如舞台、厨房、旅馆、客房等。

（2）疏散通道。如门厅、电梯厅、走道、自动扶梯底部等。

（3）人员密集的场所。如观众厅、会议室、展览厅、多功能厅、舞厅、餐厅等公共活动用房。

（4）兼有以上两种特点的部位。如餐厅、展览厅等。

（5）火灾蔓延通道。如玻璃幕墙、共享空间的中庭、自动扶梯开口部位等。

（6）疏散和扑救难度大的场所。如地下室等。

该规范同时又规定自动喷水灭火系统不适用于存在较多下列物品的场所：

（1）遇水发生爆炸或加速燃烧的物品。

（2）遇水发生剧烈化学反应或产生有毒有害物质的物品。

（3）洒水将导致喷溅或沸溢的液体。

### 7.2.2 自动喷水灭火系统组成与分类

自动喷水灭火系统，根据被保护建筑物的性质和火灾发生、发展特性的不同，可以有许多不同的系统形式。通常根据系统中所使用的喷头形式的不同，分为闭式自动喷水灭火系统和开式自动喷水灭火系统两大类。闭式喷水灭火系统有湿式、干式、干湿交替式和预作用式。开式有雨淋式、水喷雾式和水幕式。如图 7-5 所示。

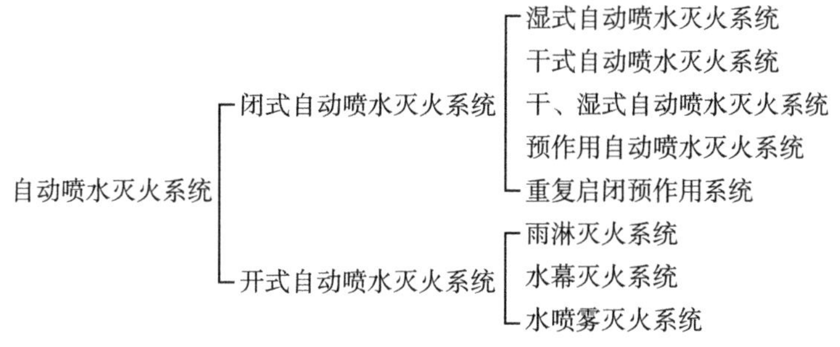


图 7-5 自动喷水灭水系统组成与分类示意图

### 7.2.3 闭式自动喷水灭火系统

闭式自动喷水灭火系统采用闭式喷头，它是一种常闭喷头，喷头的感温、闭锁装置只有在预定的温度环境下才会脱落，开启喷头。因此，在发生火灾时，这种喷水灭火系统只有处于火焰之中或临近火源的喷头才会开启灭火。

闭式自动喷水灭火系统为采用闭式洒水喷头的自动喷水灭火系统。国内外经验证明，闭式自动喷水灭火设备具有良好的灭火效果，而且造价相对低廉，因此得到广泛使用。

我国《建筑设计防火规范》（GB50016—2014）规定下列建筑应设置自动喷水灭火系统：

（1）不小于 5000 纱锭的棉纺厂的开包、清花车间，不小于 5000 锭的麻纺厂的分级、梳麻车间，火柴厂的烤梗、筛选部位；占地面积大于 $1500m^2$ 或总建筑面积大于 $3000m^2$ 的单、多层制鞋、制衣、玩具及电子等类似生产的厂房；占地面积大于 $1500m^2$ 的木器厂房；泡沫塑料厂的预发、成型、切片、压花部位；高层乙、丙、丁类厂房；建筑面积大于

$500m^2$ 的地下或半地下丙类厂房。

（2）每座占地面积大于 $1000m^2$ 的棉、毛、丝、麻、化纤、毛皮及其制品的仓库；每座占地面积超过 $600m^2$ 的火柴仓库；邮政建筑内建筑面积大于 $500m^2$ 的空邮袋库；可燃、难燃物品的高架仓库和高层仓库；设计温度高于 0℃的高架冷库，设计温度高于 0℃且每个防火分区建筑面积大于 $1500m^2$ 的非高架冷库；总建筑面积大于 $500m^2$ 的可燃物品地下仓库；每座占地面积大于 $1500m^2$ 或总建筑面积大于 $3000m^2$ 的其他单层或多层丙类物品仓库。

（3）一类高层公共建筑（除游泳池、溜冰场外）及其地下、半地下室；二类高层公共建筑及其地下、半地下室的公共活动用房、走道、办公室和旅馆的客房、可燃物品库房、自动扶梯底部；高层民用建筑内的歌舞娱乐放映游艺场所；建筑高度大于 100m 的住宅建筑。

（4）特等、甲等剧场，超过 1500 个座位的其他等级的剧场，超过 2000 个座位的会堂或礼堂，超过 3000 个座位的体育馆，超过 5000 人的体育场的室内人员休息室与器材间等；任一建筑面积大于 $1500m^2$ 或总建筑面积大于 $3000m^2$ 的展览、商店、餐饮和旅馆建筑以及医院中同样建筑规模的病房楼、门诊楼和手术部；设置送回风道（管）的集中空气调节系统且总建筑面积大于 $3000m^2$ 的办公建筑等；藏书量超过 50 万册的图书馆；大、中型幼儿园，总建筑面积大于 $500m^2$ 的老年人建筑；总建筑面积大于 $500m^2$ 的地下或半地下商店；设置在地下或半地下或地上四层及以上楼层的歌舞娱乐放映游艺场所（除游泳场所外），设置在首层、二层和三层且任一层建筑面积大于 $300m^2$ 的地上歌舞娱乐放映游艺场所（除游泳场所外）。

**1. 闭式自动喷水灭火系统的分类**

1）湿式自动喷水灭火系统

湿式自动喷水灭火系统，简称湿式系统，是准工作状态时管道内充满用于启动系统的有压水的闭式系统。湿式系统是世界上使用时间最长，应用最广泛，控火、灭火率最高的一种闭式自动喷水灭火系统，目前世界上已安装的自动喷水灭火系统中，有 70%以上采用了湿式自动喷水灭火系统。

（1）湿式系统的组成与工作原理。湿式系统（图 7-6）主要由闭式洒水喷头、水流指示器、管网、湿式报警阀组以及管道和供水设施等组成。其工作原理如图 7-7 所示。

平时管道内始终充满压力水，系统压力由高位消防水箱或稳压装置维持。发生火灾时，火源周围环境温度上升，火源上方的喷头开启喷水，报警阀后压力下降，阀板开启，向洒水管网及洒水喷头供水，同时水沿着报警阀的环形槽进入延迟器、压力继电器及水力警钟等设施，发出火警信号，并启动消防水泵等设施，消防控制室同时接到信号。

（2）湿式系统的特点及适用条件。该系统仅有湿式报警阀和必要的报警装置，因此系统简单，施工、管理方便；建设投资低，管理费用少，节约能源。另外，湿式喷水灭火系统管道内充满压力水，火灾时，气温升高，感温元件受热动作，能立即喷水灭火，具有灭火速度快，及时扑救效率高的优点，是目前世界上应用范围最广的自动喷水灭火系统。湿式系统管网中充有压水，当环境温度低于 4℃时，管网内的水有冰冻的危险；当环境温

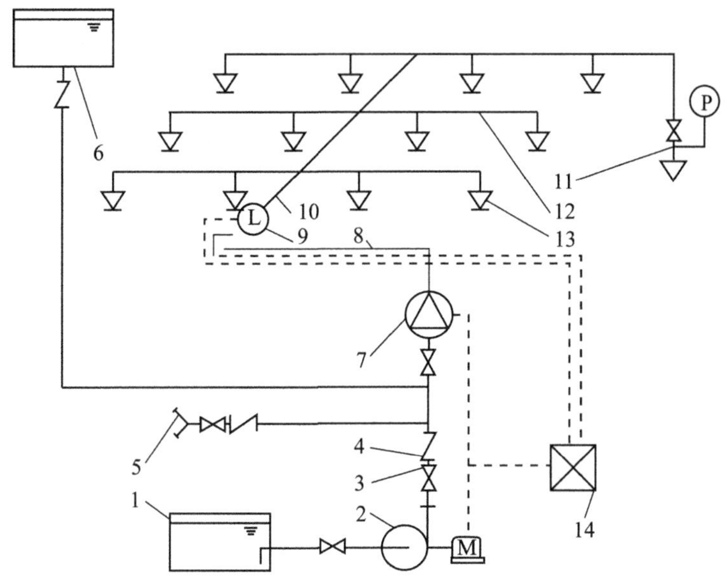


1—消防水池；2—消防泵；3—闸阀；4—止回阀；5—水泵接合器；6—高位水箱；7—湿式报警闸阀组；8—配水工管；9—水流指示器；10—配水管；11—末端试水装置；12—配水支管；13—闭式洒水喷头；14—报警控制器；P—压力表；M—驱动电机；L—水流指示器

图 7-6　湿式自动喷水灭火系统组成示意图

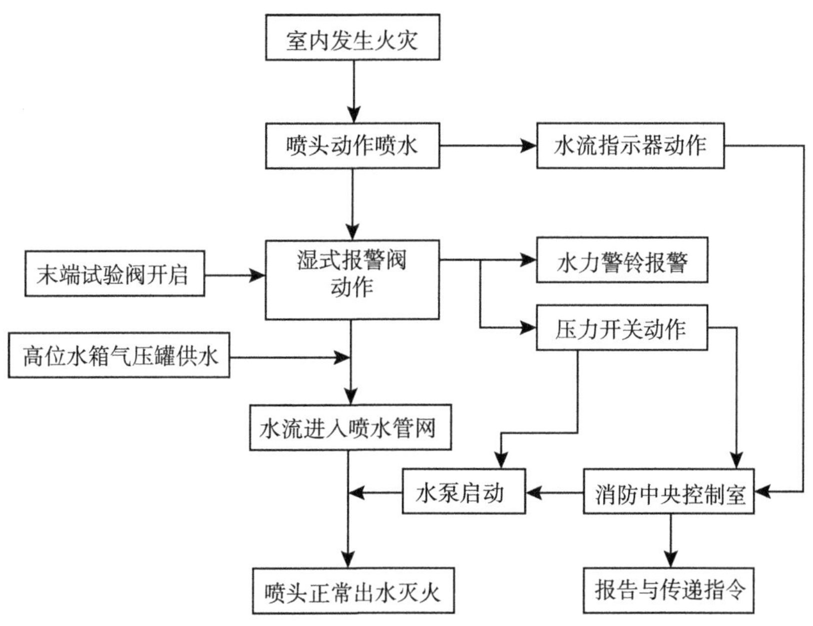


图 7-7　湿式自动喷水灭火系统工作原理流程图

度高于 70℃时，管网内水汽化的加剧有破坏管道的危险，且喷头误喷的风险较大，因此，湿式系统适用于环境温度不低于 4℃、不高于 70℃的建筑物。湿式报警装置最大工作压力为 1. 2MPa。

2）干式自动喷水灭火系统

干式自动喷水灭水系统，简称干式系统，是准工作状态时配水管网内充满用于启动系统的有压气体的闭式系统。

（1）干式系统的组成与工作原理。干式系统的组成（图 7-8）与湿式系统的组成基本相同，但报警阀组采用是干式的。干式系统管网内平时不充水，充有有压气体（或氮气），与报警阀前的供水压力保持平衡，报警阀处于紧闭状态。其工作原理如图 7-9 所示。

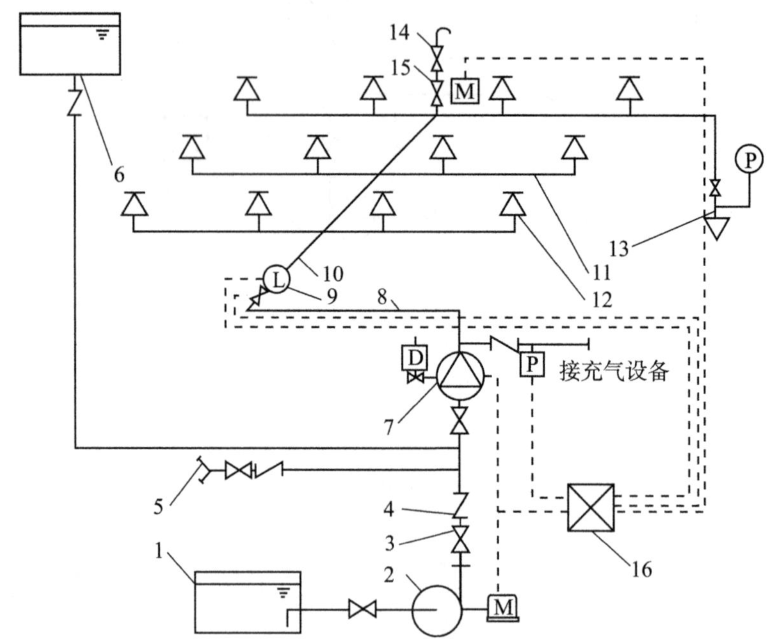


1—消防水池；2—消防泵；3—闸阀；4—止回阀；5—水泵接合器；6—高位水箱；
7—干式报警阀组；8—配水干管；9—水流指示器；10—配水管；11—配水支管；
12—闭式洒水喷头；13—末端试水装置；14—快速排气阀；15—电动机；16—报警控制器

图 7-8　干式自动喷水灭火系统组成示意图

平时报警阀后的管网充有有压气体，阀后充有有压水。火灾时，喷头周围温度上升到喷头动作温度时，喷头开启，迅速排气，系统压力下降，水冲开阀门流入配水管网以喷水灭火。

（2）干式系统的特点及适用条件。干式系统灭火时由于在报警阀后的管网无水，不受环境温度的制约，对建筑装饰无影响，但为保持气压，需要配套设置补气设施，因而提高了系统造价，比湿式系统投资高。又由于喷头受热开启后，首先要排除管道中的气体，然后才能喷水灭火。因此，干式系统的喷水灭火速度不如湿式系统快。

干式系统可用于一些无法使用湿式系统的场所，或采暖期长而建筑内无采暖的场所。干式喷头应向上安装（干式悬吊型喷头除外）。干式报警装置最大工作压力不超过 1. 2MPa。干式喷水管网的容积不宜超过 1500L，当有排气装置时，不宜超过 3000L。

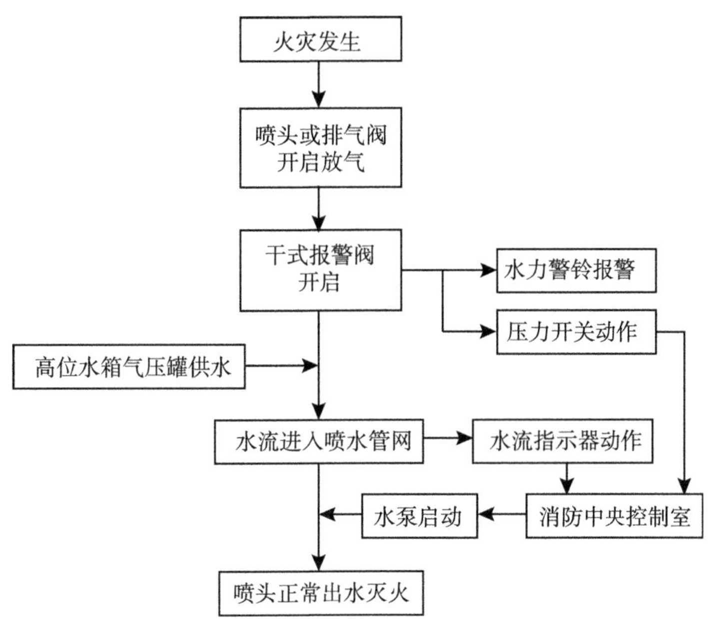


图 7-9 干式自动喷水灭火系统工作原理流程

3）干湿式自动喷水灭火系统

干湿式系统是在干式系统的基础上，为克服干式系统不足而产生的一种交替式自动喷水灭火系统。其组成与干式系统大致相同，只是该系统报警阀是采用干式报警阀和湿式报警阀串联而成，或采用干湿两用报警阀。喷水管网在冬季充满有压气体，系统为干式系统。而在温暖季，管网系统充以有压水，系统为湿式系统，其喷头应向上安装。

干湿式系统用于年采暖期少于 240 天的不采暖房间。干湿两用报警装置最大工作压力不超过 1.6MPa，喷水管网的容积不宜超过 3000L。由于交替充水充气使管道腐蚀严重，管理麻烦，因此实际工程中使用较少。

4）预作用自动喷水灭火系统

（1）预作用系统的组成与工作原理。预作用系统（图 7-10）由装有闭式喷头的干式系统和一套火灾自动报警系统组成。

在平时，预作用阀后的管网不充水，而充以有压或低压的气体。火灾时，由感烟（或感温、感光）火灾探测器报警，同时发出信息开启报警信号，报警信号延迟 30s 并证实无误后，自动控制系统自动打开控制闸门排气，并启动预作用阀门向喷水管网自动充水。当火灾温度继续升高，闭式喷头的闭锁装置脱落，喷头即自动喷水灭火，其工作原理如图 7-11 所示。

（2）预作用系统的特点及适用条件。预作用系统是湿式喷水灭火系统与自动探测报警技术和自动控制技术相结合的产物，它克服了湿式系统和干式系统的缺点，使得系统更先进、更可靠，可以用于湿式系统和干式系统所能使用的任何场所。在一些场所还可以替代气体灭火系统，但由于比一般湿式系统和干式系统多了一套自动探测报警和自动控制系

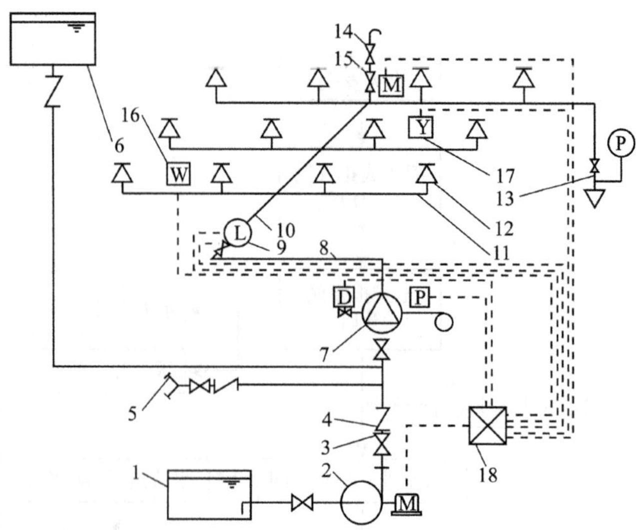


1—消防水池；2—消防泵；3—闸阀；4—止回阀；5—水泵接合器；6—高位水箱；
7—预作用报警阀组；8—配水干管；9—水流指示器；10—配水管；11—配水支管；
12—闭式喷头；13—末端试水装置；14—快速排气阀；15—电动阀；16—感温探测器；
17—感烟探测器；18—报警控制器

图 7-10　预作用喷水灭火系统组成示意图

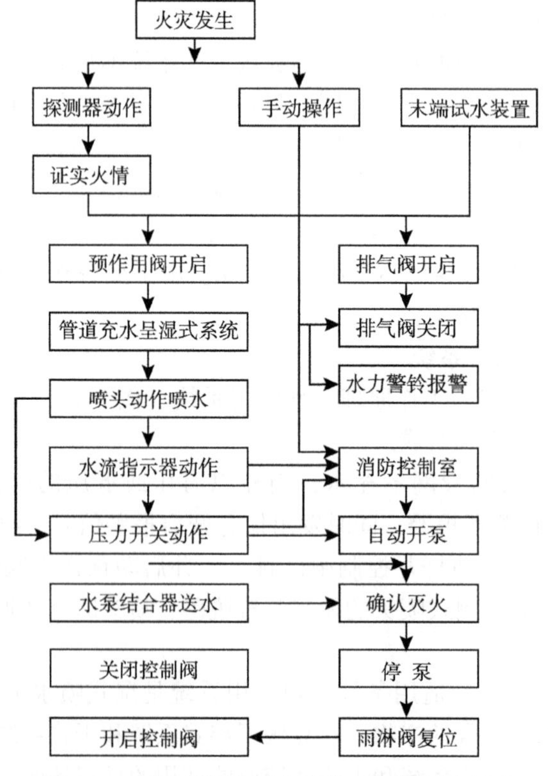


图 7-11　预作用喷水灭火系统工作原理流程图

统，系统比较复杂、投资较大。一般用于建筑装饰要求较高，不允许有水渍损失，灭火要求及时的建筑。

预作用喷水灭火系统的配水管道充水时间不宜大于 2min。在预作用阀门之后的管道内充有压气体时，压力水不宜超过 0.03MPa。

5）重复启闭预作用自动灭火系统

重复启闭预作用系统是在预作用系统的基础上发展起来的一种自动喷水灭火系统新技术。该系统不但能自动喷水灭火，而且当火被扑灭后又能自动关闭系统，适用于灭火后必须及时停止喷水的场所。这种系统可将灭火造成的水渍损失减到最轻，也可节省消防用水，而又不失去灭火的功能。

重复启闭预作用系统的组成和工作原理与预作用系统相似，不同之处是，重复启闭预作用系统采用了一种既可输出火警信号，又可在环境恢复常温时输出灭火信号的感温探测器。当感温探测器感应到环境的温度超出预定值时，报警并开启供水泵和打开具有复位功能的雨淋阀，为配水管道充水，并在喷头动作后喷水灭火。喷水过程中，当火场温度恢复至常温时，探测器发出关停系统的信号，在按设定条件延迟喷水一段时间后关闭雨淋阀，并停止喷水。若火灾复燃、温度再次升高，系统则再次启功，直至彻底灭火。该系统功能优于其他喷水灭火系统，但造价高，一般用于电缆间、集控室、计算机房、配电间、电缆隧道等。

### 7.2.4 开式自动喷水灭火系统

开式自动喷水灭火系统采用的是开式喷头，开式喷头不带感温、闭锁装置，通过阀门控制系统的开启，喷头处于常开状态。火灾时，火灾所处的系统保护区域内的所有开式喷头一起出水灭火。开式自动喷水灭火系统可分为雨淋系统、水幕系统、水喷雾系统三种。

#### 1. 雨淋灭火系统

1）雨淋灭火系统组成及工作原理

雨淋灭火系统又称为开式自动喷水灭火系统，与闭式自动喷水灭火系统的最大区别在于洒水喷水头是开式洒水喷头。雨淋系统包括火灾自动报警系统和喷水灭火系统两部分，由火灾探测器、雨淋阀、管道和开式洒水喷头组成。雨淋系统的启动控制方式有火灾探测器电动控制开启、带闭式喷头的传动管控制开启和易熔锁封的钢丝绳控制开启三种，视保护区域的具体情况而定。图 7-12 为电动启动雨淋喷水火火系统，图 7-13 为传动管启动雨淋喷水灭火系统。

在平时，雨淋阀后的管道为空管。火灾时，火灾探测系统探测到火灾信号后，自动开启雨淋阀，也可人工开启雨淋阀，由雨淋阀控制其配水管道上所有的开式喷头同时喷水，可以在瞬间喷出大量的水覆盖火区，达到灭火目的。其工作原理如图 7-14 所示。

2）雨淋灭火系统的设置

雨淋灭火系统具有出水量大、火灾控制面积大、灭火及时等优点，但水渍损失大于闭式系统。通常用于燃烧猛烈、蔓延迅速的某些严重危险级场所。规范规定具有下列条件之一的场所应采用雨淋灭火系统：

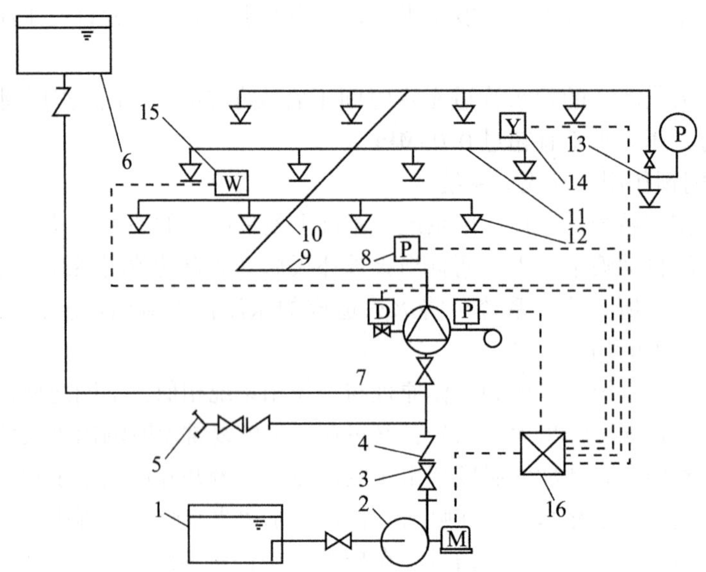


1—水池；2—水泵；3—闸阀；4—单向阀；5—水泵接合器；6—消防水箱；7—雨淋报警阀组；
8—压力开关；9—配水干管；10—配水管；11—配水支管；12—开式洒水喷头；
13—末端试水装置；14—感烟探测器；15—感温探测器；16—报警控制器

图 7-12　电动启动雨淋喷水灭火系统

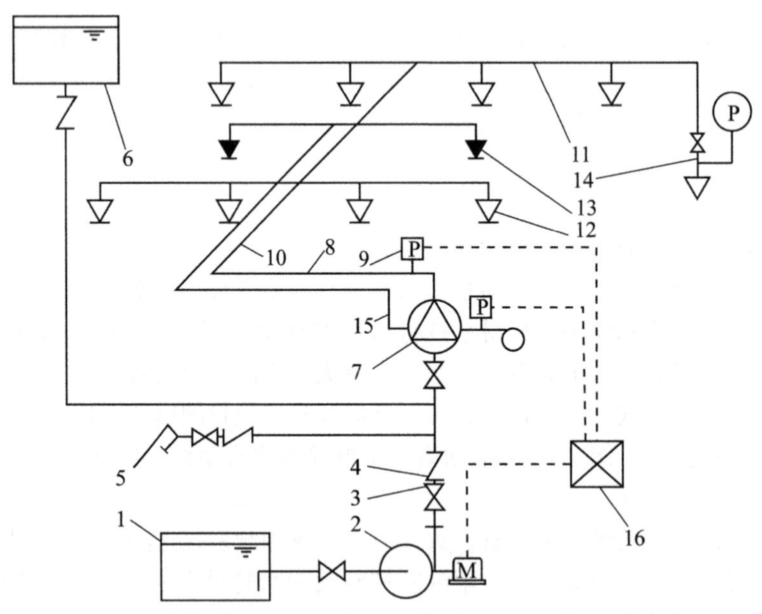


1—水池；2—水泵；3—闸阀；4—单向阀；5—水泵接合器；6—消防水箱；7—雨淋报警阀组；
8—配水管；9—压力开关；10—配水管；11—配水支管；12—开式洒水喷头；13—闭式喷头；
14—末端试水装置；15—传动管；16—报警控制器

图 7-13　传动管启动雨淋喷水灭火系统

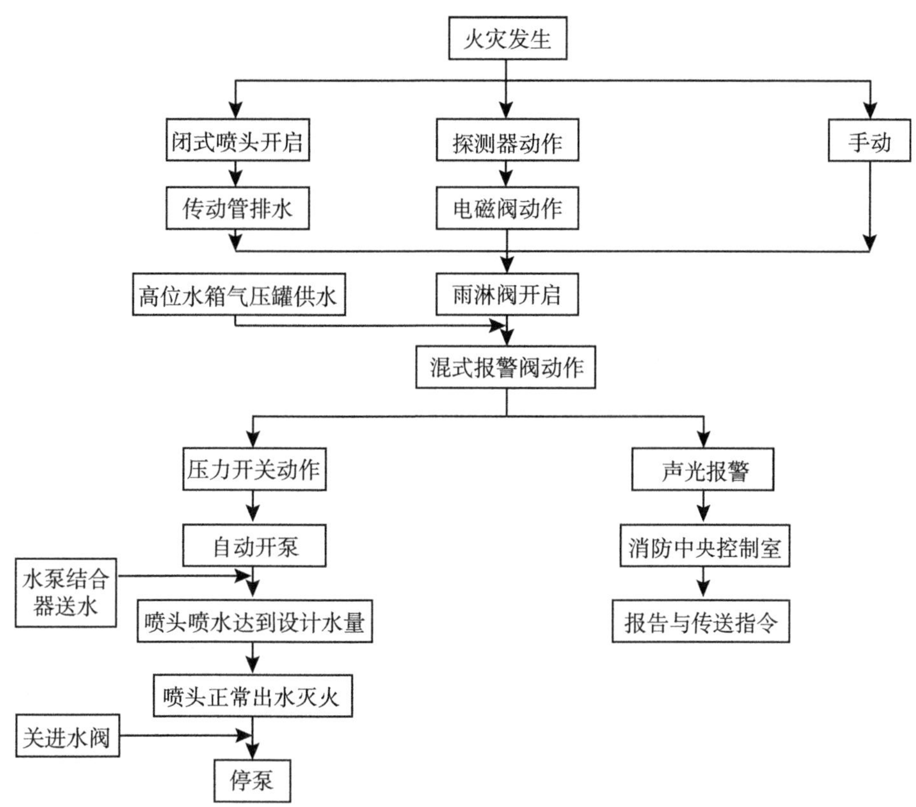


图 7-14 雨淋灭火系统工作原理

（1）火灾的水平蔓延速度快、闭式喷头的开放不能及时使喷水有效覆盖着火区域；
（2）严重危险级Ⅱ级建筑；
（3）室内净空高度超过表 7-9 的规定，且必须迅速扑救初期火灾。

表 7-9 **采用闭式系统场所的最大净空高度**

| 设置场所 | 采用闭式系统场所的最大净空高度（m） |
| --- | --- |
| 民用建筑与工业厂房 | 8 |
| 仓库 | 9 |
| 采用早期抑制快速响应喷头的仓库 | 13.5 |
| 非仓库类高大净空场所 | 12 |

应设置雨淋灭火系统的具体场所有如下几种：

（1）火柴厂的氯酸钾压碾厂房；建筑面积大于 100m$^2$ 且生产和使用硝化棉、喷漆棉、火胶棉、赛璐珞胶片、硝化纤维的厂房；

（2）乒乓球厂的轧坯、切片、磨球、分球检验部位；

（3）建筑面积大于 60m$^2$ 或储存量大于 2t 的硝化棉、喷漆棉、火胶棉、赛璐珞胶片、硝化纤维仓库；

（4）日装瓶数量大于 3000 瓶的液化石油储配站的罐瓶间、实瓶库；

（5）特等、甲等剧院，超过 1500 个座位的其他剧院和超过 2000 个座位的会堂或礼堂的舞台葡萄架下部；

（6）建筑面积不小于 400m$^2$ 的演播室，建筑面积不小于 500m$^2$ 的电影摄影棚。

**2. 水幕灭火系统**

水幕系统不具备直接灭火的能力，而是利用密集喷洒所形成的水墙或水帘，或配合防火卷帘等分隔物，阻断烟气和火势的蔓延，保护火灾邻近的建筑。密集喷洒的水墙或水帘，自身即具有防火分隔作用；而配合防火卷帘等分隔物的水幕，则利用直接喷向分隔物的水的冷却作用，保持分隔物在火灾中的完整性和隔热性。

1）水幕系统的类型与组成

（1）水幕系统的类型与作用。水幕系统可分为三种类型，第一种是采用开式喷头的水幕系统，其作用是用水墙或水帘作为防火分隔物，这种系统与雨淋系统相似，一旦有火，系统整体动作喷水；第二种是采用水幕喷头的水幕系统，其作用是既可作为水墙或水帘作用的防火分隔物，又可作为冷却防火分隔物，发生火灾时也是系统整体动作喷水；第三种是采用加密喷头湿式系统，这种系统仅用于冷却防火分隔物，使其达到设计规定的耐火极限。这种系统的喷头在发生火灾时不是整体动作喷水，而是随着烟气温度的升高逐步依次开放。目前这三种形式在工程中都采用，设计人员可根据工程具体情况和当地消防局的意见进行设计。

（2）水幕系统的组成。水幕系统由开式洒水喷头或水幕喷头、管道、雨淋报警阀组或感温雨淋阀，以及水流报警装置（水流指示器或压力开关）等组成，如图 7-15 所示。水幕系统中的报警阀，可以采用雨淋报警阀组，也可以采用常规的手动操作启闭的阀门。采用雨淋报警阀组的水幕系统，需设配套的火灾自动报警系统或传动管系统联动，由报警系统或传动管系统监测火灾和启动雨淋阀的启动。

2）水幕系统的特点及设置范围

（1）水幕系统的特点。防止火灾蔓延到另外一个防火分区，防止火灾蔓延的作用。

水幕系统的动作与防火分区有关，当作为防火分隔水幕时，一旦该防火分区内发生火灾，该防火分区周围的防火分隔水幕都应动作。冷却防火水幕的设置同防火分隔水幕设置。

（2）设置范围。水幕消防可设于大剧院舞台正面的台门，防止舞台上发生的火灾迅速蔓延到观众厅，可用于高层建筑、生产车间、仓库、汽车库防火区的分隔，用水幕来冷却防火卷帘、墙面、门、窗，以增强其耐火性能，阻止火势扩大蔓延。建筑物之间的防火间距不能满足要求，为防止相邻建筑之间的火灾威胁，也可用水幕对耐火性能较差的门、窗、可燃屋檐等进行保护，增强其耐火性能。

《建筑设计防火规范》规定下列部位应设置水幕系统：

①特等、甲等剧场，超过 1500 个座位的其他等级的剧场，超过 2000 个座位的会堂或

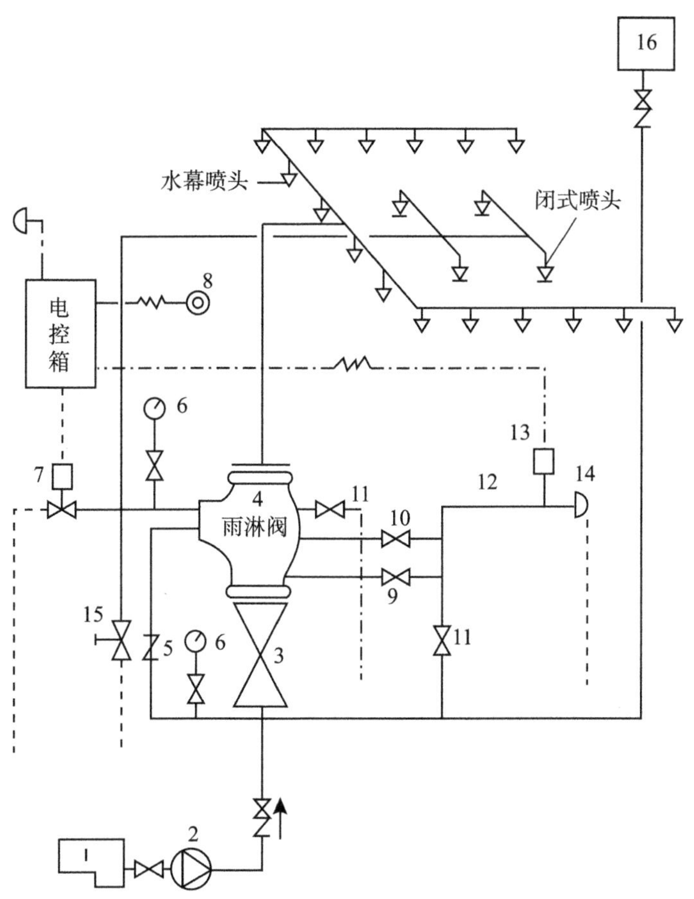


1—水池；2—水泵；3—供水闸阀；4—雨淋阀；5—止回阀；6—压力表；7—电磁阀；
8—按钮；9—试警铃阀；10—警铃管阀；11—放水阀；12—滤网；13—压力开关；
14—警铃；15—手动开关阀；16—水箱

图 7-15　水幕系统

礼堂和高层民用建筑内超过 800 个座位的剧场或礼堂的舞台口，以及上述场所内与舞台相连的侧台、后台的洞口；

②应设置防火墙等防火分隔物而无法设置的局部开口部位；

③需要防护冷却的防火卷帘或防火幕的上部。

我国现行的《自动喷水灭火系统设计规范》规定，防护冷却水幕应直接将水喷向被保护对象；防火分隔水幕不宜用于尺寸超过 15m（宽）×8m（高）的开口（舞台口除外）。

对于开口尺寸超过 15m（宽）×8m（高）的场所，可以依据《建筑设计防火规范》的有关内容设置防火分隔水幕，并应与当地消防部门商讨。

### 3. 水喷雾灭火系统

水喷雾灭火系统的组成与雨淋系统相似，因此，在有些书中将其放在自动喷水灭火系统中介绍。但按灭火原理和保护对象分类，水喷雾灭火系统是不同于自动喷水灭火系统的另一类固定式水自动灭火系统。自动喷水灭火系统的灭火原理则是冷却降温，而水喷雾灭火系统的工作原理是冷却、产生水蒸气窒息、乳化某些液体或起稀释作用。

水喷雾灭火系统利用水雾喷头在较高水压力作用下，将水分离成 100～700μm 的水雾滴，并喷向保护对象，达到灭火或防护冷却的目的。

与雨淋系统相比，水喷雾灭火系统具有灭火效率高、不会造成液体飞溅、电气绝缘性好等优点，在扑灾可燃液体火灾、电气火灾中得到了广泛应用。值得注意的是，高温密闭的容器或空间内火灾以及表面温度经常处于高温状态的可燃液体火灾不宜采用水喷雾灭火系统，以免发生火灾飞溅。《建筑设计防火规范》（GB50016—2014）中规定下列场所宜采用水喷雾灭火系统：

（1）单台容量在 40MV · A 及以上的厂矿企业油浸变压器，单台容量在 90MV · A 及以上的电厂油浸变压器，单台容量在 125MV · A 及以上的独立变电站油浸变压器；

（2）飞机发动机试验台的试车部位；

（3）充可燃油并设置在高层民用建筑内的高压电容器和多油开关室。

## 7.2.5　自动喷水灭火系统的水力计算

管网水力计算的任务是确保系统在火灾时有足够的水量和工作压力供火场灭火。水力计算可以合理地确定系统的管径和设计秒流量，以便合理地选用消防泵，确保系统的可靠性。

### 1. 系统水力计算应具备的条件

（1）根据自动喷水灭火系统设置场所的环境条件、火灾特点、保护对象的需要，选定系统类型。

（2）保护对象的性质及设置场所的火灾危险等级已明确。

（3）系统的设计基本参数已确定

（4）系统管网布置已完成，初选管径及安装尺寸已确定。

（5）系统选定的喷头 $K$ 值，最低工作压力已知。

（6）系统最不利点及最不利作用面积的部位已确定。

### 2. 现行的自动喷水灭火系统管道水力计算方法

1）作用面积法

作用面积法，首先选定最不利作用面积在管网中的位置，此作用面积的形状宜采用正方形或长方形，当采用长方形布置时，其长边应平行于配水支管，边长宜为作用面积平方根的 1.2 倍，仅在作用面积内的喷头才计算其喷水量，且每个喷头的喷水量至少等于规定的喷水强度，作用面积后的管段流量不再增加，仅计算管道的水头损失。对轻、中危险级，计算时可假定作用面积内每只喷头的喷水量相等；对严重危险级，按喷头处的实际水压计算喷水量（在新的《自动喷水灭火系统设计规范》中已不再推荐采用此方法)。

利用作用面积法所得的计算流量不是作用面积内各喷头在实际工作压力下的实际流量之和，而是假定作用面积内所有喷头的工作压力和流量都等于最不利点喷头的工作压力和流量，因此作用面积内喷头全部开放时，其总流量是最不利点喷头流量与作用面积内喷头数量的乘积。而作用面积内的喷头数量是按满足喷水强度和保护面积确定的，因此作用面积内的喷头总流量等于喷水强度与作用面积的乘积。

2）特性系数法

特性系数法，是从系统最不利点喷头开始，沿程计算各喷头的水压力、流量和管段的累计流量、水头损失，直到管段累计流量达到设计流量为止；在此后的管段中流量不再增加，仅计算沿程和局部水头损失。

特性系数计算法必须选定系统的最不利作用面积，即该作用面积必须包含系统的最不利点喷头在内。计算所得到的计算流量，是作用面积内喷头的实际流量之和。所得到的流量精确，一般比作用面积法大，是《自动喷水灭火系统设计规范》中推荐采用的水力计算方法。

确定作用面积内的喷水强度，应按保护场所的火灾危险等级、环境条件，根据《自动喷水灭火系统设计规范》确定。但对于在敞开式格栅吊顶内设置喷头，保护吊顶下部空间的场所，应考虑格栅对喷头布水的影响，在确定喷水强度时，应在《自动喷水灭火系统设计规范》规定值的基础上增大 1.3 倍。

喷头的工作压力也是决定喷头喷水量和保护面积的重要参数。《自动喷水灭火系统设计规范》规定喷头的工作压力应为 0.1MPa，当有困难时也可以采用 0.05MPa。这些规定仅针对标准喷头而言，当采用其他喷头时，应按产品要求及规范的规定确定。

### 3. 欧美自动喷水灭火系统水力计算方法

1）英国《自动喷水灭火系统安装规则》规定

由水力计算确定系统最不利点出作用面积的位置。此作用面积的形状应尽可能接近矩形，并以 1 根配水支管为长边，其长度应大于或等于作用面积平方根的 1.2 倍。

配水管计算应保证最不利点处作用面积内的最小喷水强度符合规定。当喷头按正方形、长方形或平行四边形布置时，喷水强度的计算，取上述四边形顶点上 4 个喷头的总喷水量除以 4，再除以四边形的面积求得。

2）美国《自动喷水灭火系统安装标准》规定

对于所有按水力计算要求确定的设计面积应是矩形面积，其长边应平行于配水支管，边长等于或大于作用面积平方根的 1.2 倍，喷头数若有小数，就进位成整数。当配水支管的实际长度小于边长的计算值时，作用面积要扩展到该配水管邻近配水支管上的喷头。

作用面积内每只喷头在工作压力下的流量，应能保证不小于最小喷水强度与一个喷头保护面积的乘积。水力计算应从最不利处喷头开始，每个喷头开放时的工作压力不应小于该点的计算压力。

3）德国《喷水装置规范》规定

首先确定作用面积的位置，求出作用面积内的喷头数。要求各单独喷头的保护面积与作用面积所有喷头的平均保护面积的误差不超过 20%（相邻 4 个喷头之间的围合范围为 1 个喷头的保护面积）。

### 4. 水力计算方法分析

在特性系数法计算中，每个喷头流量按特性系数法计算，其流量随喷头处压力变化而变化。此计算特点是在系统中除最不利点喷头以外的任一喷头的喷水量或任意 4 个相邻喷头的平均喷水量均超过设计要求，系统计算偏于安全。这种计算法严密细致、工作量大，但计算时按最不利点处喷头起逐个计算，不符合火灾发展的一般规律。实际火灾发生时，一般都是火源点呈辐射状向四周扩大蔓延，而只有失火区上方的喷头才会开启喷水。此外采用作用面积保护方法及仅在作用面积内的喷头计算喷水量，是合理的。同时，由于火灾时对流及风的影响，作用面积的形状以呈矩形更为合理，且矩形面积在管道水力计算时也是最不利的。

基于前文及以上分析，并结合《自动喷水灭火系统设计规范》有关条文，不难看出，水力计算时，通过特性系数法计算矩形作用面积内所有喷头和管道的流量和压力，而作用面积后的管段中流量不再增加，仅计算沿程和局部水头损失。这种采用“矩形面积”保护方法以及仅在“矩形面积”内的喷头才计算喷水量来确定系统设计流量的“矩形面积-特性系数法”计算方法，符合火场实际，科学严谨，并与欧美等国接轨，是合理的、安全的，也是《自动喷水灭火系统设计规范》的推荐计算方法。

### 5. 矩形面积-特性系数法

1）矩形面积的确定

确定最不利作用面积在管网中位置（必要时可由水力计算确定），作用面积的形状为矩形，其长边平行于配水支管，其长度不小于作用面积平方根的 1.2 倍，喷头数若有小数，就进位成整数。当配水支管的实际长度小于边长的计算值时，作用面积要扩展到该配水管邻近支管上的喷头。

仅在走道内设置单排喷头的闭式系统，其作用面积应按最大疏散距离所对应的作用面积确定。系统设计流量按中危险 Ⅰ 级系统的有关规定计算。

系统设计基本参数见表 7-10、表 7-11、表 7-12、表 7-13。

干式系统的作用面积应按表 7-13 规定值的 1.3 倍来确定，雨淋系统中每个雨淋阀控制的喷水面积不宜大于表 7-10 中的作用面积。

表 7-10 **民用建筑和工业厂房的系统设计基本参数**

<table>
<tr><th colspan="2">火灾危险等级</th><th>净空高度（m）</th><th>喷水强度（L/(min·m²)）</th><th>作用面积（m²）</th></tr>
<tr><td colspan="2">轻危险级</td><td>≤8</td><td>4</td><td rowspan="3">160</td></tr>
<tr><td rowspan="2">中危险级</td><td>Ⅰ级</td><td></td><td>6</td></tr>
<tr><td>Ⅱ级</td><td></td><td>8</td></tr>
<tr><td rowspan="2">严重危险级</td><td>Ⅰ级</td><td></td><td>12</td><td rowspan="2">260</td></tr>
<tr><td>Ⅱ级</td><td></td><td>16</td></tr>
</table>

注：系统最不利点处喷头的工作压力，不应低于 0.05MPa。

表 7-11 **非仓库类高大净空场所的系统设计基本参数**

<table>
<tr><th>适用场所</th><th>净空高度（m）</th><th>喷水强度（L/(min·m²)）</th><th>作用面积（m²）</th><th>喷头类型</th><th>喷头最大间距（m）</th></tr>
<tr><td>中庭、影剧院、音乐厅、单一功能体育馆等</td><td>8~12</td><td>6</td><td>260</td><td>K=80</td><td rowspan="2">3</td></tr>
<tr><td>会展中心、多功能体育馆、自选商场等</td><td>8~12</td><td>12</td><td>300</td><td>K=115</td></tr>
</table>

注：1. 最大储物高度超过 3.5m 的自选商场应按 16L/(min·m²)确定喷水强度。

2. 表中“~”两侧的数据，左侧为“大于”，右侧为“不大于”。

表 7-12 **仓库采用早期抑制快速响应喷头的系统设计基本参数**

<table>
<tr><th>储物类别</th><th>最大净空高度（m）</th><th>最大储物高度（m）</th><th>喷头流量系数 K</th><th>喷头最大间距（m）</th><th>作用面积内开放的喷头数（个）</th><th>喷头最低工作压力(MPa)</th></tr>
<tr><td rowspan="8">Ⅰ级、Ⅱ级沥青制品、箱装不发泡塑料</td><td>9.0</td><td>7.5</td><td>200</td><td>3.7</td><td>12</td><td>0.35</td></tr>
<tr><td></td><td></td><td>360</td><td></td><td></td><td>0.10</td></tr>
<tr><td rowspan="2">10.5</td><td rowspan="2">9.0</td><td>200</td><td>3.0</td><td>12</td><td>0.50</td></tr>
<tr><td>360</td><td></td><td></td><td>0.15</td></tr>
<tr><td>12.0</td><td>10.5</td><td>200</td><td></td><td>12</td><td>0.50</td></tr>
<tr><td></td><td></td><td>360</td><td></td><td></td><td>0.20</td></tr>
<tr><td>13.5</td><td>12.0</td><td>360</td><td></td><td>12</td><td>0.30</td></tr>
</table>

续表

<table>
<tr><th>储物类别</th><th>最大净空高度（m）</th><th>最大储物高度（m）</th><th>喷头流量系数 K</th><th>喷头最大间距（m）</th><th>作用面积内开放的喷头数（个）</th><th>喷头最低工作压力(MPa)</th></tr>
<tr><td rowspan="6">袋装不发泡塑料</td><td rowspan="2">9. 0</td><td rowspan="2">7. 5</td><td>200</td><td rowspan="4">3. 7</td><td rowspan="2">12</td><td>0. 35</td></tr>
<tr><td>240</td><td>0. 25</td></tr>
<tr><td rowspan="2">9. 5</td><td rowspan="2">7. 5</td><td>200</td><td rowspan="2">12</td><td>0. 40</td></tr>
<tr><td>240</td><td>0. 30</td></tr>
<tr><td>12. 0</td><td>10. 5</td><td>200</td><td>3. 0</td><td>12</td><td>0. 50</td></tr>
<tr><td></td><td></td><td>240</td><td></td><td></td><td>0. 35</td></tr>
<tr><td rowspan="3">箱装发泡塑料</td><td>9. 0</td><td>7. 5</td><td>200</td><td rowspan="3">3. 7</td><td>12</td><td>0. 35</td></tr>
<tr><td rowspan="2">9. 5</td><td rowspan="2">7. 5</td><td>200</td><td rowspan="2">12</td><td>0. 40</td></tr>
<tr><td>240</td><td>0. 30</td></tr>
</table>

注：快速响应早期抑制喷头在保护最大高度范围内，如有货架应为通透性层板。

表 7-13　　**水幕系统的设计基本参数**

| 水幕类型 | 喷水点高度（m） | 喷水强度(L/(s·m)) | 喷头工作压力(MPa) |
|---|---|---|---|
| 防火分隔水幕 | ≤12 | 2 | 0. 1 |
| 防护冷却水幕 | ≤4 | 0. 5 | |

注：防护冷却水幕的喷水点高度每增加 1m，喷水强度应增加 0. 1 L/s·m，但超过 9m 时，喷水强度仍采用 1. 0 L/s·m。

2）系统设计流量计算

系统的设计流量，应按最不利点处作用面积内喷头同时喷水的总流量确定，即

$$Q_s = \frac{1}{60}\sum_{i=1}^{n} q_i \tag{7-3}$$

$$q = K\sqrt{10p_i} \tag{7-4}$$

式中：$Q_s$——系统设计流量，单位 L/s；

$q_i$——最不利点处作用面积内各喷头节点的流量，单位 L/min；

$n$——最不利点处作用面积内的喷头数；

$p_i$——矩形面积内喷头处水压，单位 MPa；

$K$——喷头的流量系数。

3）特性系数法水力计算

轻、中、严重及仓库级危险级均按逐点法进行水力计算，即矩形面积内每个喷头喷水量按该喷头处的水压计算确定，具体方法如下：

（1）首先假定最不利点处水压，求该喷头的出水量，以此流量求喷头 1~2 之间管段的水头损失；最不利点水压一般为 0.1MPa，最小不应小于 0.05MPa（最低工作压力是针对屋顶水箱高度，往往难以满足最不利喷头压力值而提出的，在消防泵、增压设施扬程计算时，不存在这个问题。在工程设计中，最不利喷头工作压力值以 0.05MPa 计算，使喷头出水量减小，为保证一定的喷水强度，需缩小喷头间距，增加了作用面积内动作喷头数量，增加了工程投资，而优点仅仅是选水泵时，可以减小约 0.05MPa 扬程）。

（2）以第一喷头处所假定的水压加喷头 1~2 之间管段的水头损失，作为第二喷头处的压力，以求第二个喷头的流量。此两个喷头流量之和作为 2~3 喷头之间管段的流量，以求该管段中的水头损失。以后依此类推，计算至作用面积内的所有喷头和管道的流量和压力。

（3）两管段交点处的计算水压不同时，应按下式对交汇点处水压的一侧的管段进行修正：

$$q_2 = q_1\sqrt{\frac{h_1}{h_2}} \tag{7-5}$$

式中：$q_1$——低水压侧管段的修正流量，单位 L/s；

$q_2$——高水压侧管段的修正流量，单位 L/s；

$h_2$——低水压侧管段的水压，单位 kPa；

$h_2$——高水压侧管段的水压，单位 kPa。

**【例 7-2】** 某火灾危险等级为中危险级Ⅰ级的商场的最不利配水区域的喷头布置如图 7-15 所示，试用作业面积法确定自动喷水灭火系统的设计流量。

**解**：由表 7-10 可确定商场的自动喷水灭火系统喷水强度为 6L/（min · m$^2$），作业面积为 160 m$^2$。由喷头布置图 7-16 可知，每个喷头的保护面积为 3×4＝12m$^2$，小于规定的最大保护面积 12.5m$^2$，符合《自动喷水灭火系统设计规范》要求。

采用矩形作用面积，则长边长度为 $1.2\times\sqrt{160}=15.18$m，支管上计算喷头数量为 15.18/4＝3.8 个，取 4 个，长边实际长度为 16m。短边长度为 160/16＝10m，计算支管数量为 10/3＝3.3 排，取 3 排，计算喷头数为 12 个，喷头总保护面积为 144m$^2$，小于规定的 160m$^2$，需增补的喷头数量为（160－144）/12＝1.33 个，取 2 个。实际作用面积为 14×12＝168m，符合《自动喷水灭火系统设计规范》要求。由此，实际作用面积为图 7-16 中所示虚线所包围的面积。

根据表 3-7 确定图 7-16 的管网中各管段管径，并在图中找到最不利管路，给各节点编号。

第一个喷头流量：$q_1 = D \cdot A = 6 \times 12 = 72\text{L/min}$

第一个喷头的工作压力：$P_1 = 0.1\left(\frac{q_1}{K}\right)^2 = 0.1 \times \left(\frac{72}{80}\right)^2 = 0.081\text{MPa}$

1~2 管段流量：节点 2 压力：$P_2 = 0.081 + 0.034 = 0.115\text{MPa}$

第二个喷头流量：$q_2 = K\sqrt{10P_2} = 80\sqrt{10 \times 0.115} = 85.8\text{L/min}$

以后依次类推，累计计算完作用面积内所有喷头、管段流量后，流量不再增加，只计

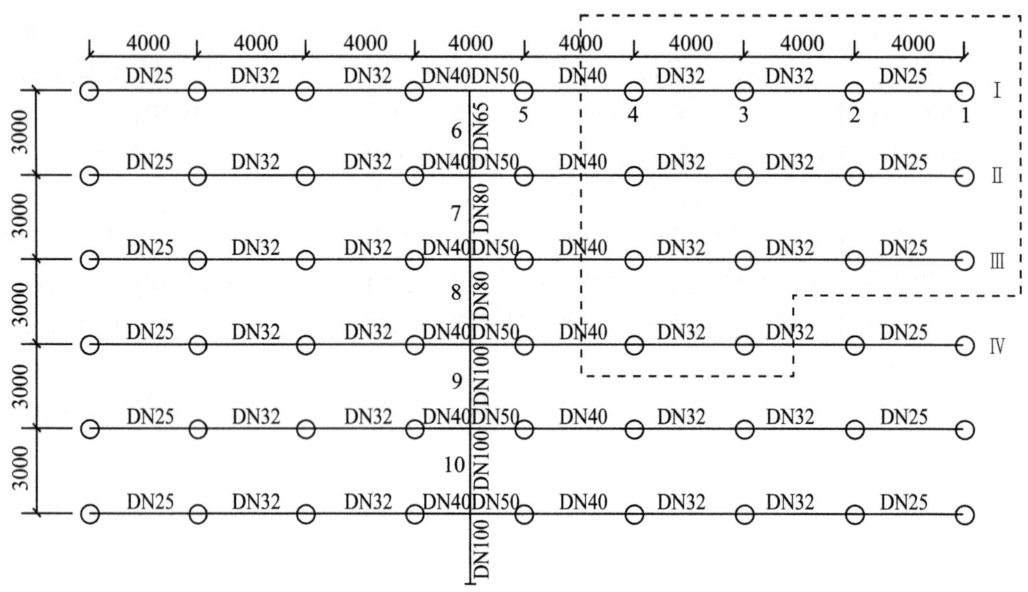


图 7-16　水力计算图（单位：mm）

算损失，各项值列于表 7-14 中。

表 7-14　**例 7-2 系统水力计算表**

| 节点编号 | 管段编号 | 节点压力（MPa） | 节点流量（L/min） | 管段流量（L/s） | 管径（mm） | 每米损失（MPa/m） | 管长（m） | 水头损失（MPa） |
|---|---|---|---|---|---|---|---|---|
| 1 | | 0. 081 | 72 | | | | | |
| | 1~2 | | | 1. 20 | 25 | 0. 0085 | 4 | 0. 034 |
| 2 | | 0. 115 | 85. 8 | | | | | |
| | 2~3 | | | 2. 63 | 32 | 0. 0105 | 4 | 0. 042 |
| 3 | | 0. 157 | 100. 2 | | | | | |
| | 3~4 | | | 4. 30 | 32 | 0. 03 | 4 | 0. 120 |
| 4 | | 0. 277 | 133. 1 | | | | | |
| | 4~5 | | | 6. 52 | 40 | 0. 021 | 4 | 0. 084 |
| 5 | | 0. 361 | 133. 1 | | | | | |
| | 5~6 | | | 6. 52 | 50 | 0. 012 | 2 | 0. 024 |
| 6 | | 0. 385 | 133. 1 | | | | | |
| | 6~7 | | | 6. 52 | 65 | 0. 0017 | 3 | 0. 005 |

续表

| 节点编号 | 管段编号 | 节点压力 (MPa) | 节点流量 (L/min) | 管段流量 (L/s) | 管径 (mm) | 每米损失 (MPa/m) | 管长 (m) | 水头损失 (MPa) |
|---|---|---|---|---|---|---|---|---|
| 7 | | 0.390 | 393.6 | | | | | |
| | 7~8 | | | 13.08 | 80 | 0.0023 | 3 | 0.007 |
| 8 | | 0.397 | 397.1 | | | | | |
| | 8~9 | | | 19.70 | 80 | 0.0057 | 3 | 0.017 |
| 9 | | 0.414 | 241.9 | | | | | |
| | 9~10 | | | 23.73 | 100 | | | |
| 10 | | | | | | | | |

表7-14中，节点7及其后的节点流量和管段流量均包括支管流量：支管Ⅱ的流量参照支管Ⅰ流量计算，并根据压力比值折算，得

$$q_{\text{II}7} = q_{\text{II理论}} \cdot \sqrt{\frac{P_7}{P_{\text{II}7}}} = 6.52 \cdot \sqrt{\frac{0.390}{0.385}} = 6.56\text{L/s} = 393.6\text{L/min}$$

则7-8管段流量：　$q_{7\sim8} = q_{6\sim7} + q_{\text{II}7} = 6.52 + 6.56 = 13.08\text{L/s}$

同样计算方法用于支管Ⅲ与支管Ⅳ。

节点9后管径、流量不再变化，所以系统的设计流量为23.73L/s。

4）经济流速和水头损失

（1）经济流速。自动喷水灭火系统管网内的水流速度宜采用经济流速。而对某些配水支管需用缩小管径增大沿程水头损失达到减压目的时，水流速度可以超过5m/s，但也不应大于10m/s。

经济流速是经济性、合理性、可靠性与安全性的统一，并非通常意义上的经济流速的含义。结合工程算例分析和有关手册与文献介绍，配水干管和配水支管设计流速采用一般不宜超过3m/s，常用1.3~2.5m/s。

（2）管道沿程和局部的水头损失每米管道的水头损失按下式计算：

$$i = 0.0000107\,\frac{V^2}{d_j^{1.3}} \tag{7-6}$$

式中：$i$——每米管道的水头损失，单位MPa/m；

$V$——管道内水的平局流速，单位m/s；

$d_j$——管道的计算内径，单位m，取值应按管道的内径减1mm确定。

管道局部水头损失采用当量长度法计算，也就是将水流经过弯管、“丁”字管的局部压力损耗相似于一定长度的直管（《自动喷水灭火系统设计规范》推荐采用当量长度法，而对取管道沿程水头损失的20%做法未提及）。

实际计算中，将相应的局部当量加入管段长度，通过编制程序、利用Excel表格来计

算，或者直接查水力计算表。

5）水泵扬程或入口的供水压力

水泵扬程或系统入口的供水压力计算如下式：

$$H = \sum h + P_0 + Z \tag{7-7}$$

式中：$H$——水泵扬程或系统入口的供水压力，单位 MPa；

$\sum h$——管道沿程和局部的水头损失的累计值，单位 MPa，湿式报警阀取值 0.04MPa 或按检测数据确定，水流指示器取值 0.02MPa，雨淋阀取值 0.07MPa，蝶型报警阀及马鞍型水流指示器取值由生产厂家提供；

$P_0$——最不利点出喷头的工作压力，MPa；

$Z$——最不利点处喷头与消防水池的最低水位或系统入口管水平中心线之间的高程差，单位 MPa，当系统入口管或消防水池最低水位高于不利点处喷头时，$Z$ 值应取为负。

6）减压与减压措施

自动喷水灭火系统中，不但存在着低层管道系统中水压不平衡，而且即使在同层中，当保护面积较大时，由于设计是按最不利工作面积计算，同层中有利工作面积内喷头的水压也有剩余，所以习惯是对连接有利工作面积的配水管或配水干管予以减压，减压的方法可以采用设置减压阀、减压孔板、节流管以及缩小有利工作面配水支管的管径等，增加沿途水头损失，以达到减压目的。

（1）减压孔板应符合下列规定：

①应设在直径不小于 50mm 的水平直管段上，前后管段的长度均不宜小于该管段直径的 5 倍；

②孔口直径不应小于设置管段直径的 30%，且不应小于 20mm；应采用不锈钢板材制作。

（2）节流管应符合下列规定：

①直径宜按上游管段直径的 1/2 确定；

②长度不宜小于 1m；

③节流管内水的平均流速不应大于 20m/s。

（3）减压孔板的水头损失，应按下式计算：

$$H_k = \xi \frac{V_K^2}{2g} \tag{7-8}$$

式中：$H_k$——减压孔板的水头损失（$10^{-2}$MPa）；

$V_k$——减压孔板后管道内水的平均流速，单位 m/s；

$\xi$——减压孔板的局部阻力系数，取值应按《自动喷水灭火系统设计规范》附录 D 确定。

（4）节流管的水头损失，应按下式计算：

$$H_g = \xi \frac{V_K^2}{2g} + 0.00107L\frac{V_g^2}{d_g^{1.3}} \tag{7-9}$$

式中：$H_g$——节流管的水头损失（$10^{-2}$MPa）；

$\xi$——节流管中渐缩管与渐扩管的局部阻力系数之和，取值0.7；

$V_g$——节流管内水的平均流速，单位m/s；

$d_g$——节流管的计算内径，单位m，取值应按节流管内径减1mm确定；

$L$——节流管的长度，单位m。

## 7.3　气体灭火系统

在建筑物中，有些场所的火灾是不能使用水扑救的。因为有的物质（如电石、碱金属等）与水接触会引起燃烧爆炸或助长火势蔓延；有些场所有易燃、可燃液体，很难用水扑灭火灾；而有些场所（如电子计算机房、通信机房、文物资料室、图书馆、档案馆等）用水扑救，则会造成严重的水渍损失。所以，在建筑物内除设置消防给水系统外，还应根据其内部不同房间或部位的性质和要求采用气体灭火装置，用以控制或扑灭初期火灾，减少火灾损失。

气体灭火系统以某些气体作为灭火剂，通过这些气体在整个防护区或保护对象的局部区域建立灭火浓度实现灭火。

### 7.3.1　气体灭火系统的分类

根据灭火系统的结构特点，气体灭火系统可分为管网灭火系统和无管网灭火装置。管网灭火系统由灭火剂储存装置、管道和喷嘴组成。无管网灭火装置是将灭火剂储存容器、控制阀门和喷嘴等组合在一起的一种灭火装置。对于较小的、无特殊要求的防护区，可以直接从工厂生产的系列产品中选择。

按防护区的特征和灭火方式，可分为全淹没灭火系统和局部应用灭火系统。全淹没灭火系统，是指通过整个房间内建立灭火剂设计浓度实施灭火的系统形式，这种形式对防护区提供整体保护；局部应用灭火系统，是指保护房间内或室外的某一设备，通过直接向着火表面喷射灭火剂实施灭火的系统形式。

按照一套灭火剂储存装置保护的防护区多少，可分为单元独立系统和组合分配系统。单元独立系统，是每个防护区各自设置灭火系统保护；组合分配系统，是一个工程中的几个防护区共用一套系统保护。显然，单元独立系统投资较大。

按管网的布置形式，可分为均衡系统和非均衡系统。

根据所使用的灭火剂，气体灭火系统可分为以下四种：

（1）卤代烷1301灭火系统。以卤代烷1301灭火剂（三氟-溴甲烷）作为灭火介质，其毒性小、使用期长、喷射性能好、灭火性能好，曾是应用最广泛的一种气体灭火系统。但由于其对臭氧层的破坏，目前已经淘汰。

（2）卤代烷1211灭火系统。以卤代烷1211灭火剂（二氟-氯-溴甲烷）作为灭火介质，它比卤代烷 1301 灭火剂便宜，所以应用也较广泛。但由于对大气臭氧层有较大的破坏作用，目前已停止生产使用。

(3) 二氧化碳灭火系统。以二氧化碳灭火剂作为灭火介质，相对于卤代烷系统，它投资较大，灭火时的毒性危害较大，且会产生温室效应，不宜广泛使用。

(4) 卤代烷替代系统。卤代烷替代系统有七氟丙烷和“烟烙烬”，灭火系统较为理想，国内外已经得到大量应用。“烟烙烬”灭火系统以氮气、氩气、二氧化碳三种气体按照一定比例混合后的混合气体作为灭火介质，其中氮气含量 52%，氩气含量 40%，二氧化碳含量为 8%。该类系统主要通过降低空气中的氧气含量达到灭火效果，同时人又可以自由呼吸。

## 7.3.2　气体灭火系统的组成

气体灭火系统主要由储存装置、启动分配装置、输送释放装置和监控装置等设施组成，如图 7-17 所示。

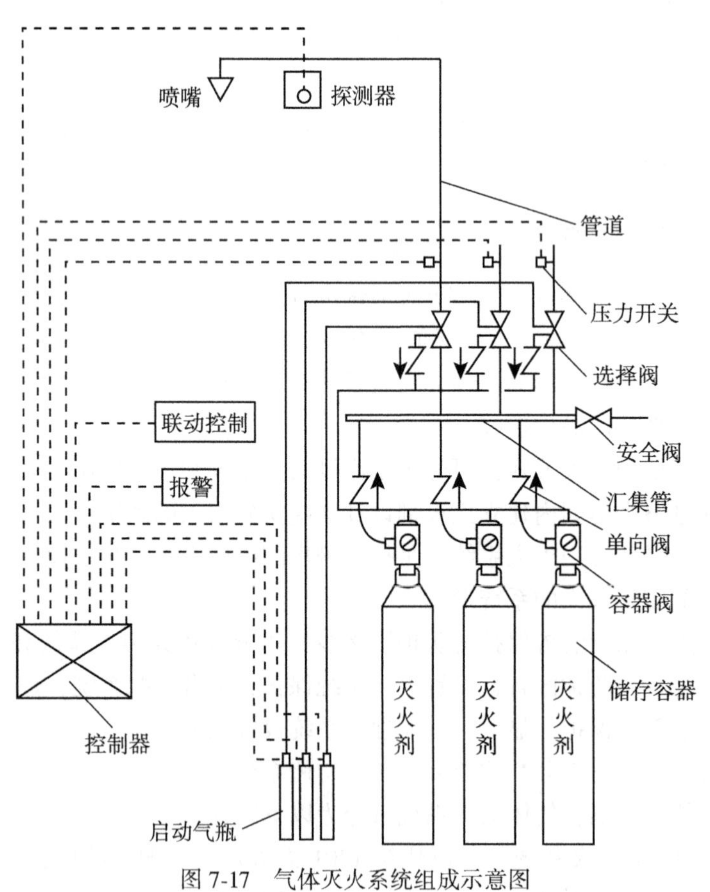


图 7-17　气体灭火系统组成示意图

## 7.3.3 气体灭火系统的工作原理

当某防护区发生火灾时，火灾探测器报警，消防控制中心接到火灾信号后，启动联动装置（关闭开口、停止空调等），考虑到防护区内人员的疏散，延时约30s后，打开启动气瓶的瓶头阀，利用气瓶中的高压氮气将灭火剂储存容器上的容器阀打开，灭火剂经管道输送到喷头喷出实施灭火。另外，通过压力开关监测系统是否正常工作，若启动指令发出，而压力开关的信号迟迟不返回，则说明系统故障，值班人员听到事故报警后，应尽快实施人工启动。系统的工作过程如图7-18所示。

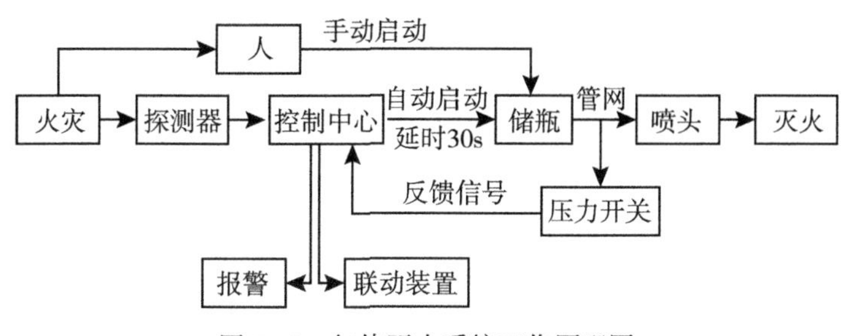


图7-18 气体灭火系统工作原理图

## 7.3.4 气体灭火系统的设置场所

根据《建筑设计防火规范》（GB50016—2014）规定，在以下部位须设置气体灭火系统：

（1）国家、省级或超过100万人口城市广播电视发射塔楼内的微波机房，分米波机房，米波机房，变、配电室和不间断电源（UPS）室；

（2）国际电信局、大区中心、省中心和一万路以上的地区中心的长途程控交换机房、控制室和信令转接点室；

（3）两万线以上的市话汇接局内的和六万门以上的市话端局内的程控交换机房、控制室和信令转接点室；

（4）中央及省级治安、防灾、网局级及以上的电力等调度指挥中心的通信机房和控制室；

（5）主机房的建筑面积不小于140m$^2$的电子信息系统机房内的主机房和基本工作间的已记录磁（纸）介质库；

（6）中央和省级广播中心内建筑面积不小于120m$^2$的音像制品库房；

（7）国家、省级或藏书量超过100万册的图书馆内的特藏库；中央和省级档案馆内的珍藏库和非纸质档案库；大、中型博物馆内的珍品库房；一级纸绢质文物的陈列室；

（8）其他特殊的重要设备室。

## 7.4 灭火器材及公共消防设备

### 7.4.1 简易灭火工具和器材

对付初起火灾，不可忽视一些简易器材的作用，如扫帚、树枝、铁锹、水桶、脸盆、砂箱、水缸、石棉被、麻袋、棉被褥、海草席、干草袋等。这些器材，取之方便，用之简单，只要使用方法得当，对于扑救初起火灾也很有效。例如，扑救一般固体物质的表面火灾，可用扫帚、树枝扑打，或用铁锹挖土覆盖、掩埋，也可用水桶汲水泼洒；用砂可扑灭地面油类火灾；小罐、小桶内易燃可燃液体着火，可用棉被、麻袋等覆盖物浸湿后进行捂盖灭火；对于设备、管道阀门、法兰处泄漏物料的小火用石棉被、湿麻袋等覆盖物捂盖或撒上一些干粉也可扑灭。所以，在有火灾危险的场所和岗位各置一些简易的灭火器材，一旦发生火灾，便可取用这些器材，用恰当的方法就可将其扑灭在初期的阶段。

虽然这些器材和工具摆设在公众聚集场所的明面之处不够雅观，但对于铺面较小的公众聚集场所，在相应的地方且又不妨碍观瞻之处，设置一个消防棚或消防箱，配置一些简易工具和器材，为对付初期火灾，会起到不可估量的作用。

### 7.4.2 灭火器

灭火器是一种移动式应急灭火器材。使用时，在其内部压力作用下，将所充装的灭火剂喷出，以扑救初起火灾。灭火器结构简单，操作轻便灵活，广泛应用于各种公众聚集场所。

灭火器的分类和型号编制方法如下：

(1) 按充装灭火剂的类型划分为：水型灭火器、泡沫灭火器、干粉灭火器、卤代烷灭火器、二氧化碳灭火器。

(2) 按灭火器移动方式分为：手提式灭火器，总重在 28 公斤以下，容量在 10 公斤（升）左右，是能用手提着的灭火器具；推车式灭火器，总重在 40 公斤以上，容量在 100 公斤（升）以内，装有车轮等行驶机构，用人力推（拉）的灭火器具。

(3) 按加压方式划分为：储气瓶式灭火器，其灭火剂是由一个专门储存压缩气体的储气瓶释放气体加压驱动的；储压式灭火器，其灭火剂是由与其同储于一个容器内的压缩气体或灭火剂蒸汽的压力驱动的。

(4) 按装设方式可分为移动式灭火器和固定式灭火器。

灭火器的灭火性能是用灭火级别来表示的。灭火级别由数字和字母组成，如 3A、21A、5B 等。数字表示灭火级别的大小，数字越大，灭火级别越高，灭火能力越强。字母表示灭火级别的单位和适于扑救的火灾种类。具体含义见表 7-15。

表 7-15　**各灭火级别适用扑救火灾种类**

| 火灾种类 | 燃烧物质 |
| --- | --- |
| A | 含碳固体可燃物，如木材、棉、麻、毛、纸张等 |
| B | 甲、乙、丙类液体，如煤油、汽油、甲醇、乙醚、丙酮等 |
| C | 可燃气体，如煤气、天然气、甲烷、乙炔、氢气等 |
| D | 可燃轻金属，如钾、纳、镁、铝镁合金等 |
| E | 带电火灾 |

各种灭火器的应用范围见表 7-16。

表 7-16　**各种灭火器的应用范围**

| 灭火器类型 | | 灭火种类 | | | | |
| --- | --- | --- | --- | --- | --- | --- |
| | | A | B | C | D | E |
| 清水灭火器 | | √ | × | × | × | × |
| 干粉型灭火器 | BC 干粉灭火器 | △ | √ | √ | √ | × |
| | ABC 干粉灭火器 | √ | √ | √ | √ | × |
| | 金属火灾用干粉灭火器 | × | × | √ | × | √ |
| 泡沫型灭火器 | 化学泡沫灭火器 | √ | √，非水溶性液体 | × | × | × |
| | 蛋白泡沫灭火器 | √ | √，非水溶性液体 | × | × | × |
| | 氟蛋白泡沫灭火器 | √ | √，非水溶性液体 | × | × | × |
| | 轻水泡沫灭火器 | √ | √，非水溶性液体 | × | × | × |
| | 合成泡沫灭火器 | √ | √，非水溶性液体 | × | × | × |
| | 抗溶性泡沫灭火器 | √ | √，非水溶性液体 | × | × | × |
| 二氧化碳灭火器 | | △ | √ | √ | √ | √ |
| 卤代烷灭火器 | 1211 灭火器 | △ | √ | √ | √ | √ |
| | 1301 灭火器 | △ | √ | √ | √ | √ |
| 卤代烷替代品 | FM200（七氟丙烷） | △ | √ | √ | √ | √ |
| | IG-541（烟烙尽） | △ | √ | √ | √ | √ |

注：√表示适用，×表示不可用，△表示一般不用。

### 7.4.3 灭火器的配置

#### 1. 灭火器的配置数量

灭火器的配置数量基准是：一个灭火器配置场所计算单元内的灭火器配置数量不宜少

于两具；一个灭火器设置点的灭火器数量不宜多于 5 具。

### 2. 灭火器的选型

按照火灾种类进行选型：

A 类火灾场所应选择水型灭火器、磷酸铵盐干粉灭火器、泡沫灭火器或卤代烷灭火器。

B 类火灾场所应选择泡沫灭火器、碳酸氢钠干粉灭火器、磷酸铵盐干粉灭火器、二氧化碳灭火器、灭 B 类火灾的水型灭火器或卤代烷灭火器。

极性溶剂的 B 类火灾场所应选择灭 B 类火灾的抗溶性灭火器。

C 类火灾场所应选择磷酸铵盐干粉灭火器、碳酸氢钠干粉灭火器、二氧化碳灭火器或卤代烷灭火器。

D 类火灾场所应选择扑灭金属火灾的专用灭火器。

E 类火灾场所应选择磷酸铵盐干粉灭火器、碳酸氢钠干粉灭火器、卤代烷灭火器或二氧化碳灭火器，但不得选用装有金属喇叭喷筒的二氧化碳灭火器。

### 3. 灭火器的设置

灭火器的设置是灭火器配置设计的一个重要方面，主要包括灭火器的设置要求和灭火器的保护距离。

灭火器的设置要求主要有以下几点：

（1）灭火器应设置在显眼的地点；

（2）灭火器应设置在便于人们取用的地点（包括不受阻挡和碰撞的地点）；

（3）灭火器的设置不得影响安全疏散；

（4）灭火器在某些场所设置时应有指示标志，灭火器铭牌应朝外；

（5）灭火器应设置稳固；

（6）手提式灭火器应设置在挂钩、托架上或灭火器箱内，其顶部离地面高度应小于 1.5m，底部离地面高度不宜小于 0.5m；

（7）灭火器不宜设置在潮湿或强腐蚀性的地点；

（8）设置在室外的火火器应有保护措施；

（9）灭火器不得设置在超出其使用温度范围的地点。

灭火器的保护距离，是指灭火器配置场所内任一着火点到最近灭火器设置点的行走距离。在发现火情后，及时有效地扑灭初起火灾取决于多种因素，但灭火器最大保护距离的远近，显然是其中一个重要因素。国家对火火器的保护距离制定有标准规范，不同危险等级对不同灭火器有不同的要求。

A 类火灾配置场所灭火器最大保护距离按表 7-17 中的规定执行。

表 7-17 **A 类场所灭火器最大保护距离** （单位：m）

| 危险等级 \ 灭火类型 | 手提式灭火器 | 推车式灭火器 |
|---|---|---|
| 严重危险级 | 15 | 30 |
| 中危险级 | 20 | 40 |
| 轻危险级 | 25 | 50 |

B、C 类火灾配置场所灭火器最大保护距离按表 7-18 中的规定执行。

表 7-18 **B、C 类场所灭火器最大保护距离** （单位：m）

| 危险等级 \ 灭火类型 | 手提式灭火器 | 推车式灭火器 |
|---|---|---|
| 严重危险级 | 9 | 18 |
| 中危险级 | 12 | 24 |
| 轻危险级 | 15 | 30 |

D 类火灾场所的灭火器，其最大保护距离应根据具体情况研究确定。

E 类火灾场所的灭火器，其最大保护距离不应低于该场所内 A 类或 B 类火灾的规定。

## 7.5 细水雾灭火系统的应用

细水雾灭火技术于 20 世纪 40 年代用于轮船灭火。自 20 世纪 90 年代开始，为了寻求替代卤代烷 1301、1211 的理想灭火剂，一些发达国家相继研究和开发了细水雾灭火系统。我国也把细水雾灭火系统的开发列入国家“九五”科技攻关项目。细水雾灭火系统在灭火效果、工程造价、环境保护、二次灾害损失等各方面综合比较，优于传统的气体灭火系统和水喷雾、水喷淋灭火系统，已经越来越多地被采用。

### 7.5.1 细水雾的定义

“细水雾”（Water Mist）是相对于“水喷雾”（Water Spray）的概念，是使用特殊喷嘴、通过高压喷水产生的水微粒。在 NFPA 750（Standard on Water Mist Fire Protection Systems）中，细水雾的定义是：在最小设计工作压力下、距喷嘴 1m 处的平面上，测得水雾最粗部分的水微粒直径 Dv0. 99 不大于 1000μm。按水雾中水微粒的大小，细水雾分为 3 级。其中，第 1 级细水雾为最细的水雾；第 2 级细水雾有较大的水微粒存在，相对于 1 级细水雾，2 级细水雾更容易产生较大的流量，可由高压喷嘴、双流喷嘴或许多冲撞式喷嘴产生；第 3 级细水雾主要由中压、小孔喷淋头、各种冲击式喷嘴等产生。

### 7.5.2 细水雾灭火机理

细水雾灭火的关键是增加了单位体积水微粒的表面积。水微粒子化以后，即使同样体积的水，也可使总表面积增大。而表面积的增大，更容易进行热吸收，冷却燃烧反应。吸收热的水微粒容易汽化，体积增大约 1700 倍。由于水蒸气的产生，既稀释了火焰附近氧气的浓度，窒息了燃烧反应，又有效地控制了热辐射。因此，细水雾灭火主要是通过高效率的冷却与缺氧窒息的双重作用。

细水雾水微粒直径大小的分布与灭火能力的关系是一个复杂的问题。一般来讲，第 1 级和第 2 级细水雾用于扑灭液体燃料池内的火灾效果较好，而且不会搅动池内的液面。通常情况下，用第 1 级水雾扑灭 A 类可燃物是比较困难的，这可能是由于细水雾不能穿透碳化层而浸湿燃烧物质。然而，因为细水雾的喷射速度很高，在燃烧处于表面或封闭空间内，有利于氧气减少的情况下，还是可以扑灭 A 类可燃物的。这说明，对于一定的燃烧物，细水雾的颗粒直径不是决定灭火能力的唯一因素。系统的灭火效果还与细水雾相对于火焰的喷射方向、速度和喷水强度等有密切的关系。细水雾灭火系统主要是利用释放到燃烧区域上的小水滴（雾滴体积平均滴径小于 400μm）灭火，因此比传统的喷淋系统用更少量的水。

细水雾灭火系统对保护对象可实施灭火、抑制火、控制火、控温和降尘等多种方式的保护，其灭火机理可归纳如下：

**1. 高效吸热作用**

由于细水雾的雾滴直径很小，相对表面积较一般水滴大 1700 倍，在火场中能完全蒸发。按 100℃水的蒸发潜热为 2257kJ/kg 计，每只喷头喷出的水雾吸热功率约为 300kW，可见其吸热率之高，冷却效果之强。

**2. 窒息作用**

细水雾喷入火场后，迅速蒸发形成蒸汽，体积急剧膨胀，排除空气，在燃烧物周围形成一道屏障阻挡新鲜空气的进入。当燃烧物周围的氧气浓度降低到一定水平时，火焰将被窒息、熄灭。

**3. 阻隔辐射热作用**

细水雾喷入火场后，蒸发形成的蒸汽，迅速将燃烧物、火焰和烟羽笼罩，对火焰的辐射热具有极佳的阻隔能力，能够有效抑制辐射热引燃周围其他物品，达到防止火焰蔓延的效果。

### 7.5.3 细水雾灭火系统的组成及工作原理

细水雾灭火系统主要由水源、供水设备、供水管道、雨淋阀组、探测器、控制器和细水雾喷头组成。细水雾喷嘴，是含有一个或多个孔口，能够将水滴雾化的装置，它是系统中最为关键的部件。

细水雾灭火系统的工作原理与水喷雾灭火系统类似，细水雾灭火系统也是利用水作为扑灭、压制和控制火灾的介质，只是以不同于传统的方式来实现的。典型的细水雾灭火系统工作原理是：自动启动状态，防护区设多个探测器，当火灾发生时，系统控制盘接收探测器探测的动作信号，向火灾区域喷水雾；手动启动状态，防护区设多个探测器，当火灾发生时，探测器发出报警信号或在现场人员确认火灾后，打开设在发生火灾区域最近处的手动启动装置（手动与自动切换型），启动细水雾系统，向火灾区域喷水雾。

### 7.5.4 细水雾灭火系统的典型应用

由于细水雾的灭火机理不同于水喷淋，也不同于气体灭火剂，因而它用来防治高技术领域和重大工业危险源的特殊火灾，如计算机房火灾，航空与航天飞行器舱内火灾，电厂的控制室、燃气涡轮机等场所火灾，现代大型企业的电器火灾，等等。下面主要介绍细水雾灭火系统在一些典型场所的应用。

**1. 航空飞行器舱内火灾**

从1989年开始，美国联邦航空局（FAA）和英国民航局（CAA）就成立了一个联合研究小组，专门通过实验来确定细水雾灭火系统扑灭飞行客舱火灾的有效性和实用性。后来加拿大和欧洲其他国家的一些民航权威机构也参加了这个研究项目。他们进行了全尺寸的火灾场景实验，主要是靠近机身开口处的外部燃料着火，分别改变通过开口处向机舱内传播的火焰速度。机舱内人员能否生存，取决于机舱内火焰的传播速度和产生轰燃的时间，因此航空飞行器舱内细水雾灭火系统主要是抑制或降低舱内可燃物的燃烧速率，以便于人员的撤离。

这种系统采用许多小型农业喷嘴按照阵列方式固定在机舱的天花板上，喷雾持续时间为3min，细水雾的平均粒径为100μm。研究表明，不论机身宽还是窄，它都可以有效地抑制火灾，尤其是大大降低了空气温度和水溶气的浓度。通过延缓轰燃，机舱内人员宝贵的生存时间得以大大提高，舱内细水雾灭火系统的安全潜能非常大。

**2. 电子设备的火灾**

目前，许多实验室和生产厂家都正在对细水雾抑制和扑灭含电子设备的环境（如计算机房和程控电话中心）火灾的有效性进行研究。令人关注的一点是细水雾灭火系统对电子设备的破坏程度，虽然细水雾对电子设备的影响还不能定量化，但和传统的水喷淋相比较，细水雾灭火系统的流量低和粒径微小。能否在细水雾激发过程中用足够少的水流量来抑制或灭火，同时又保证那些敏感电子设备继续正常运行，确实是含电子设备的环境中成功运用细水雾的关键。

国际火灾安全机构对配电转换开关进行了细水雾灭火有效性的实验，实验结果表明，在高压情况下通过单流体喷嘴产生的高速气态水雾，能有效地抑制，扑灭转换开关上部、底部和前面的火灾，高速气态水雾能够越过障碍物渗透到火焰的中心，从而有效地扑灭火焰。而传统的水喷淋系统由于产生的水滴粒径大、动量小，无法越过障碍物，从而不能面临这种挑战。

实验表明，细水雾不会损坏控制间的电气设备。当细水雾启动时立即关闭电源，实验结束，将电气设备干燥以后，配电转换开关又可以正常运行。美国国家技术标准局（NIST）和加拿大国家研究局（NRC）的许多实验室都正在进行细水雾抑制、扑灭电子设备火灾的研究。

# 第 8 章　建筑防排烟系统

火灾发生时，会产生含有大量有毒气体的烟气，如果不对烟气进行有效地控制，任其肆意产生和四处传播，必将给建筑物内人员的生命带来巨大的威胁。实际上，在火灾的死亡者中，大多数就是被烟气所害。国内外的火灾案例都表明，火灾中直接因烟气而死亡的占 3/4~4/5，被火烧死的只占 1/5~1/4，而且被烧死者中绝大多数也是先被烟毒熏倒然后被烧死的。2000 年 12 月 25 日，河南省洛阳市东都商厦发生特大火灾，死亡人数达 309 人。着火点在地下二层的家具厅，家具燃烧产生的大量烟气沿楼梯间涌上了顶楼（四楼）的歌舞厅，在很短时间内，即造成众多正在狂欢的人们因吸入有毒烟气而死亡。事后统计表明，这 309 个人全部是因为吸入有毒烟气重度中毒窒息而亡。

建筑中设置防排烟系统的作用是将火灾产生的烟气及时排出，防止和延缓烟气扩散，保证疏散通道不受烟气侵害，确保建筑物内人员顺利疏散、安全避难。同时将火灾现场的烟和热量及时排出，减弱火势的蔓延，为火灾扑救创造有利条件。建筑火灾烟气控制分防烟和排烟两个方面。防烟采取自然通风和机械加压送风的形式，排烟则包括自然排烟和机械排烟的形式。设置防烟或排烟设施的具体方式多种多样，应结合建筑所处环境条件和建筑自身特点，按照有关规范规定要求，进行合理的选择和组合。

## 8.1　火灾烟气的危害及控制方法

### 8.1.1　火灾烟气的危害

火灾，是指在时间和空间上失控的燃烧所造成的灾害。可燃物与氧化剂作用产生的放热反应称为燃烧，燃烧通常伴随有火焰、发光和发烟现象。实际上，在燃烧的同时，还伴随着热分解反应（简称热解）。热解是物质由于温度升高而发生无氧化作用的不可逆化学分解。在一定的温度下，燃烧反应的速度并不快，但热分解的速度却快得多。热分解没有火焰和发光现象，却存在发烟现象。火灾发生时，热分解的产物和燃烧产物与空气掺混在一起，形成了火灾烟气。

建筑物发生火灾的过程正是建筑构件、室内家具、物品、装饰材料等热解和燃烧的过程；由于火灾时参与燃烧的物质种类繁多，发生火灾时的环境条件各不相同，因此火灾烟气中各种物质的组成也相当复杂，其中包括可燃物热解、燃烧产生的气相产物（如未燃可燃气、水蒸气、二氧化碳以及一氧化碳、氯化氢、氰化氢、二氧化硫等窒息、有毒或腐蚀性的气体）、多种微小的固体颗粒（如炭烟）和液滴以及由于卷吸而进入的空气。烟气对人的危害性主要体现在高温、毒性、窒息、遮光、心理恐慌作用等方面。

高温：烟气是燃烧产物与周围空气的混和物，一般具有一定的温度，其温度与离火源距离以及火源大小燃料种类有关。烟气主要通过辐射、对流等传热方式对暴露于其中的人员造成伤害。研究表明，人体受到辐射强度超过 2.5kW/m$^2$的热辐射时便可发生危险。要达到这种状态，人员上方的烟气层温度一般高于 180℃；当人员暴露于烟气中时，烟气温度对人的危害体现在对表皮以及呼吸道的直接烧伤，这种危险状态可用人员周围烟气的温度是否达到 120℃来判断。

毒性：火灾烟气中往往含有 CO、$SO_2$、HCN、NO 等有毒成分，当人员暴露于烟气中时，这些有毒成分能使人呼吸系统、循环系统等身体机能受损，并导致人员昏迷、部分或全部丧失行动能力甚至死亡。有数据表明，当 CO 浓度达到 2500ppm 时就可对人构成严重危害。

窒息：烟气中的含氧量一般低于正常空气中的含氧量，而且其中的 $CO_2$和烟尘对人的呼吸系统也具有窒息作用，有数据表明，若仅仅考虑缺氧而不考虑其他气体影响，当含氧量降至 10%时就可对人构成危险。

遮光：火灾一般都是不完全的燃烧，烟气中往往含有大量的烟尘，由于烟气的减光作用，人们在有烟场合下的能见度必然有所下降，而这会对火灾中人员的安全疏散造成严重影响。

心理恐慌：由于以上火灾烟气的特性，特别是它的遮光性以及窒息和刺激作用，很容易对暴露于其中的人群造成心理恐慌，增加疏散的困难。

同时，由于烟气的高温，建筑结构的受力性能也可能会因与烟气接触而受到影响；烟气的易流动性还可能会引发燃烧的蔓延。因此一旦发生火灾，如何减少烟气对人员的伤害和建筑的损伤，是降低火灾损失所需要考虑的重要问题，特别是在人员聚集的公用建筑中，防排烟系统更是其主动消防对策中必不可少的组成部分。

### 8.1.2　火灾烟气的控制方法

烟气控制，是指所有可以单独或组合起来使用，以减轻或消除火灾烟气危害的方法。建筑物发生火灾后，有效的烟气控制是保护人们生命财产安全的重要手段。烟气控制的首要目标是减少它对人员造成的伤害，对于大部分的公众聚集型建筑，如大型商场、剧院、展览馆、车站候车厅、机场候机厅等，由于在其中往往有大量的人员聚集，因此这些建筑的首要消防安全设计策略应当是在烟气下降到对人构成危险的高度之前，让处于其中的人员安全疏散出去，或者采取排烟措施将烟气控制在某一高度以上；另外，还要减少由于烟气造成的火灾蔓延、结构损伤和由此带来的经济损失。建筑火灾烟气控制方法主要分为防烟和排烟两个方面。

防烟，是指用建筑构件或气流把烟气阻挡在某些限定区域，不让它蔓延到可对人员和建筑设备等产生危害的地方。通常实现防烟的手段有防烟分隔、加压送风、设置垂直挡烟板、反方向空气流等。对于大型剧院、展览馆、候车厅、候机厅等具有较大体积的建筑，一旦在其中发生火灾，烟气将在建筑上部聚集，并开始沉降。由于巨大空间的容纳作用，这些建筑中烟气的沉降速度往往比普通尺寸的室内火灾情形慢得多，此时也可以采用蓄烟的办法来延迟烟气的沉降。蓄烟便是借助于建筑（特别是大空间建筑）上部巨大的体积空间，同时配合适当的挡烟措施，让烟气在建筑中蓄积，在烟气下降至危险高度之前，采取各种消防措施（疏散、灭火等）以保证建筑和人员的安全。

排烟，是使烟气沿着对人和物没有危害的渠道排到建筑外，从而消除烟气有害影响的烟气控制方式。现代化建筑中广泛采用的排烟方法有自然排烟和机械排烟两种形式。机械排烟利用专用的风机以及管道系统将室内烟气排出至室外，具有性能稳定、效率高的特点；自然排烟则依靠烟气自身的浮力或烟囱效应自行通过排烟口流至室外。相对于机械排烟而言，自然排烟具有安装简便，成本节约，不需专门的动力设备的特点，同时，自然排烟具有自动补偿能力，其排烟量可随着火灾发展规模的增大而自动增加，具有良好的失效保护能力。但由于自然排烟的驱动力来自于烟气本身，因此其效率容易受到烟气自身性质以及环境因素的影响，烟气的温度越高，与环境气体之间的密度差越大，受到的浮力越大，则排烟驱动力越大，排烟速率越高；若烟气温度较低，流动的驱动力较小，排烟速率则越低，排烟口处的环境风也会对自然排烟流动产生影响。

防烟分区是在建筑内部采用挡烟设施分隔而成，能在一定时间内防止火灾烟气向同一防火分区的其余部分蔓延的局部空间。划分防烟分区的目的：一是为了在火灾时，将烟气控制在一定范围内；二是为了提高排烟口的排烟效果。防烟分区一般应结合建筑内部的功能分区和排烟系统的设计要求进行划分，不设排烟设施的部位（包括地下室）可不划分防烟分区。

**1. 防烟分区面积划分**

设置排烟系统的场所或部位应划分防烟分区。防烟分区不宜大于 2000$m^2$，长边不应大于 60m 。当室内高度超过 6m ，且具有对流条件时，长边不应大于 75m 。设置防烟分区应满足以下几个要求：

（1）防烟分区应采用挡烟垂壁、隔墙、结构梁等划分；

（2）防烟分区不应跨越防火分区；

（3）每个防烟分区的建筑面积不宜超过规范要求；

（4）采用隔墙等形成封闭的分隔空间时，该空间宜作为一个防烟分区；

（5）储烟仓高度不应小于空间净高的 10% ，且不应小于 500mm ，同时应保证疏散所需的清晰高度；最小清晰高度应由计算确定；

（6）有特殊用途的场所应单独划分防烟分区。

**2. 防烟分区分隔措施**

划分防烟分区的构件主要有挡烟垂壁、隔墙、建筑横梁等。

1）挡烟垂壁

挡烟垂壁是用不燃材料制作，垂直安装在建筑顶棚、横梁或吊顶下，能在火灾时形成一定的蓄烟空间的挡烟分隔设施。挡烟垂壁常设置在烟气扩散流动的路线上烟气控制区域的分界处，和排烟设备配合进行有效的排烟。其从顶棚下垂的高度一般应距顶棚面 50cm 以上，称为有效高度。当室内发生火灾时，所产生的烟气由于浮力作用而积聚在顶棚下，只要烟层的厚度小于挡烟垂壁的有效高度，烟气就不会向其他场所扩散。

挡烟垂壁分固定式和活动式两种，当建筑物净空较高时，可采用固定式的，将挡烟垂壁长期固定在顶棚上，如图 8-1 所示；当建筑物净空较低时，宜采用活动式的，由感烟控测器控制，或与排烟口联动，或受消防控制中心控制，同时也应能受就地手动控制。活动挡烟垂壁落下时，其下端距地面的高度应大于 1. 8m。

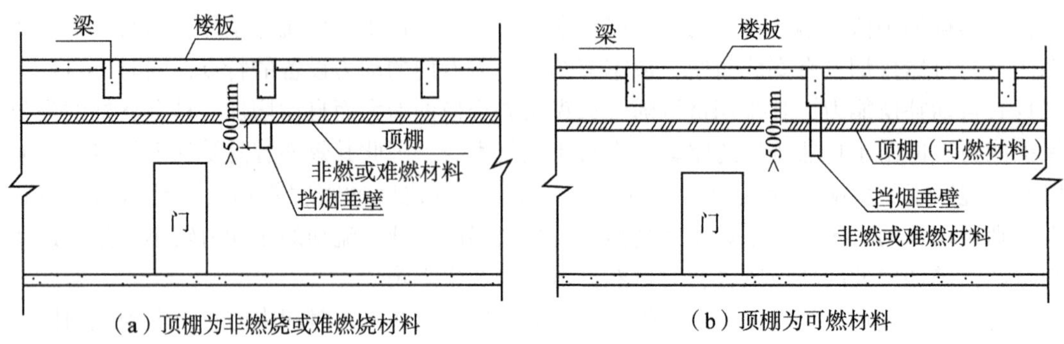

（a）顶棚为非燃烧或难燃烧材料　（b）顶棚为可燃材料

图 8-1　固定式挡烟垂壁

2）挡烟隔墙

从挡烟效果看，挡烟隔墙比挡烟垂壁的效果好，如图 8-2 所示。因此，在安全区域宜采用挡烟隔墙，建筑内的挡烟隔墙应砌至梁板底部，且不宜留有缝隙，以阻止烟火流窜蔓延，避免火情扩大。

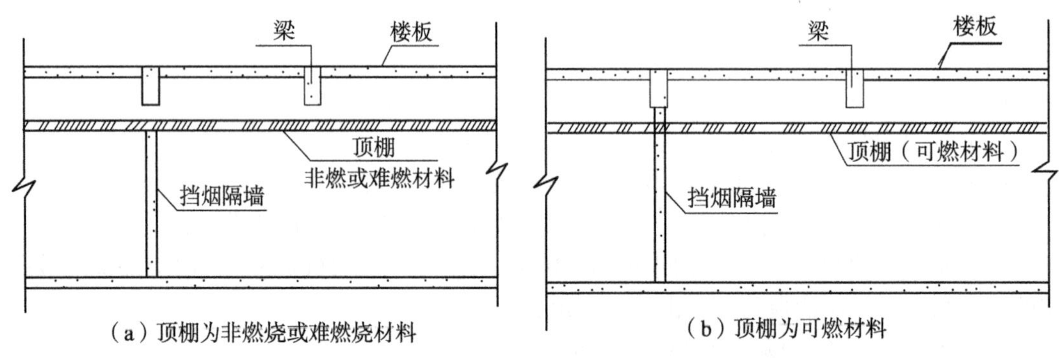

（a）顶棚为非燃烧或难燃烧材料　（b）顶棚为可燃材料

图 8-2　挡烟隔墙

3）挡烟梁

有条件的建筑物可利用钢筋混凝土梁进行挡烟。其高度应超过挡烟垂壁的有效高度。若挡烟梁的下垂高度小于 50cm 时，可以在梁的底部增加适当高度的挡烟垂壁，以加强挡烟效果，如图 8-3 所示。

防烟分区的划分，还应注意以下几个方面：

(1) 安全疏散出口、疏散楼梯间、前室类、消防电梯前室类、救援通道应划为独立的防烟分区，并设独立的防烟、排烟设施。

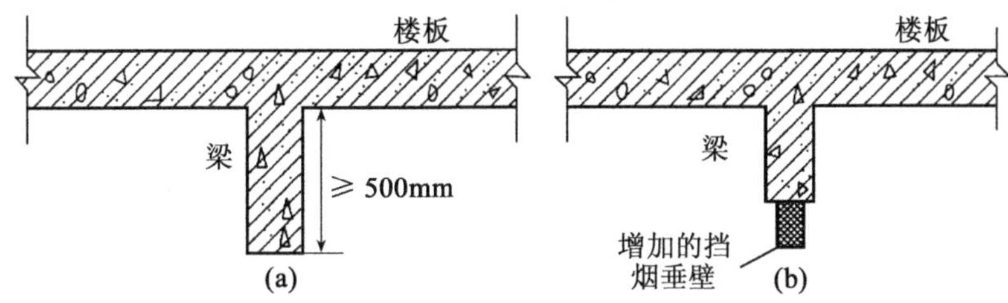


图 8-3 挡烟梁的设置

（2）一些重要的、大型综合性高层建筑，特别是超高层建筑，需要设置专门的避难层和避难间。这种避难层或避难间应划分为独立的防烟分区，并设置独立的防烟、排烟设施。

（3）凡需设排烟设施的走道、房间，应采用挡烟垂壁、隔墙或从顶棚下突出不小于50cm 的梁划分防烟分区。

（4）不设排烟设施的房间（包括地下室）不划防烟分区。

（5）排烟口应设在防烟分区顶棚上或靠近顶棚的墙面上，且距该防烟分区最远点的水平距离不应超过 30m。这主要是考虑房间着火时，可燃物在燃烧时产生的烟气受热作用而向上运动，升到吊平顶后转变方向，向水平方向扩散，如果上部设有排烟口，就能及时将烟气排除。

## 8.2 自然排烟

自然排烟，是充分利用建筑物的构造，在自然力的作用下，即利用火灾产生的热烟气流的浮力和外部风力作用通过建筑物房间或走道的开口把烟气排至室外的排烟方式，如图 8-4 所示。这种排烟方式的实质是使室内外空气对流进行排烟，在自然排烟中，必须有冷空气的进口和热烟气的排出口。一般是采用可开启外窗以及专门设置的排烟口进行自然排烟。这种排烟方式经济、简单、易操作，并具有不需使用动力及专用设备等优点。自然排烟是最简单、不消耗动力的排烟方式，系统无复杂的控制，操作简单，因此，对于满足自然排烟条件的建筑，首先应考虑采取自然排烟方式。

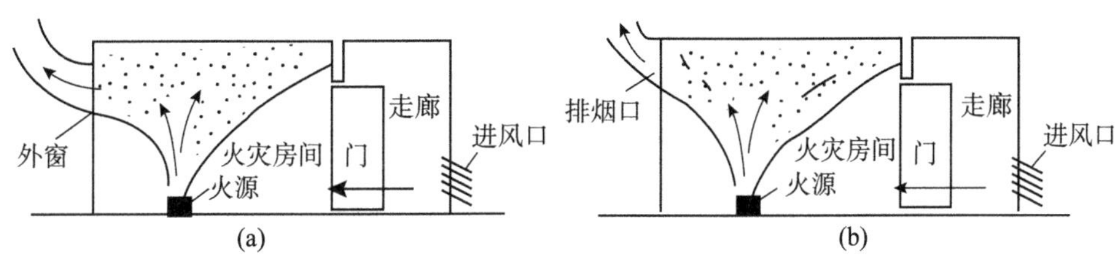


图 8-4 自然排烟方式示意图

但是自然排烟系统也存在一些问题，主要是：排烟效果不稳定；对建筑设计有一定的制约；火灾时存在烟气通过排烟口向上层蔓延的危险性。

（1）自然排烟效果不稳定：自然排烟的效果受到诸多因素影响：① 排烟量及烟气温度会随火灾的发展而产生变化；② 高层建筑的热气压作用会随季节发生变化；③ 室外风速、风向多变等。这些因素本身是不稳定的，从而导致了自然排烟效果的不稳定。

（2）对建筑设计有一定的制约：由于自然排烟的烟气是通过外墙上可开启的外窗或专用排烟口排至室外，因此采用自然排烟时，对建筑设计就有一些要求：① 房间必须至少有一面墙壁是外墙；②房间进深不宜过大，否则不利于自然排烟；③排烟口的有效面积与地面面积之比不小于 1/50。此外，采用自然排烟必须对外开口，所以对隔音、防尘、防水等方面都会带来一定的影响。

（3）火灾时存在烟气通过排烟口向上层蔓延的危险性：通过外窗等向外自然排烟时，排出烟气的温度很高，且烟气中有时含有一定量的未燃尽的可燃气体，排至室外时再遇到新鲜空气后会继续燃烧，靠近外墙面的火焰内侧，由于得不到空气的补充而形成负压区，致使火焰有贴墙向上蔓延的现象，很有可能将上层窗烤坏，引燃窗帘，从而扩大火灾。

### 8.2.1　自然排烟方式的选择

根据《建筑防排烟系统技术规范》的规定，多层建筑优先采用自然排烟方式。高层建筑受自然条件（如室外风速、风压、风向等）的影响会较大，一般采用机械排烟方式较多，多层建筑受外部条件影响较少，一般采用自然通风方式较多。工业建筑中，因生产工艺的需要，出现了许多无窗或设置固定窗的厂房和仓库，丙类及以上的厂房和仓库内可燃物荷载大，一旦发生火灾，烟气很难排放，这从近几年发生的厂房、仓库火灾案例已反映出来。设置排烟系统既可为人员疏散提供安全环境，又可在排烟过程中导出热量，防止建筑或部分构件在高温下出现倒塌等恶劣情况，为消防队员进行灭火救援提供较好的条件。考虑到厂房、库房建筑的外观要求没有民用建筑的要求高，因此可以采用可熔材料制作的采光带、采光窗进行排烟。为保证可熔材料在平时环境中不会熔化和熔化后不会产生流淌火引燃下部可燃物，要求制作采光带、采光窗的可熔材料必须是只在高温条件下（一般大于最高环境温度 50℃）自行熔化且不产生熔滴的可燃材料。四类隧道和行人或非机动车辆的三类隧道，因长度较短、发生火灾的概率较低或火灾危险性较小，可不设置排烟设施。当隧道较短或隧道沿途顶部可开设通风口时可以采用自然排烟。根据《人民防空工程设计防火规范》（GB 50038）规定，自然排烟口的总面积大于本防烟分区面积的 2%时，宜采用自然排烟方式。《汽车库、修车库、停车场设计防火规范》（GB 50067）对危险性较大的汽车库、修车库进行了统一的排烟要求。敞开式汽车库以及建筑面积小于 $1000m^2$的地下一层汽车库、修车库，其汽车进出口可直接排烟，且不大于一个防烟分区，故可不设排烟系统，但汽车库、修车库内最不利点至汽车坡道口不应大于 30m。

### 8.2.2　自然排烟系统的设计要求

现有的自然排烟系统，由于各种设计和施工上的缺陷，导致自然排烟的效果难以达到及时有效排烟的目的，因此，有必要对自然排烟系统的设计进行整合，提出要点，保障自然排烟效果，实现在有效、及时排除火灾烟气的同时，使着火区域烟层底部距着火区域地面的高度不低于清晰高度，确保室内人群安全撤离着火建筑。

（1）排烟窗应设置在排烟区域的顶部或外墙，并应符合下列要求：

①当设置在外墙上时，排烟窗应在储烟仓以内或室内净高度的1/2以上，并应沿火灾烟气的气流方向开启。

根据烟气上升流动的特点，排烟口的位置越高，排烟效果就越好，因此排烟口通常设置在墙壁的上部靠近顶棚处或顶棚上。当房间高度小于3m时，排烟口的下缘应在离顶棚面80cm以内；当房间高度在3~4m时，排烟口下缘应在离地板面2.1m以上部位；而当房间高度大于4m时，排烟口下缘在房间总高度一半以上即可，如图8-5所示。

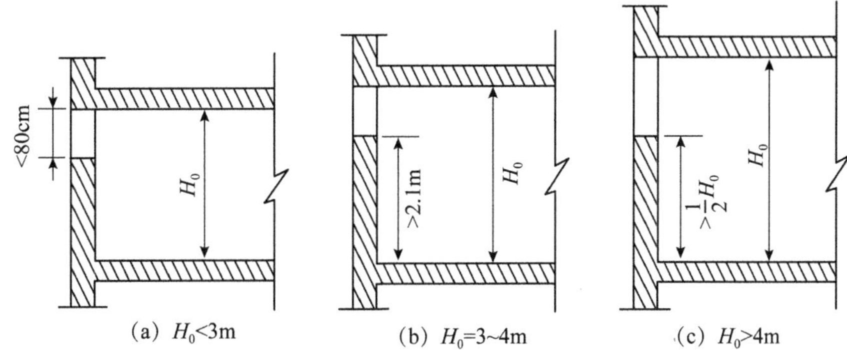


图8-5 不同高度房间的排烟口位置

②宜分散均匀布置，每组排烟窗的长度不宜大于3m。

③设置在防火墙两侧的排烟窗之间水平距离不应小于2m。

④自动排烟窗附近应同时设置便于操作的手动开启装置，手动开启装置距地面高度宜1.3~1.5m。

⑤走道设有机械排烟系统的建筑物，当房间面积不大于300m² 时，除排烟窗的设置高度及开启方向可不限外，其余仍按上述要求执行。

⑥室内或走道的任一点至防烟分区内最近的排烟窗的水平距离不应大于30m，当室内高度超过6m，且具有自然对流条件时，其水平距离可增加25%。

（2）可开启外窗的形式有侧开窗和顶开窗。

侧开窗有上悬窗、中悬窗、下悬窗、平开窗和侧拉窗等。其中，除了上悬窗外，其他窗都可以作为排烟使用，如图8-6所示。在设计时，必须将这些作为排烟使用的窗设置在储烟仓内。如果中悬窗的下开口部分不在储烟仓内，这部分的面积不能计入有效排烟面积之内。在计算有效排烟面积时，侧拉窗按实际拉开后的开启面积计算，其他型式的窗按其开启投影面积计算，用下式计算：

$$F_P = F_C \cdot \sin\alpha \tag{8-1}$$

式中：$F_P$ ——有效排烟面积，单位 $m^2$；

$F_C$ ——窗的面积，单位 $m^2$；

α ——窗的开启角度。

①当窗的开启角度大于 70°时，可认为已经基本开直，排烟有效面积可认为与窗面积相等。对于悬窗，应按水平投影面积计算。对于侧推窗，应按垂直投影面积计算。

②当采用百叶窗时，窗的有效面积为窗的净面积乘以遮挡系数，根据工程实际经验，当采用防雨百叶时系数取 0.6，当采用一般百叶时系数取 0.8。

③当屋顶采用顶升窗时，其面积应按窗洞的周长一半与窗顶升净空高的乘积计算，但最大不超过窗洞面积（图 8-6（e））；当外墙采用顶开窗时，其面积应按窗洞的 1/4 周长与窗净顶出开度的乘积计算，但最大不超过窗洞面积（图 8-6（f））。

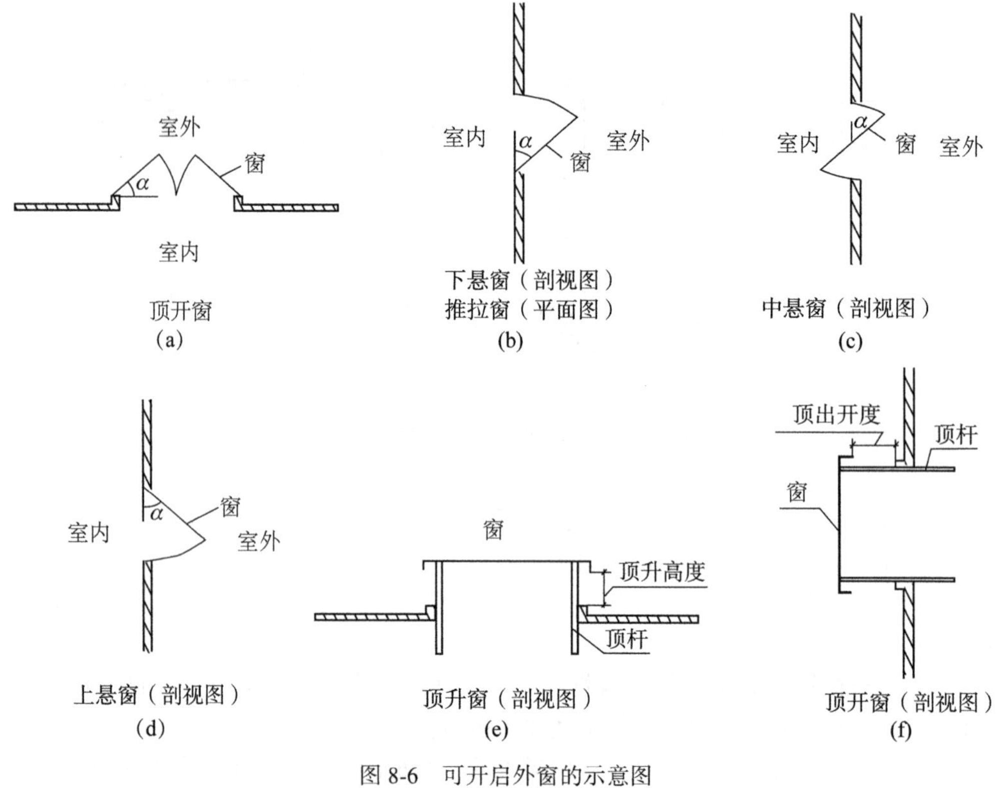


图 8-6　可开启外窗的示意图

（3）室内净空高度大于 6m 且面积大于 $500m^2$ 的中庭、营业厅、展览厅、观众厅、体育馆、客运站、航站楼等公共场所采用自然排烟时，应采取下列措施之一：

①有火灾自动报警系统的应设置自动排烟窗；

②无火灾自动报警系统的应设置集中控制的手动排烟窗；

③常开排烟口。

（4）厂房、仓库的外窗设置应符合下列要求：

①侧窗应沿建筑物的两条对边均匀设置；

②顶窗应在屋面均匀设置且宜采用自动控制；屋面斜度小于等于 12°，每 $200m^2$ 的建筑面积应设置相应的顶窗；屋面斜度大于 12°，每 $400m^2$ 的建筑面积应设置相应的顶窗。

（5）固定采光带（窗）：应在屋面均匀设置，每400$m^2$的建筑面积应设置一组，且不应跨越防烟分区。严寒、寒冷地区采光带应有防积雪和防冻措施。

（6）采用可开启外窗进行自然排烟：厂房、仓库的可开启外窗的排烟面积应符合下列要求：

①采用自动排烟窗时，厂房的排烟面积不应小于排烟区域建筑面积的2%，仓库的排烟面积应增加1.0倍；

②用手动排烟窗时，厂房的排烟面积不应小于排烟区域建筑面积的3%，仓库的排烟面积应增加1.0倍。

注：当设有自动喷水灭火系统时，排烟面积可减半。

（7）仅采用固定采光带（窗）进行自然排烟：固定采光带（窗）的面积应达到第（6）条可开启外窗面积的2.5倍。

（8）同时设置可开启外窗和固定采光带（窗），应符合下列要求：

①当设置自动排烟窗时，自动排烟窗的面积与40%的固定采光带（窗）的面积之和应达到第（6）条规定所需的排烟面积要求；

②当设置手动排烟窗时，手动排烟窗的面积与60%的固定采光带（窗）的面积之和应按厂房的排烟面积不应小于排烟区域建筑面积的3%，仓库的排烟面积应增加1倍来要求。

## 8.2.3 自然排烟开窗面积的计算

### 1. 计算条件假定

民用建筑火灾的自然排烟计算方程，是根据热压自然通风的原理，通过对若干计算条件的假定，进行简化后推演而得。这些计算条件的假定如下：

（1）排烟过程是稳定的，即计算所涉及诸因素在整个排烟过程中是稳定不变的；

（2）烟层温度无论在水平方向还是沿高度方向都均匀相等，并等于其烟层平均温度，即计算中用一个温度处处相等的烟气柱，替代一个温度场错综复杂的实际烟缕流；

（3）在整个烟气空间内，同一个水平面上的压力是固定的，各水平面之间压力变化符合流体静力学法则；

（4）在烟气上升途中没有任何障碍，亦不考虑四周建筑墙、窗对烟气流动产生的阻力；

（5）不考虑建筑物各种缝隙渗入或渗出的空气量和烟气量；

（6）不考虑室外风压作用；

（7）不考虑烟气中固体及液体微粒对其容重的影响，只计算烟气温度对其容重的影响；

（8）在稳定的排烟过程中，高温烟气在热压作用下上升，直至排到室外，都是在相同大气压力作用下的等压过程。

上面的假定表明，自然排烟的计算只适用于稳态火灾，不适用于非稳态火灾的计算。

自然排烟的目的是要在有效排除火灾生成的烟气的同时，使着火房间中（除着火处以外的空间内）烟层底部距着火层地面的高度不低于清晰高度 $H_q$，确保室内人群安全撤离火灾建筑，最小清晰高度一般为 $H_q=1.6+0.1H_0$（$H_0$为排烟空间的建筑高度，m）。

因此，在进、排风（烟）口两侧热压差的计算中，自然通风应采用进、排风口中心高差 $H$；自然排烟则应采用排烟窗中心以下的烟层厚度 $d_b$。由于两者机理相同，只要将烟层实际厚度 $d_b$替换热压自然通风计算式中的 $H$，就可获自然排烟的计算式。下面就从推导热压自然通风的计算式开始加以分析。

### 2. 自然排烟计算方程

流过开口面积为 $A$ 的建筑门、窗洞口的空气量 $G$ 与洞口内外压差 $\Delta P$ 的关系可用流体力学公式来表示：

$$G = AC\sqrt{2g\Delta p\gamma} \tag{8-2}$$

式中：$G$ ——单位时间内流入进风洞口或流出排风洞口的空气重量，单位 kg/s；

$A$——进风或排风洞口的总面积，单位 $m^2$；

$C$——进风或排风洞口的流量系数；

$\gamma$ —— 流过洞口的空气容重，单位 $kg/m^3$；

$\Delta P$——洞口内外的压力差，单位 $kg/m^2$。

图 8-7 中 $h$ 为进风口中心到中和界限($N$-$N$)的高度，$H$ 为进风口中心到排风口中心的高度，中和界限到排风口中心的高度为($H-h$)。得到进风口两侧的压差 $\Delta P_0=h(\gamma_0-\gamma)$，排风口两侧的压差 $\Delta P_v=(H-h)(\gamma_0-\gamma)$。

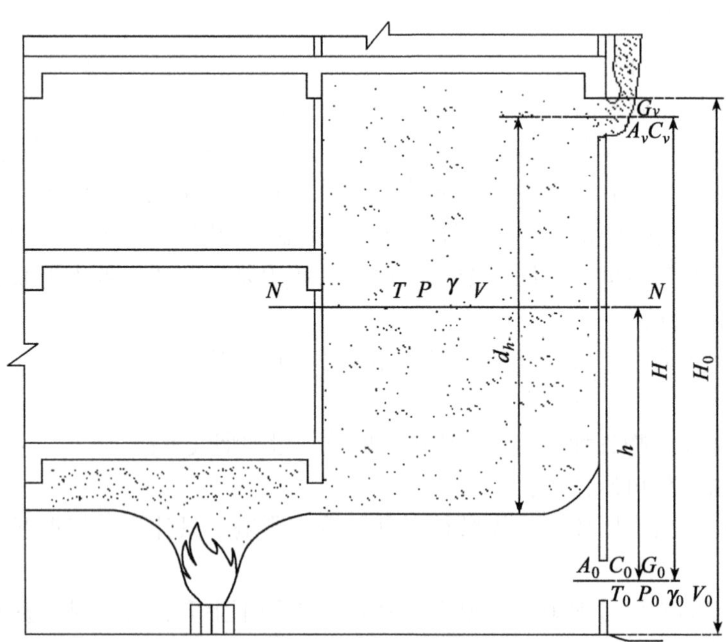


图 8-7　自然排烟计算简图

采用 $G_0$ 表示流入建筑进风口的空气量，用 $G_v$ 表示流出建筑排风口的空气量，根据空气平衡的原理可以得到下面的方程组：

$$G_0 = A_0C_0\sqrt{2g(H-h)(\gamma_0-\gamma)\gamma} \tag{8-3}$$

$$G_v = A_vC_v\sqrt{2g(H-h)(\gamma_0-\gamma)\gamma} \tag{8-4}$$

$$G_0 = G_v = G \tag{8-5}$$

将方程（8-3）两边平方，整理后可得：

$$h = \frac{G_0^2}{(A_0C_0)^2 2g(\gamma_0-\gamma)\gamma_0}$$

将此式代入方程（8-4），并用 $G$ 替代 $G_0$ 与 $G_v$ 后，可得到

$$G = A_vC_v\sqrt{2gH(\gamma_0-\gamma)\gamma - \frac{\gamma G^2}{\gamma_0(A_0C_0)^2}} \tag{8-6}$$

将等式两边平方后有：

$$2gH(\gamma_0-\gamma)\gamma - \frac{\gamma G^2}{\gamma_0(A_0C_0)^2} = \frac{G^2}{(A_vC_v)^2}$$

整理后，可得：

$$(A_vC_v)^2 = \frac{G^2[\gamma_0(A_0C_0)^2 + \gamma(A_vC_v)^2]}{2gH(\gamma_0-\gamma)\gamma_0\gamma(A_0C_0)^2} \tag{8-7}$$

因假定建筑物在热压作用下的进风与排烟过程是在相同大气压力下进行的等压过程，其气态方程可用下式描述：

$$\frac{V_0}{T_0} = \frac{V}{T}$$

又因为 $V = \dfrac{1}{\gamma}$

所以 $T_0\gamma_0 = T\gamma$ 或者

$$\gamma = \frac{T_0\gamma_0}{T} \tag{8-8}$$

由此就可以得到：

$$\gamma_0 - \gamma = \gamma_0 - \frac{T_0\gamma_0}{T} = \gamma_0\frac{T-T_0}{T} \tag{8-9}$$

综合整理，将式（8-8）、式（8-9）代入方程式（8-7）后，可以得到：

$$(A_vC_v)^2 = \frac{G^2[T^2(A_0C_0)^2 + TT_0(A_vC_v)^2]}{2gH(T-T_0)\gamma_0^2T_0(A_0C_0)^2}$$

将 $G=M_\rho g$，$\gamma_0=\rho_0 g$，$\Delta T = T - T_0$ 代入上式，并用排烟窗中心以下烟气层厚度 $d_h$（形成热压的烟气高度）替代厂房热压自然通风的计算高度 $H$，并将等式两边同时开方，就得到了自然排烟的计算式：

$$A_vC_v = \frac{M_\rho}{\rho_0}\sqrt{\frac{T^2 + T_0T\left(\dfrac{A_vC_v}{A_0C_0}\right)^2}{2gd_hT_0\Delta T}} \tag{8-10}$$

式中：$M_\rho$ ——烟缕质量流量，单位 kg/s，火灾热释放量的取值不可按非稳态火灾计算，应按稳态火灾释放量取值；

$T$ ——烟气平均温度，单位 K，$T = T_0 + \Delta T$；

$T_0$——环境空气的绝对温度，单位 K，通常 $T_0 = 293\text{K}$；

$\Delta T$ ——烟气平均温度与环境温度的差，单位℃；其值可按公式 $\Delta T = \dfrac{Q_c}{M_\rho C_\rho}$ 来计算，其中 $C_p$ 为空气的定压比热,一般取 1.02,kJ/(kg · K)；

$\rho_0$——环境空气的密度，取 $\rho_0 = 1.2\text{kg/m}^3$；

$d_h$ ——排烟窗中心以下烟气层的厚度，单位 m；

$g$ ——重力加速度，单位 $\text{m/s}^2$。

(1) 烟缕质量流量 $M_\rho$ 应按以下公式计算：

①轴对称型烟缕：

当 $Z>Z_1$ 时，
$$M_p = 0.071Q_C^{\frac{1}{3}}Z^{\frac{5}{3}} + 0.0018Q_C \tag{8-11}$$

当 $Z=Z_1$ 时，
$$M_p = 0.035Q_C \tag{8-12}$$

当 $Z<Z_1$ 时，
$$M_p = 0.032Q_C^{\frac{3}{5}}Z \tag{8-13}$$

$$Z_1 = 0.166Q_C^{\frac{2}{5}} \tag{8-14}$$

式中：$Q_C$ ——热释放量的对流部分，一般取值为 $0.7Q$，单位 kW；

Z——燃料面到烟层底部的高度，单位 m；

$Z_1$——火焰极限高度，单位 m；

$M_P$ ——烟缕质量流量，单位 kg/s。

②阳台型烟缕

$$M_p = 0.41\,(QW^2)^{\frac{1}{3}}(Z_B + 0.3H)\left[1 + 0.063\left(Z_B + \frac{0.6H_1}{W}\right)\right]^{\frac{2}{3}} \tag{8-15}$$

式中：$H_1$——燃料至阳台的高度，单位 m；

$Z_B$ ——阳台之上的高度，单位 m；

$W$ ——烟缕扩散宽度，单位 m，$W=w+b$；

$w$——火源区域的开口宽度，单位 m；

$b$——从开口至阳台边沿的距离，单位 m。

当 $Z_B \geqslant 13W$ 时，阳台型烟缕的质量流量可使用公式（8-11）。

③窗口型烟缕：

$$M_p = 0.68\,(A_wH_W^{\frac{1}{2}})^{\frac{1}{3}}\,(Z_W + \alpha_W)^{\frac{5}{3}} + 1.59A_WH_W^{\frac{1}{2}} \tag{8-16}$$

$$\alpha_W = 2.4A_W^{\frac{2}{5}}H_W^{\frac{1}{5}} - 2.1H_W \tag{8-17}$$

式中：$A_W$ ——窗口开口的面积，单位 $\text{m}^2$；

$H_W$ ——窗口开口的高度，单位 m；

$Z_W$ ——开口的顶部到烟层的高度，单位 m；

$\alpha_W$ ——窗口烟缕型的修正系数。

### 3. 流量系数与进风、排烟口面积的确定

利用式（8-10）计算进风口及排烟口面积时，还需根据实际情况确定进风口和排烟口的流量系数 $C_0$和 $C_v$的值。按定义，薄壁孔口出流的流量系数为：

$$C = \varphi\varepsilon \tag{8-18}$$

式中：$C$——流量系数；

$\varphi$——薄壁孔口的流速系数；

$\varepsilon$——孔口出流的断面收缩系数。

其中，薄壁孔口的流速系数 $\varphi \approx \dfrac{1}{\sqrt{1+\zeta}}$，经过试验测得孔口的流速系数 $\varphi = 0.97 \sim 0.98$，气流经孔口因速度改变形成的局部阻力系数 $\zeta = \dfrac{1}{\varphi^2} - 1 = 0.06$。

若孔口的断面面积为 $A$，空气经孔口出流的收缩断面的面积为 $A'$，则断面收缩系数 $\varepsilon = A'/A$ 。经过试验测得，完善收缩的收缩系数 $\varepsilon = 0.60 \sim 0.64$，随热压的增加，收缩系数略有减少。

根据流量系数的定义式，可得到完善收缩情况下的孔口流量系数 $C = 0.59 \sim 0.62$；当进风口底边到所在层地面的距离或排烟口顶部到吊顶的距离小于 3 倍窗口高度，以及进风口或排烟口到侧墙的距离小于 3 倍窗口宽度时，将影响气流的断面收缩，这种不完善收缩的流量系数比完善收缩的流量系数大，其值可按下式计算：

$$C_1 = C(1+K) \tag{8-19}$$

式中：$C_1$——不完善收缩的流量系数；

$C$——完善收缩的流量系数，计算时可取 0.6；

$K$——系数，按孔口断面积 $A$ 与孔口前空气的流通断面积 $W$ 的比值确定。矩形孔口的 $K$ 值可按表 8-1 查取。

表 8-1　　**系数 $K$ 的取值**

| 面积比 $A/W$ | 0.1 | 0.2 | 0.3 | 0.4 | 0.5 |
|---|---|---|---|---|---|
| $K$ 值 | 0.019 | 0.042 | 0.071 | 0.107 | 0.152 |

## 8.3 机械排烟

机械排烟方式是利用机械设备强制排烟的手段来排除烟气的方式，在不具备自然排烟条件时，机械排烟系统能将火灾中建筑房间、走道中的烟气和热量排出建筑，为人员安全疏散和灭火救援行动创造有利条件，如图 8-8 所示。

当建筑物内发生火灾时，采用机械排烟系统，将房间、走道等空间的烟气排至建筑物外。通常是由火场人员手动控制或由感烟探测器将火灾信号传递给防排烟控制器，开启活

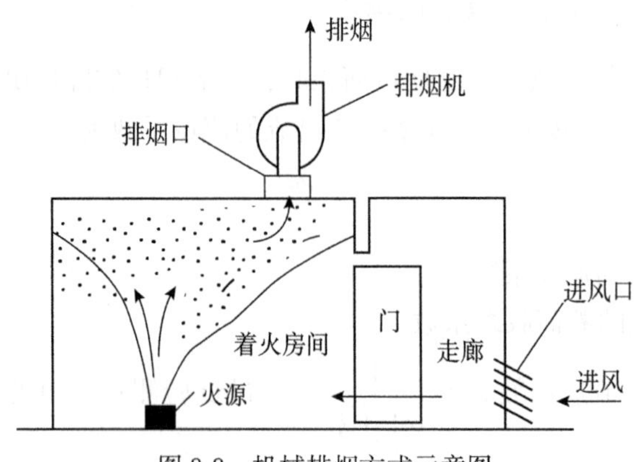


图 8-8 机械排烟方式示意图

动的挡烟垂壁，将烟气控制在发生火灾的防烟分区内，并打开排烟口以及和排烟口联动的排烟防火阀，同时关闭空调系统和送风管道内的防火调节阀，防止烟气从空调、通风系统蔓延到其他非着火房间，最后由设置在屋顶的排烟机将烟气通过排烟管道排至室外。如图 8-9 所示。

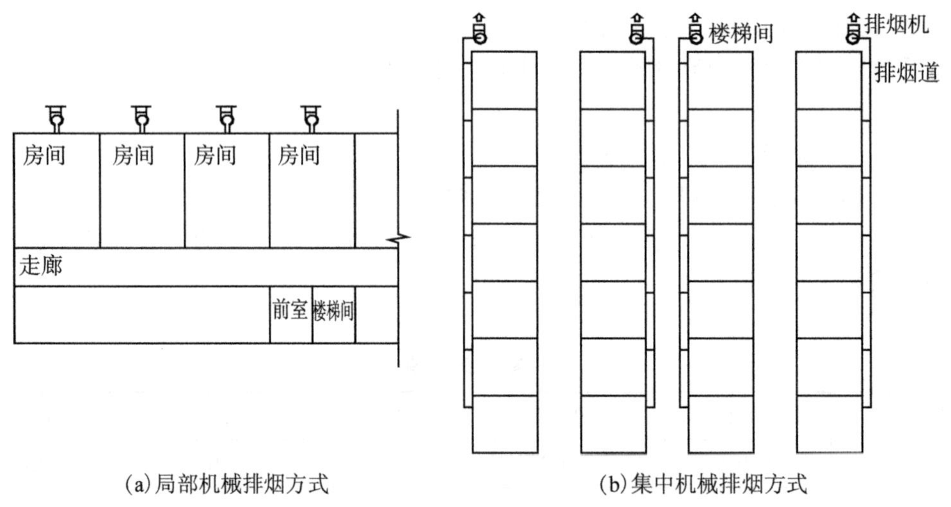


图 8-9 机械排烟方式原理图

目前常见的有机械排烟与自然补风组合、机械排烟与机械补风组合、机械排烟与排风合用、机械排烟与通风空调系统合用等形式，一般要求是：

（1）排烟系统与通风、空气调节系统宜分开设置。当合用时，应符合下列条件：系统的风口、风道、风机等应满足排烟系统的要求；当火灾被确认后，应能开启排烟区域的排烟口和排烟风机，并在 15s 内自动关闭与排烟无关的通风、空调系统。

（2）走道的机械排烟系统宜竖向设置，房间的机械排烟系统宜按防烟分区设置。

（3）排烟风机的全压应按排烟系统最不利环管道进行计算，其排烟量应增加漏风系数。

（4）人防工程机械排烟系统宜单独设置或与工程排风系统合并设置。当合并设置时，必须采取在火灾发生时能将排风系统自动转换为排烟系统的措施。

（5）车库机械排烟系统可与人防、卫生等排气、通风系统合用。

### 8.3.1 机械排烟系统的设置场所

建筑内应设排烟设施，但不具备自然排烟条件的房间、走道及中庭等，均应采用机械排烟方式。高层建筑主要受自然条件（如室外风速、风压、风向等）的影响会较大，一般采用机械排烟方式较多。具体如下：

（1）厂房或仓库的下列场所或部位应设置排烟设施：

①人员或可燃物较多的丙类生产场所，丙类厂房内建筑面积大于300m²且经常有人停留或可燃物较多的地上房间；

②建筑面积大于5000m²的丁类生产车间；

③占地面积大于1000m²的丙类仓库；

④高度大于32m的高层厂房（仓库）内长度大于20m的疏散走道，其他厂房（仓库）内长度大于40m的疏散走道。

（2）民用建筑的下列场所或部位应设置排烟设施：

①设置在一、二、三层且房间建筑面积大于100m²和设置在四层及以上楼层、地下或半地下的歌舞娱乐放映游艺场所；

②中庭；

③公共建筑内建筑面积大于100m²、经常有人停留的地上房间和建筑面积大于300m²且可燃物较多的地上房间；

④建筑内长度大于20m的疏散走道。

（3）地下或半地下建筑（室）、地上建筑内的无窗房间：当总建筑面积大于200m²或一个房间建筑面积大于50m²，且经常有人停留或可燃物较多时，应设置排烟设施。

需要注意，在同一个防烟分区内不应同时采用自然排烟方式和机械排烟方式，主要是考虑到两种方式相互之间对气流的干扰，影响排烟效果。尤其是在排烟时，自然排烟口还可能会在机械排烟系统动作后变成进风口，使其失去排烟作用。

### 8.3.2 机械排烟系统的组成和设置要求

机械排烟系统由挡烟壁（活动式或固定式挡烟垂壁，或挡烟隔墙、挡烟梁）、排烟口（或带有排烟阀的排烟口）、排烟防火阀、排烟道、排烟风机和排烟出口组成。系统各部分的设置要求如下：

#### 1. 排烟风机

（1）排烟风机可采用离心式或轴流排烟风机（满足280℃时连续工作30min的要求），排烟风机入口处应设置280℃能自动关闭的排烟防火阀，该阀应与排烟风机连锁，当该阀关闭时，排烟风机应能停止运转。

（2）排烟风机宜设置在排烟系统的顶部，烟气出口宜朝上，并应高于加压送风机和补风机的进风口，两者垂直距离或水平距离应符合：竖向布置时，送风机的进风口应设置在排烟机出风口的下方，其两者边缘最小垂直距离不应小于 3m；水平布置时，两者边缘最小水平距离不应小于 10m。

（3）排烟风机应设置在专用机房内，该房间应采用耐火极限不低于 2h 的隔墙和 1.5h 的楼板及甲级防火门与其他部位隔开。风机两侧应有 600mm 以上的空间。当必须与其他风机合用机房时，应符合下列条件：

①机房内应设有自动喷水灭火系统；

②机房内不得设有用于机械加压送风的风机与管道。

（4）排烟风机与排烟管道上不宜设有软接管。当排烟风机及系统中设置有软接头时，该软接头应能在 280℃ 的环境条件下连续工作不少于 30min。

### 2. 排烟防火阀

排烟系统竖向穿越防火分区时垂直风管应设置在管井内，且与垂直风管连接的水平风管应设置 280℃ 排烟防火阀。排烟防火阀安装在排烟系统管道上，平时呈关闭状态；火灾时，由电信号或手动开启，同时排烟风机启动开始排烟；当管内烟气温度达到 280℃ 时自动关闭，同时排烟风机停机。

### 3. 排烟阀（口）

（1）排烟阀（口）的设置应符合下列要求：

①排烟口应设在防烟分区所形成的储烟仓内。用隔墙或挡烟垂壁划分防烟分区时，每个防烟分区应分别设置排烟口，排烟口应尽量设置在防烟分区的中心部位，排烟口至该防烟分区最远点的水平距离应不超过 30m。

②走道内排烟口应设置在其净空高度的 1/2 以上，当设置在侧墙时，其最近的边缘与吊顶的距离应不大于 0.5m。

（2）火灾时，由火灾自动报警系统联动开启排烟区域的排烟阀（口），应在现场设置手动开启装置。

（3）排烟口的设置宜使烟流方向与人员疏散方向相反，排烟口与附近安全出口相邻边缘之间的水平距离不应小于 1.5m，如图 8-10 所示。

（4）每个排烟口的排烟量不应大于最大允许排烟量。

（5）当排烟阀（口）设在吊顶内，通过吊顶上部空间进行排烟时，应符合下列规定：

①封闭式吊顶的吊平顶上设置的烟气流入口的颈部烟气速度不宜大于 1.50m/s，且吊顶应采用不燃烧材料；

②非封闭吊顶的吊顶开孔率不应小于吊顶净面积的 25%，且应均匀布置。

（6）单独设置的排烟口，平时应处于关闭状态，其控制方式可采用自动或手动开启方式；手动开启装置的位置应便于操作；排风口和排烟口合并设置时，应在排风口或排风口所在支管设置自动阀门，该阀门必须具有防火功能，并应与火灾自动报警系统联动；火

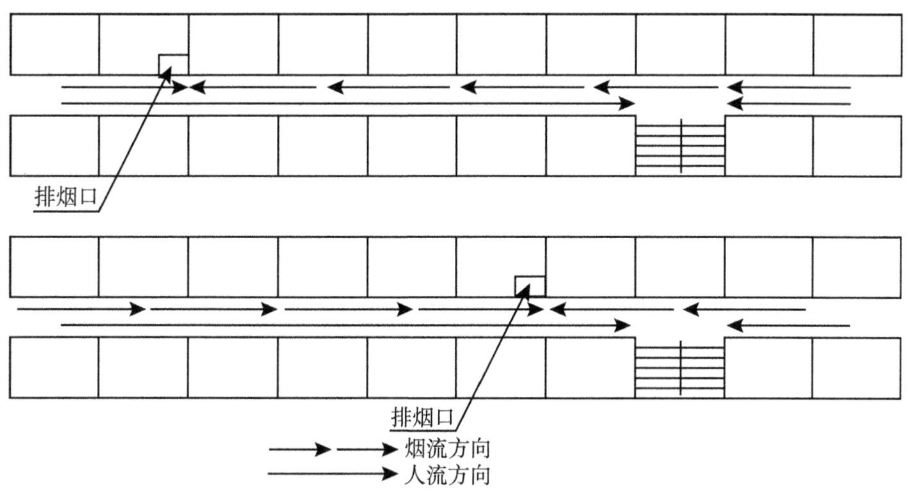


图 8-10 疏散方向与排烟口的布置

灾时，着火防烟分区内的阀门仍应处于开启状态，其他防烟分区内的阀门应全部关闭。

(7) 排烟口的尺寸可根据烟气通过排烟口有效截面时的速度不大于 10m/s 进行计算。排烟速度越高，排出气体中空气所占比率越大，因此排烟口的最小截面积一般应不小于 0.04$m^2$。

(8) 当同一分区内设置数个排烟口时，要求做到所有排烟口能同时开启，排烟量应等于各排烟口排烟量的总和。

#### 4. 排烟管道

(1) 排烟管道必须采用不燃材料制作。当采用金属风道时，管道风速不应大于 20m/s；当采用非金属材料风道时，管道风速不应大于 15m/s；当采用土建风道时，管道风速不应大于 10m/s。排烟管道的厚度应按现行国家标准《通风与空调工程施工质量验收规范》(GB 50243) 的有关规定执行。

(2) 当吊顶内有可燃物时，吊顶内的排烟管道应采用不燃烧材料进行隔热，并应与可燃物保持不小于 150mm 的距离。

(3) 排烟管道井应采用耐火极限不小于 1h 的隔墙与相邻区域分隔；当墙上必须设置检修门时，应采用乙级防火门；排烟管道的耐火极限不应低于 0.5h，当水平穿越两个及两个以上防火分区或排烟管道在走道的吊顶内时，其管道的耐火极限不应小于 1.5h；排烟管道不应穿越前室或楼梯间，如果确有困难必须穿越时，其耐火极限不应小于 2h，且不得影响人员疏散。

(4) 当排烟管道竖向穿越防火分区时，垂直风道应设在管井内，且排烟井道必须要有 1h 的耐火极限。当排烟管道水平穿越两个及两个以上防火分区时，或者布置在走道的吊顶内时，为了防止火焰烧坏排烟风管而蔓延到其他防火分区，要求排烟管道应采用耐火极限 1.5h 的防火风道，其主要原因是耐火极限 1.5h 防火管道与 280℃ 排烟防火阀的耐火极限相当，可以看成是防火阀的延伸。另外，还可以精简防火阀的设置，减少误动作，提高排烟的可靠性。

当确有困难需要穿越特殊场合（如通过消防前室、楼梯间、疏散通道等处）时，排烟管道的耐火极限不应低于 2h，主要考虑在极其特殊的情况下穿越上述区域时，应采用 2h 的耐火极限的加强措施，确保人员安全疏散。排烟风道的耐火极限应符合国家相应试验标准的要求。图 8-11 所示为一些常用的、推荐的处理方法。

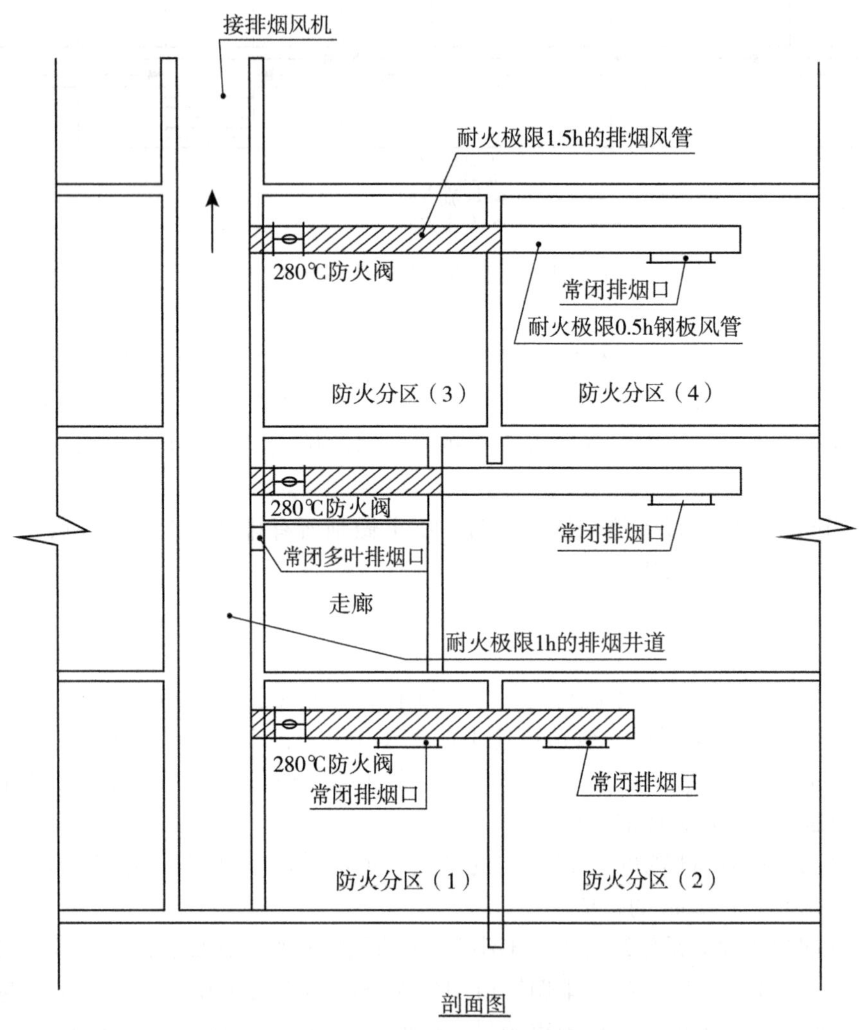


图 8-11　排烟管道布置示意图

### 5. 挡烟垂壁

挡烟垂壁是为了阻止烟气沿水平方向流动而垂直向下吊装在顶棚上的挡烟构件，其有效高度不小于 500mm。挡烟垂壁可采用固定式或活动式，当建筑物净空较高时可采用固定式的，将挡烟垂壁长期固定在顶棚上；当建筑物净空较低时，宜采用活动式。挡烟垂壁应用不燃烧材料制作，如钢板、防火玻璃、无机纤维织物、不燃无机复合板等。活动式的挡烟垂壁应由感烟控测器控制，或与排烟口联动，或受消防控制中心控制，但同时应能就地手动控制。当活动挡烟垂壁落下时，其下端距地面的高度应大于1.8m。

## 8.3.3 机械排烟量的计算与选取

### 1. 排烟量的计算

（1）走道的最小清晰高度不应小于其净高的$\frac{1}{2}$，其他区域最小清晰高度应按以下公式计算：

$$H_q = 1.6 + 0.1H \tag{8-20}$$

式中：$H_q$ —— 最小清晰高度，单位m；

$H$ —— 排烟空间的建筑净高度，单位m。

火灾时的最小清晰高度是为了保证室内人员安全疏散和方便消防人员的扑救而提出的最低要求，也是排烟系统设计时必须达到的最低要求。对于单个楼层空间的清晰高度，可以参照图8-12(a)所示，公式（8-20）也是针对这种情况提出的。对于多个楼层组成的高大空间，最小清晰高度同样也是针对某一个单层空间提出的，往往也是连通空间中同一防烟分区中最上层计算得到的最小清晰高度，如图8-12(b)所示，然而在这种情况下的燃料面到烟层底部的高度$Z$是从着火的那一层起算的。

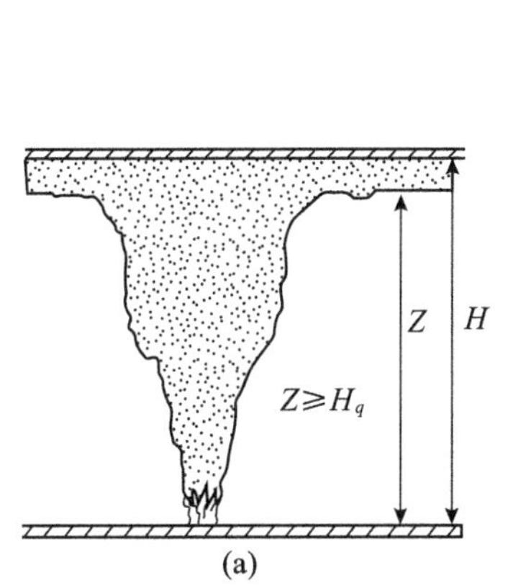


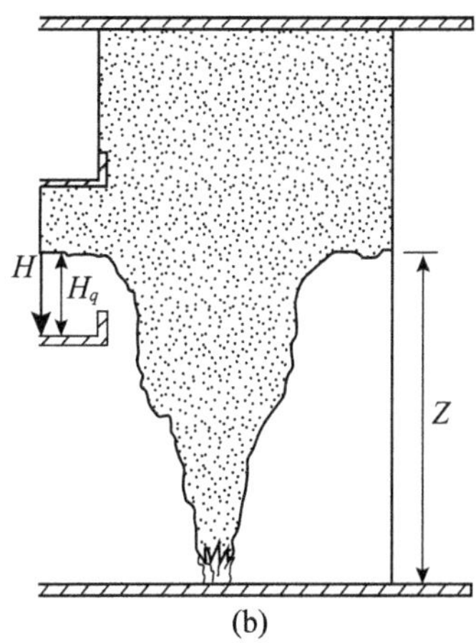


图8-12 最小清晰高度示意图

空间净空高度按如下方法确定：

①对于平顶和锯齿形的顶棚，空间净空高度为从顶棚下沿到地面的距离；

②对于斜坡式的顶棚，空间净空高度为从斜坡顶棚中心到地面的距离；

③对于有吊顶的场所，其净空高度应从吊顶处算起；设置格栅吊顶的场所，其净空高度应从上层楼板下边缘算起。

（2）火灾热释放量应按以下公式计算或查表 8-2 选取：

$$Q=\alpha \cdot t^2 \tag{8-21}$$

式中：$Q$ ——火灾热释放量，单位 kW；

$t$ ——自动灭火系统启动时间，单位 s；

$\alpha$ ——火灾增长系数，单位 $kW/s^2$（按表 8-3 取值）。

排烟系统的设计计算取决于火灾中的热释放量，因此首先应明确设计的火灾规模，设计的火灾规模取决于燃烧材料性质、时间等因素和自动灭火设置情况，为确保安全，一般按可能达到的最大火势确定火灾热释放量。各类场所的火灾热释放量可按式（8-21）的规定计算或按表 8-2 设定的值确定。设置自动喷水灭火系统（简称喷淋）的场所，其室内净高大于 12m 时，应按无喷淋场所对待。

表 8-2　**各场所下的热释放量**

| 建筑类别 | | 热释放量 $Q$（MW） |
|---|---|---|
| 办公室、客房 | 无喷淋 | 6.0 |
| | 有喷淋 | 1.5 |
| 商场 | 无喷淋 | 10.0 |
| | 有喷淋 | 3.0 |
| 其他公共场所 | 无喷淋 | 8.0 |
| | 有喷淋 | 2.5 |
| 中庭 | 无喷淋 | 4.0 |
| | 有喷淋 | 1.0 |
| 汽车库 | 无喷淋 | 3.0 |
| | 有喷淋 | 1.5 |
| 厂房 | 无喷淋 | 8.0 |
| | 有喷淋 | 2.5 |
| 仓库 | 无喷淋 | 20.0 |
| | 有喷淋 | 4.0 |

表 8-3　**火灾增长系数**

| 火灾类别 | 典型的可燃材料 | 火灾增长系数（$kW/s^2$） |
|---|---|---|
| 慢速火 | — | 0.0029 |
| 中速火 | 棉质/聚酯垫子 | 0.012 |

续表

| 火灾类别 | 典型的可燃材料 | 火灾增长系数（$kW/s^2$） |
|---|---|---|
| 快速火 | 装满的邮件袋、木制货架托盘、泡沫塑料 | 0.047 |
| 超快速火 | 池火、快速燃烧的装饰家具、轻质窗帘 | 0.187 |

（3）烟羽流质量流量：轴对称型烟羽流、阳台溢出型烟羽流、窗口型烟羽流为火灾情况下涉及的三种烟羽流形式，计算公式详见8.2节中的式（8-10）到式（8-17）。

（4）烟气平均温度与环境温度的差应按以下公式计算或查表8-4：

$$\Delta T=\frac{KQ_c}{M_\rho C_p} \tag{8-22}$$

式中：$\Delta T$—— 烟层温度与环境温度的差，单位K；

$C_p$——空气的定压比热，一般取 $C_p=1.01$，单位 kJ/(kg·K)；

$K$—— 烟气中对流放热量因子。当采用机械排烟时，取 $K=1.0$；当采用自然排烟时，取 $K=0.5$。

（5）排烟风机的风量选型除根据设计计算确定外，还应考虑系统的泄漏量。排烟量应按以下公式计算或查表8-4火灾烟气表选取：

$$V=\frac{M_\rho T}{\rho_0 T_0} \tag{8-23}$$

$$T=T_0+\Delta T \tag{8-24}$$

式中：$V$—— 排烟量，单位 $m^3/s$；

$\rho_0$—— 环境温度下的气体密度，单位 $kg/m^3$，通常 $t_0=20℃$，$\rho_0=1.2kg/m^3$；

$T_0$——环境的绝对温度，单位K；

$T$——烟层的平均绝对温度，单位K。

表8-4　**火灾烟气表**

| $Q=1MW$ | | | $Q=1.5MW$ | | | $Q=2.5MW$ | | |
|---|---|---|---|---|---|---|---|---|
| $M_\rho$（kg/s） | $\Delta T$（K） | $V$（$m^3/s$） | $M_\rho$（kg/s） | $\Delta T$（K） | $V$（$m^3/s$） | $M_\rho$（kg/s） | $\Delta T$（K） | $V$（$m^3/s$） |
| 4 | 175 | 5.32 | 4 | 263 | 6.32 | 6 | 292 | 9.98 |
| 6 | 117 | 6.98 | 6 | 175 | 7.99 | 10 | 175 | 13.31 |
| 8 | 88 | 6.66 | 10 | 105 | 11.32 | 15 | 117 | 17.49 |
| 10 | 70 | 10.31 | 15 | 70 | 15.48 | 20 | 88 | 21.68 |
| 12 | 58 | 11.96 | 20 | 53 | 19.68 | 25 | 70 | 25.8 |
| 15 | 47 | 14.51 | 25 | 42 | 24.53 | 30 | 58 | 29.94 |

续表

| $Q=1MW$ | | | $Q=1.5MW$ | | | $Q=2.5MW$ | | |
|---|---|---|---|---|---|---|---|---|
| $M_\rho$（kg/s） | $\Delta T$（K） | $V$（$m^3/s$） | $M_\rho$（kg/s） | $\Delta T$（K） | $V$（$m^3/s$） | $M_\rho$（kg/s） | $\Delta T$（K） | $V$（$m^3/s$） |
| 20 | 35 | 18.64 | 30 | 35 | 27.96 | 35 | 50 | 34.16 |
| 25 | 28 | 22.8 | 35 | 30 | 32.16 | 40 | 44 | 38.32 |
| 30 | 23 | 26.9 | 40 | 26 | 36.28 | 50 | 35 | 46.6 |
| 35 | 20 | 31.15 | 50 | 21 | 44.65 | 60 | 29 | 54.96 |
| 40 | 18 | 35.32 | 60 | 18 | 53.1 | 75 | 23 | 67.43 |
| 50 | 14 | 43.6 | 75 | 14 | 65.48 | 100 | 18 | 88.5 |
| 60 | 12 | 52 | 100 | 10.5 | 86 | 120 | 15 | 105.1 |
| $Q=3MW$ | | | $Q=4MW$ | | | $Q=5MW$ | | |
| $M_\rho$（kg/s） | $\Delta T$（K） | $V$（$m^3/s$） | $M_\rho$（kg/s） | $\Delta T$（K） | $V$（$m^3/s$） | $M_\rho$（kg/s） | $\Delta T$（K） | $V$（$m^3/s$） |
| 8 | 263 | 12.64 | 8 | 350 | 14.64 | 9 | 525 | 21.5 |
| 10 | 210 | 14.3 | 10 | 280 | 16.3 | 12 | 417 | 24 |
| 15 | 140 | 18.45 | 15 | 187 | 20.48 | 15 | 333 | 26 |
| 20 | 105 | 22.64 | 20 | 140 | 24.64 | 18 | 278 | 29 |
| 25 | 84 | 26.8 | 25 | 112 | 28.8 | 24 | 208 | 34 |
| 30 | 70 | 30.96 | 30 | 93 | 32.94 | 30 | 167 | 39 |
| 35 | 60 | 35.14 | 35 | 80 | 37.14 | 36 | 139 | 43 |
| 40 | 53 | 39.32 | 40 | 70 | 41.28 | 50 | 100 | 55 |
| 50 | 42 | 49.05 | 50 | 56 | 49.65 | 65 | 77 | 67 |
| 60 | 35 | 55.92 | 60 | 47 | 58.02 | 80 | 63 | 79 |
| 75 | 28 | 68.48 | 75 | 37 | 70.35 | 95 | 53 | 91.5 |
| 100 | 21 | 89.3 | 100 | 28 | 91.3 | 110 | 45 | 103.5 |
| 120 | 18 | 106.2 | 120 | 23 | 107.88 | 130 | 38 | 120 |
| 140 | 15 | 122.6 | 140 | 20 | 124.6 | 150 | 33 | 136 |
| $Q=6MW$ | | | $Q=8MW$ | | | $Q=20MW$ | | |
| $M_\rho$（kg/s） | $\Delta T$（K） | $V$（$m^3/s$） | $M_\rho$（kg/s） | $\Delta T$（K） | $V$（$m^3/s$） | $M_\rho$（kg/s） | $\Delta T$（K） | $V$（$m^3/s$） |
| 10 | 420 | 20.28 | 15 | 373 | 28.41 | 20 | 700 | 56.48 |
| 15 | 280 | 24.45 | 20 | 280 | 32.59 | 30 | 467 | 64.85 |
| 20 | 210 | 28.62 | 25 | 224 | 36.76 | 40 | 350 | 73.15 |
| 25 | 168 | 32.18 | 30 | 187 | 40.96 | 50 | 280 | 81.48 |

续表

| Q=6MW | | | Q=8MW | | | Q=20MW | | |
|---|---|---|---|---|---|---|---|---|
| $M_\rho$（kg/s） | $\Delta T$（K） | $V$（$m^3$/s） | $M_\rho$（kg/s） | $\Delta T$（K） | $V$（$m^3$/s） | $M_\rho$（kg/s） | $\Delta T$（K） | $V$（$m^3$/s） |
| 30 | 140 | 38.96 | 35 | 160 | 45.09 | 60 | 233 | 89.76 |
| 35 | 120 | 41.13 | 40 | 140 | 49.26 | 75 | 187 | 102.4 |
| 40 | 105 | 45.28 | 50 | 112 | 57.79 | 100 | 140 | 123.2 |
| 50 | 84 | 53.6 | 60 | 93 | 65.87 | 120 | 117 | 139.9 |
| 60 | 70 | 61.92 | 75 | 74 | 78.28 | 140 | 100 | 156.5 |
| 75 | 56 | 74.48 | 100 | 56 | 90.73 | | | |
| 100 | 42 | 98.1 | 120 | 46 | 115.7 | | | |
| 120 | 35 | 111.8 | 140 | 40 | 132.6 | | | |
| 140 | 30 | 126.7 | | | | | | |

（6）机械排烟系统中，排烟口的最大允许排烟量 $V_{crit}$ 应按以下公式计算，且 $d_b/D$ 不宜小于 2.0：

$$V_{crit}=0.00887\beta d_b^{\frac{5}{2}}\ (\Delta T\ T_0)^{\frac{1}{2}} \tag{8-25}$$

式中：$V_{crit}$ ——最大允许排烟量，单位 $m^3$/s；

$\beta$——无因次系数，当排烟口设于吊顶并且其最近的边离墙小于 0.50m 或排烟口设于侧墙并且其最近的边离吊顶小于 0.50m 时，取 $\beta$= 2.0；当排烟口设于吊顶并且其最近的边离墙大于 0.50m 时，取 $\beta$= 2.8；

$d_b$——排烟窗（口）下烟气的厚度，单位 m；

$D$——排烟口的当量直径，单位 m，当排烟口为矩形时，$D=\dfrac{2a_1b_1}{a_1+b_1}$；

$a_1$，$b_1$——排烟口的长和宽，单位 m。

如果从一个排烟口排出太多的烟气，则会在烟层底部撕开一个“洞”，使新鲜的冷空气卷吸进去，随烟气被排出，从而降低了实际排烟量，如图 8-13 所示，因此，这里规定了每个排烟口的最高临界排烟量，公式选自《商场、中庭和大型场所烟雾管理系统指南》（NFPA92B）。

**2. 排烟量的选取**

（1）当排烟风机担负多个防烟分区时，其风量应按最大一个防烟分区的排烟量、风管（风道）的漏风量及其他未开启排烟阀（口）的漏风量之和计算。

（2）一个防烟分区的排烟量应根据场所内的热释放量以及按本节相关规定的计算确定，但下列场所可按以下规定确定：

①建筑面积小于等于 500$m^2$ 的房间，其排烟量应不小于 60$m^3$/（h · $m^2$），或设置不小于室内面积 2%的排烟窗；

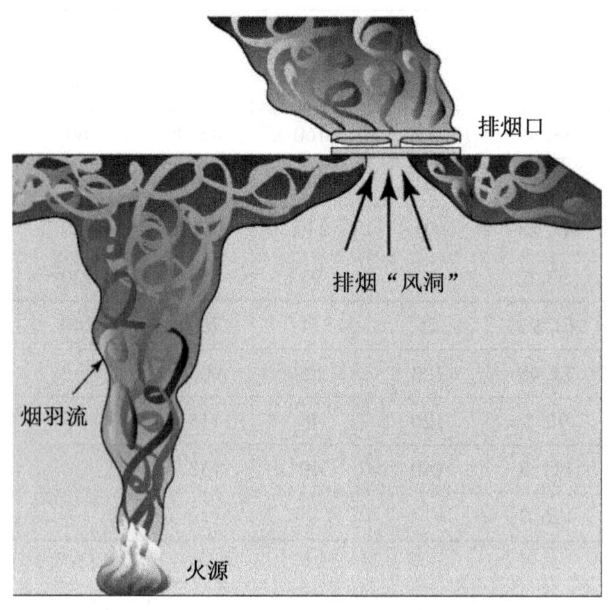


图 8-13　排烟口的最高临界排烟量示意图

②建筑面积大于 500m$^2$、小于等于 2000m$^2$ 的办公室，其排烟量可按 8 次/h 换气计算且不应小于 30000m$^3$/h，或设置不小于室内面积 2%的排烟窗；

③建筑面积大于 500m$^2$、小于等于 1000m$^2$ 的商场和其他公共建筑，排烟量应按 12 次/h 换气计算且不应小于 30000m$^3$/h，或设置不小于室内面积 2%的排烟窗；当建筑面积大于 1000m$^2$ 时，排烟量应不小于表 8-5 中的数值；

表 8-5　**商场和其他公共场所的排烟量**

| 清晰高度（m） | 商场（m$^3$/h） | | 其他公共场所（m$^3$/h） | |
|---|---|---|---|---|
| | 无喷淋 | 设有喷淋 | 无喷淋 | 设有喷淋 |
| 2.5 及以下 | 140000 | 50000 | 115000 | 43000 |
| 3.0 | 147000 | 55000 | 121000 | 48000 |
| 3.5 | 155000 | 60000 | 129000 | 53000 |
| 4.0 | 164000 | 66000 | 137000 | 59000 |
| 4.5 | 174000 | 73000 | 147000 | 65000 |

注：采用自然排烟方式的，可开启外窗的窗口排烟风速按 2m/s 计。

④当公共建筑仅需在走道或回廊设置排烟时，机械排烟量不应小于 13000m$^3$/h，或在走道两端（侧）均设置面积不小于 2m$^2$ 的排烟窗，且两侧排烟窗的距离不应小于走道长度的 2/3；

⑤当公共建筑室内与走道或回廊均需设置排烟时，其走道或回廊的机械排烟量可按 $60m^3/(h \cdot m^2)$ 计算，或设置不小于走道、回廊面积2%的排烟窗；

⑥汽车库的排烟量不应小于 $30000m^3/h$ 且不应小于表8-6中的数值，或设置不小于室内面积2%的排烟窗；

表8-6 **汽车库的排烟量**

| 车库的净高（m） | 车库的排烟量（$m^3/h$） | 车库的净高（m） | 车库的排烟量（$m^3/h$） |
| --- | --- | --- | --- |
| 3及以下 | 30000 | 7 | 36000 |
| 4 | 31500 | 8 | 37500 |
| 5 | 33000 | 9 | 39000 |
| 6 | 34500 | 9以上 | 40500 |

⑦对于人防工程，担负一个或两个防烟分区排烟时，应按该部分总面积每平方米不小于 $60\ m^3/h$ 计算，但排烟风机的最小排烟风量不应小于 $7200m^3/h$；担负3个或3个以上防烟分区排烟时，应按其中最大防烟分区面积每平方米不小于 $120m^3/h$ 计算。

（3）当公共建筑中庭周围场所设有机械排烟时，中庭的排烟量可按周围场所中最大排烟量的2倍数值计算，且不应小于 $107000m^3/h$（或 $25m^2$ 的有效开窗面积）；当公共建筑中庭周围仅需在回廊设置排烟或周围场所均设置自然排烟时，中庭的排烟量应对应表8-2中的热释放量或按本节相关规定的计算确定。

（4）除第（2）条、第（3）条规定的场所外，其他场所的排烟量或排烟窗面积应按照烟羽流类型，根据火灾功率、清晰高度、烟羽流质量流量及烟羽流温度等参数计算确定。

（5）当烟羽流的质量流量大于150kg/s，或储烟仓的烟层温度与周围空气温差小于15℃时，应重新调整排烟措施。

（6）当采用金属风道时，管道风速不应大于20m/s；当采用非金属材料风道时，不应大于15m/s；当采用土建风道时，不应大于10m/s。排烟口的风速不宜大于10 m/s。

## 8.4 机械加压送风防烟系统

在不具备自然通风条件时，机械加压送风防烟系统是确保火灾中建筑疏散楼梯间及前室（合用前室）安全的主要措施。

机械加压送风方式是通过送风机所产生的气体流动和压力差来控制烟气的流动，即在建筑内发生火灾时，对着火区以外的有关区域进行送风加压，使其保持一定正压，以防止烟气侵入的防烟方式。如图8-14所示。

为保证疏散通道不受烟气侵害，使人员能安全疏散，发生火灾时，从安全性的角度出发，高层建筑内可分为四类安全区：第一类安全区为防烟楼梯间、避难层；第二类安全区为防烟楼梯间前室、消防电梯间前室或合用前室；第三类安全区为走道；第四类安全区为

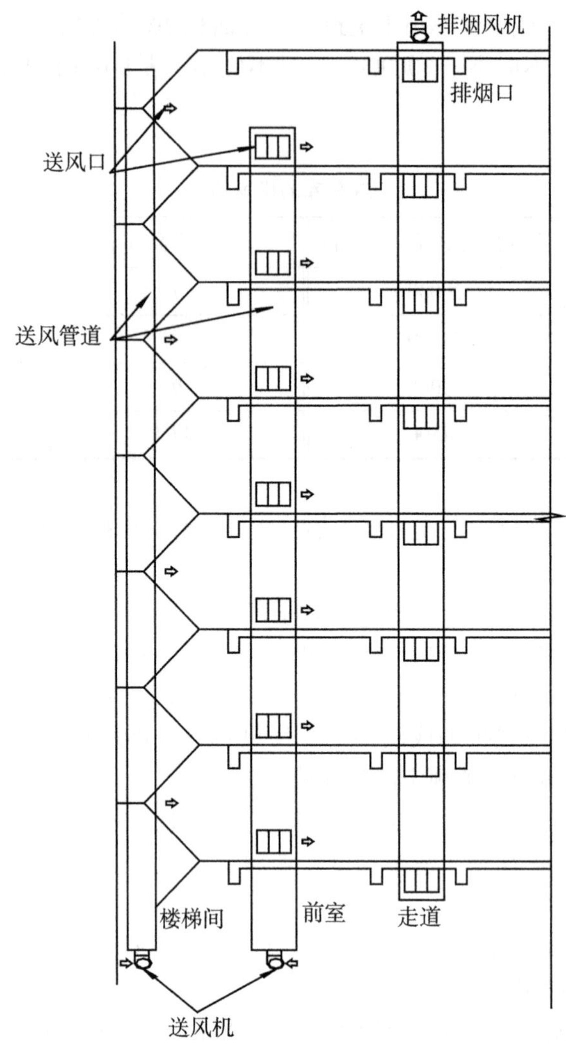


图 8-14　机械加压送风防烟系统

房间。依据上述原则，加压送风时应使防烟楼梯间压力>前室压力>走道压力>房间压力，同时还要保证各部分之间的压差不要过大，以免造成开门困难而影响疏散。当火灾发生时，机械加压送风系统应能够及时开启，防止烟气侵入作为疏散通道的走廊、楼梯间及其前室，以确保有一个安全可靠、畅通无阻的疏散通道和环境，为安全疏散提供足够的时间。

### 8.4.1　机械加压送风防烟系统的设计要求

机械加压送风是一种有效的防烟措施，但是其系统造价较高，一般用在重要建筑和重要部位。根据《建筑设计防火规范》（GB50016—2014）的规定，下列部位应设置防烟设施：防烟楼梯间及其前室；消防电梯间前室或合用前室；避难走道的前室、避难层（间）。

机械加压送风防烟系统的设计要求如下：

（1）建筑高度小于等于50m的公共建筑、工业建筑和建筑高度小于等于100m的住宅建筑，当前室或合用前室采用机械加压送风系统，且其加压送风口设置在前室的顶部或正对前室入口的墙面上时，楼梯间可采用自然通风方式。当前室的加压送风口的设置不符合上述规定时，防烟楼梯间应采用机械加压送风系统。将前室的机械加压送风口设置在前室的顶部，目的是为了形成有效阻隔烟气的风幕；而将送风口设在正对前室入口的墙面上，目的是为了形成正面阻挡烟气侵入前室的效应。

（2）建筑高度大于50m的公共建筑、工业建筑和建筑高度大于100m的住宅建筑，其防烟楼梯间、消防电梯前室应采用机械加压送风方式的防烟系统。

（3）当防烟楼梯间采用机械加压送风方式的防烟系统时，楼梯间应设置机械加压送风设施，前室可不设机械加压送风设施，但合用前室应设机械加压送风设施。防烟楼梯间的楼梯间与合用前室的机械加压送风系统应分别独立设置。

（4）带裙房的高层建筑的防烟楼梯间及其前室、消防电梯前室或合用前室，当裙房高度以上部分利用可开启外窗进行自然通风，裙房等范围内不具备自然通风条件时，该高层建筑不具备自然通风条件的前室、消防电梯前室或合用前室应设置局部正压送风系统。其送风口设置方式也应设置在前室的顶部或将送风口设在正对前室入口的墙面上。

（5）当地下室、半地下室楼梯间与地上部分楼梯间均需设置机械加压送风系统时，宜分别独立设置。在受建筑条件限制时，可与地上部分的楼梯间共用机械加压送风系统，但应分别计算地上、地下的加压送风量，相加后作为共用加压送风系统风量，且应采取有效措施满足地上、地下的送风量的要求。这是因为，当地下、半地下与地上的楼梯间在一个位置布置时，由于《建筑设计防火规范》要求在首层必须采取防火分隔措施，因此实际上就是两个楼梯间。当这两个楼梯间合用加压送风系统时，应分别计算地下、地上楼梯间加压送风量，合用加压送风系统风量应为地下、地上楼梯间加压送风量之和。通常地下楼梯间层数少，因此在计算地下楼梯间加压送风量时，开启门的数量取1。为满足地上、地下的送风量的要求且不造成超压，在设计时必须注意在送风系统中设置余压阀等相应的有效措施。

（6）地上部分楼梯间利用可开启外窗进行自然通风时，地下部分的防烟楼梯间应采用机械加压送风系统。当地下室层数为3层及以上，或室内地面与室外出入口地坪高差大于10m时，按规定应设置防烟楼梯间，并设有机械加压送风，其前室为独立前室时，前室可不设置防烟系统，否则前室也应按要求采取机械加压送风方式的防烟措施。

（7）自然通风条件不能满足每5层内的可开启外窗或开口的有效面积不应小于$2m^2$，且在该楼梯间的最高部位应设置有效面积不小于$1m^2$的可开启外窗或开口的封闭楼梯间，应设置机械加压送风系统，当封闭楼梯间位于地下且不与地上楼梯间共用时，可不设置机械加压送风系统，但应在首层设置不小于$1.2m^2$的可开启外窗或直通室外的门。

（8）避难层应设置直接对外的可开启窗口或独立的机械防烟设施，外窗应采用乙级防火窗或耐火极限不低于 1h 的 C 类防火窗。

(9) 建筑高度大于 100m 的高层建筑，其送风系统应竖向分段设计，且每段高度不应超过 100m。

(10) 人防工程的下列部位应设置机械加压送风防烟设施：防烟楼梯间及其前室或合用前室，避难走道的前室。

### 8.4.2　机械加压送风系统送风方式与设置要求

机械加压送风量应满足走廊至前室至楼梯间的压力呈递增分布，余压值应符合下列要求：

(1) 前室、合用前室、消防电梯前室、封闭避难层（间）与走道之间的压差应为 25~30Pa。

(2) 防烟楼梯间、封闭楼梯间与走道之间的压差应为 40~50Pa。

防烟楼梯间及其前室、消防电梯前室及合用前室的加压送风系统的方式见表 8-7。

表 8-7　**加压送风方式**

| 序号 | 加压送风方式 | 示 意 图 |
|---|---|---|
| 1 | 仅对防烟楼梯间加压送风，前室不加压 | 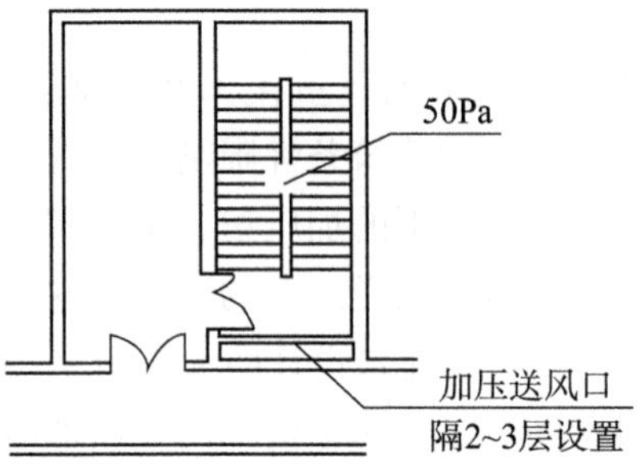 50Pa<br>加压送风口<br>隔2~3层设置 |
| 2 | 对防烟楼梯间及其前室分别加压送风 | 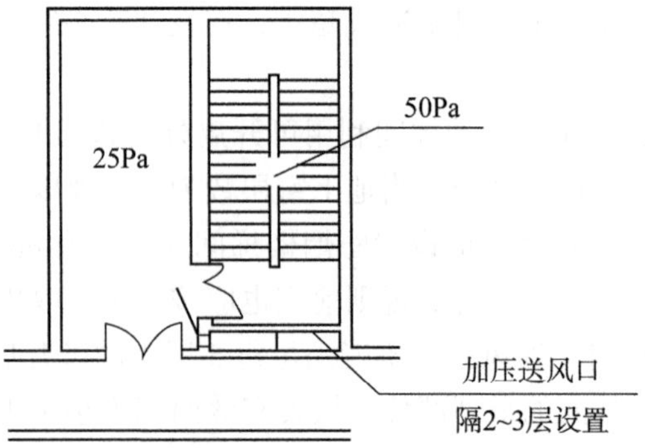 50Pa<br>25Pa<br>加压送风口<br>隔2~3层设置 |

续表

| 序号 | 加压送风方式 | 示意图 |
| --- | --- | --- |
| 3 | 对防烟楼梯间及有消防电梯的合用前室分别加压送风 | 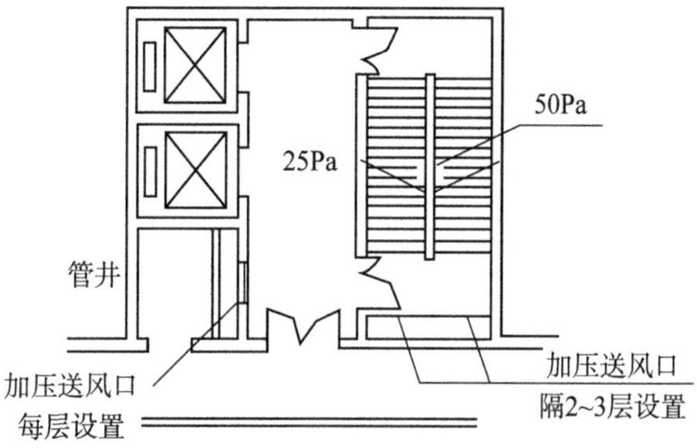  |
| 4 | 仅对消防电梯前室加压送风 | 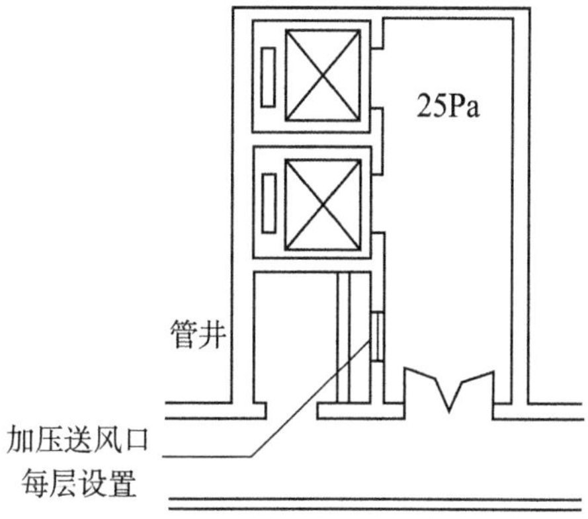  |
| 5 | 当防烟楼梯间具有自然排烟条件时，仅对前室及合用前室加压送风 | 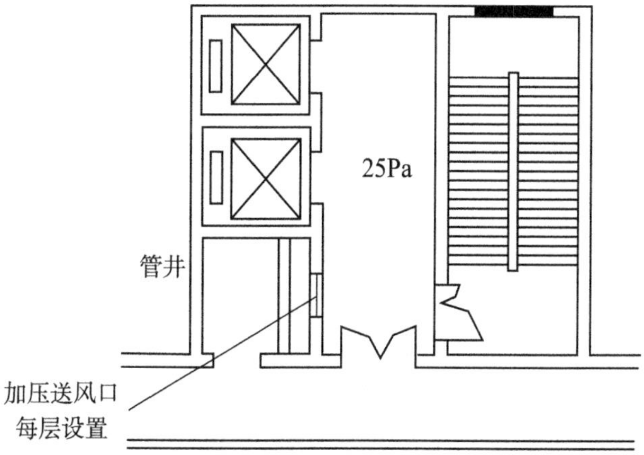  |

续表

| 序号 | 加压送风方式 | 示　意　图 |
| --- | --- | --- |
| 6 | 对防烟楼梯间及有消防电梯的合用前室分别加压送风；剪刀楼梯共用风道分别设置风口 | 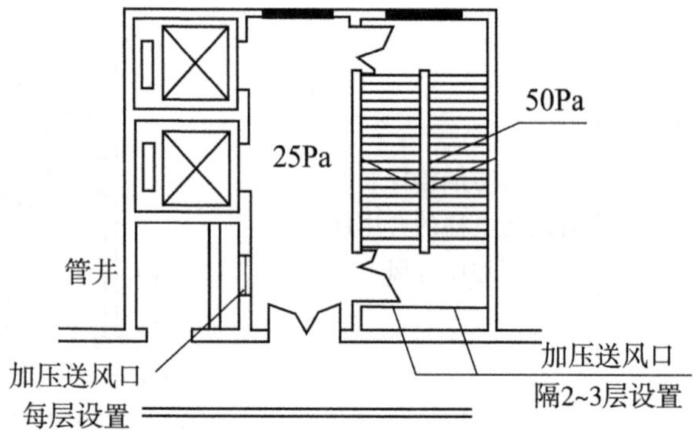  |

**1. 机械加压送风机**

机械加压送风机可采用轴流风机或中、低压离心风机，其安装位置应符合下列要求：

（1）送风机的进风口宜直通室外。

（2）送风机的进风口宜设在机械加压送风系统的下部，且应采取防止烟气侵袭的措施。

（3）送风机的进风口不应与排烟风机的出风口设在同一层面。当必须设在同一层面时，送风机的进风口与排烟风机的出风口应分开布置。竖向布置时，送风机的进风口应设置在排烟机出风口的下方，其两者边缘最小垂直距离不应小于 3m；水平布置时，两者边缘最小水平距离不应小于 10m。

（4）送风机应设置在专用机房内。该房间应采用耐火极限不低于 2h 的隔墙和 1.5h 的楼板及甲级防火门与其他部位隔开。

（5）当送风机出风管或进风管上安装单向风阀或电动风阀时，应采取火灾时阀门自动开启的措施。

**2. 加压送风口**

加压送风口用做机械加压送风系统的风口，具有赶烟、防烟的作用。加压送风口分常开和常闭两种形式。常闭型风口靠感烟（温）信号控制开启，也可手动（或远距离缆绳）开启，风口可输出动作信号，联动送风机开启。风口可设 280℃ 重新关闭装置。

（1）除直灌式送风方式外，楼梯间宜每隔 2～3 层设一个常开式百叶送风口；合用一个井道的剪刀楼梯的两个楼梯间，应每层设一个常开式百叶送风口；分别设置井道的剪刀楼梯的两个楼梯间，应分别每隔一层设一个常开式百叶送风口；

（2）前室、合用前室应每层设一个常闭式加压送风口，并应设手动开启装置；

（3）送风口的风速不宜大于 7m/s；

（4）送风口不宜设置在被门挡住的部位。

需要注意的是，采用机械加压送风的场所不应设置百叶窗，不宜设置可开启外窗。

**3. 送风管道**

（1）送风井（管）道应采用不燃烧材料制作，且宜优先采用光滑井（管）道，不宜采用土建井道；

（2）送风管道应独立设置在管道井内。当必须与排烟管道布置在同一管道井内时，排烟管道的耐火极限不应小于 2h；

（3）管道井应采用耐火极限不小于 1h 的隔墙与相邻部位分隔，当墙上必须设置检修门时，应采用乙级防火门；

（4）未设置在管道井内的加压送风管，其耐火极限不应小于 1.5h；

（5）当采用金属管道时，管道风速不应大于 20m/s；当采用非金属材料管道时，不应大于 15m/s；当采用土建井道时，不应大于 10m/s。

**4. 余压阀**

余压阀，是控制压力差的阀门。为了保证防烟楼梯间及其前室、消防电梯间前室和合用前室的正压值，防止正压值过大而导致疏散门难以推开，应在防烟楼梯间与前室，前室与走道之间设置余压阀，控制余压阀两侧正压间的压力差不超过 50Pa。

## 8.4.3 加压送风量的计算与选取

**1. 加压送风量的计算**

（1）楼梯间或前室、合用前室的机械加压送风量应按下列公式计算：

楼梯间：
$$L_j = L_1 + L_2 \tag{8-26}$$

前室或合用前室：
$$L_s = L_1 + L_3 \tag{8-27}$$

式中：$L_s$——加压送风系统所需的总送风量，单位 $m^3/s$；

$L_1$——门开启时，达到规定风速值所需的送风量，单位 $m^3/s$；

$L_2$——门开启时，规定风速值下，其他门缝漏风总量，单位 $m^3/s$；

$L_3$——未开启的常闭送风阀的漏风总量，单位 $m^3/s$。

根据气体流动规律，如果正压送风系统缺少必要的风量，送风口没有足够的风速，就难以形成满足阻挡烟气进入安全区域的能量。烟气一旦进入设计安全区域，将严重影响人员安全疏散。通过工程实测得知，加压送风系统的风量仅按保持该区域门洞处的风速进行计算是不够的，这是因为，门洞开启时，虽然加压送风开门区域中的压力会下降，但远离门洞开启楼层的加压送风区域或管井仍具有一定的压力，存在着门缝、阀门和管道的渗漏风，使实际开启门洞风速达不到设计要求。因此，在计算系统送风量时，对于楼梯间、常开风口，按照疏散层的门开启时，其门洞达到规定风速值所需的送风量和其他门漏风总量之和计算。对于前室、常闭风口，按照其门洞达到规定风速值所需的送风量以及未开启常闭送风阀漏风总量之和计算。一般情况下，经计算后楼梯间窗缝或合用前室电梯门缝的漏风量，对总送风量的影响很小，在工程的允许范围内可以忽略不计。如遇漏风量很大的情况，计算中可加上此部分漏风量。

（2）门开启时，达到规定风速值所需的送风量应按以下公式计算：

$$L_1 = A_k v N_1 \tag{8-28}$$

式中：$A_k$——每层开启门的总面积，单位 $m^2$。

$v$——门洞断面风速，单位 m/s，当楼梯间机械加压送风、合用前室机械加压送风时，取 $v=0.7$m/s；当楼梯间机械加压送风、前室不送风时，门洞断面风速取 $v=1.0$m/s；当前室或合用前室采用机械加压送风方式且楼梯间采用可开启外窗的自然通风方式时，通向前室或合用前室疏散门的门洞风速不应小于 1.2m/s。

$N_1$——设计层数内的疏散门开启的数量，对楼梯间：采用常开风口，当地上楼梯间为 15 层以下时，设计 2 层内的疏散门开启，取 $N_1=2$；当地上楼梯间为 15 层及以上时，设计 3 层内的疏散门开启，取 $N_1=3$；当为地下楼梯间时，设计 1 层内的疏散门开启，取 $N_1=1$；当防火分区跨越楼层时，设计跨越楼层内的疏散门开启，取 $N_1$=跨越楼层数，最大值为 3。对前室、合用前室：采用常闭风口，当防火分区不跨越楼层时，取 $N_1$=系统中开向前室门最多的一层门数量；当防火分区跨越楼层时，取 $N_1$=跨越楼层数所对应的疏散门数，最大值为 3。

（3）门开启时，规定风速值下的其他门漏风总量应按以下公式计算：

$$L_2 = 0.827 \times A \times \Delta P^{\frac{1}{n}} \times 1.25 \times N_2 \tag{8-29}$$

式中：$A$——每个疏散门的有效漏风面积，单位 $m^2$。

$\Delta P$——计算漏风量的平均压力差，单位 Pa，当开启门洞处风速为 0.7m/s 时，取 $\Delta P=6.0$Pa；当开启门洞处风速为 1.0m/s 时，取 $\Delta P=12.0$ Pa；当开启门洞处风速为 1.2m/s 时，取 $\Delta P=17.0$ Pa。

$n$——指数，一般取 $n=2$。

1.25——不严密处附加系数。

$N_2$——漏风疏散门的数量，对楼梯间：采用常开风口，取 $N_2$=加压楼梯间的总门数$-N_1$。

（4）未开启的常闭送风阀的漏风总量应按以下公式计算：

$$L_3 = 0.083 \times A_f N_3 \tag{8-30}$$

式中：$A_f$——每个送风阀门的面积，单位 $m^2$；

0.083——阀门单位面积的漏风量，单位 $m^3/(s \cdot m^2)$；

$N_3$——漏风阀门的数量，对合用前室、消防电梯前室：采用常闭风口，当防火分区不跨越楼层时，取 $N_3$=楼层数$-1$；当防火分区跨越楼层时，取 $N_3$=楼层数−开启送风阀的楼层数，其中开启送风阀的楼层数为跨越楼层数，最多为 3。

**2. 加压送风量的选取**

（1）防烟楼梯间、前室的机械加压送风的风量应由上述计算方法确定，当系统负担建筑高度大于 24m 时，应按计算值与表 8-8 至表 8-11 的值中的较大值确定。

表 8-8 消防电梯前室的加压送风量

| 系统负担高度 $h$（m） | 加压送风量（$m^3/h$） |
|---|---|
| $24 \leq h < 50$ | 13800~15700 |
| $50 \leq h < 100$ | 16000~20000 |

表 8-9 前室、合用前室（楼梯间采用自然通风）的加压送风量

| 系统负担高度 $h$（m） | 加压送风量（$m^3/h$） |
|---|---|
| $24 < h \leq 50$ | 16300~18100 |
| $50 < h \leq 100$ | 18400~22000 |

表 8-10 封闭楼梯间、防烟楼梯间（前室不送风）的加压送风量

| 系统负担高度 $h$（m） | 加压送风量（$m^3/h$） |
|---|---|
| $24 < h \leq 50$ | 25400~28700 |
| $50 < h \leq 100$ | 40000~46400 |

表 8-11 防烟楼梯间及合用前室的分别加压送风量

| 系统负担高度 $h$（m） | 送风部位 | 加压送风量（$m^3/h$） |
|---|---|---|
| $24 < h \leq 50$ | 防烟楼梯间 | 17800~20200 |
| | 合用前室 | 10200~12000 |
| $50 < h \leq 100$ | 防烟楼梯间 | 28200~32600 |
| | 合用前室 | 12300~15800 |

注：1. 表 8-8 至表 8-11 的风量按开启 2m×1.6m 的双扇门确定。当采用单扇门时，其风量可乘以 0.75 系数计算，当设有多个疏散门时，其风量应乘以开启疏散门的数量，最多按 3 扇疏散门开启计算；

2. 表 8-8 至表 8-11 中未考虑防火分区跨越楼层时的情况；当防火分区跨越楼层时应按照公式重新计算；

3. 风量上下限选取应按层数、风道材料、防火门漏风量因素综合比较确定。

（2）住宅的剪刀楼梯间可合用一个机械加压送风风道和送风机，送风口应分别设置，送风量应按两个楼梯间风量计算。

（3）封闭避难层（间）的机械加压送风量应按避难层（间）净面积每平方米不少于 30 $m^3/h$ 计算。避难走道前室的送风量应按直接开向前室的疏散门的总断面积乘以 1.00m/s 门洞断面风速计算。

（4）人民防空工程的防烟楼梯间的机械加压送风量不应小于 25000 $m^3/h$。当防烟楼梯间与前室或合用前室分别送风时，防烟楼梯间的送风量不应小于 16000 $m^3/h$，前室或合用前室的送风量不应小于 12000 $m^3/h$。

# 第 9 章　建筑消防自动报警系统

火灾自动报警系统，是用于尽早探测初期火灾并发出警报，以便采取相应措施（例如：疏散人员，呼叫消防队员，启动灭火系统，操作消防门、防火卷帘、防烟、排烟风机等）的系统。火灾自动报警系统的优势在于能够在火灾早期探测到火灾，并发出火灾报警信号，有助于尽早扑灭火灾，最大限度地减少火灾带来的损失。

## 9.1　火灾自动报警系统简介

### 9.1.1　基本设计形式

火灾自动报警系统主要由触发装置、火灾报警装置、火灾警报装置及电源四部分组成，具有火灾报警、故障报警、主/备电源自动切换、报警部位显示、系统自检等功能。如图 9-1 所示。

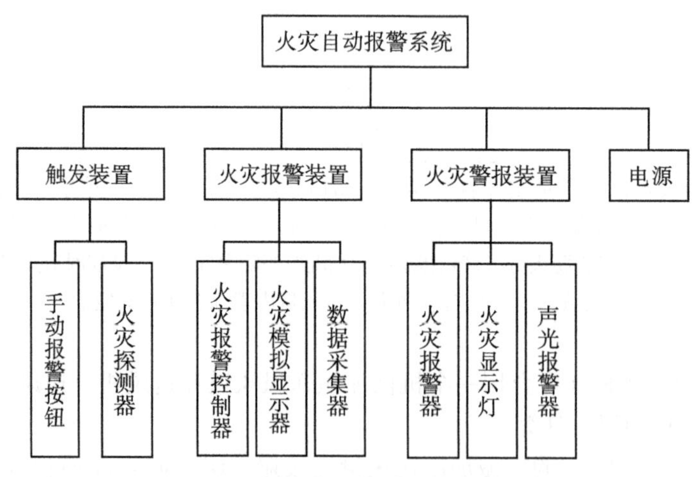


图 9-1　火灾自动报警系统基本组成

根据《火灾自动报警系统设计规范》（GB50116—2013）的规定、保护对象的特点和系统的大小，火灾自动报警系统可分为区域报警系统、集中报警系统和控制中心报警系统。

### 1. 区域报警系统

区域报警系统由火灾探测器、手动火灾报警按钮、火灾声光警报器及火灾报警控制器等组成，系统可包括消防控制室图形显示装置和指示楼层的区域显示器。这类报警系统适用于只需要局部设置火灾探测器的场所，对各个火灾报警区域进行火灾探测。一般应用于二类建筑、工业厂房、大型库房、商场及多层图书馆等需要设置报警装置的建筑内。系统构成如图 9-2 所示。

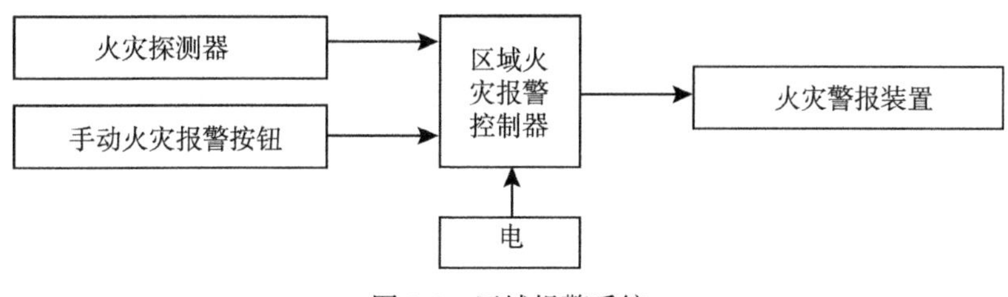


图 9-2 区域报警系统

### 2. 集中报警系统

集中报警系统由火灾探测器、手动火灾报警按钮、火灾声光警报器、消防应急广播、消防专用电话、消防控制室图形显示装置、火灾报警控制器、消防联动控制器等组成。这类报警系统适用于多层民用建筑和大面积工业厂房等需要装设各种火灾探测器和火灾自动报警装置控制器的地方。系统构成如图 9-3 所示。

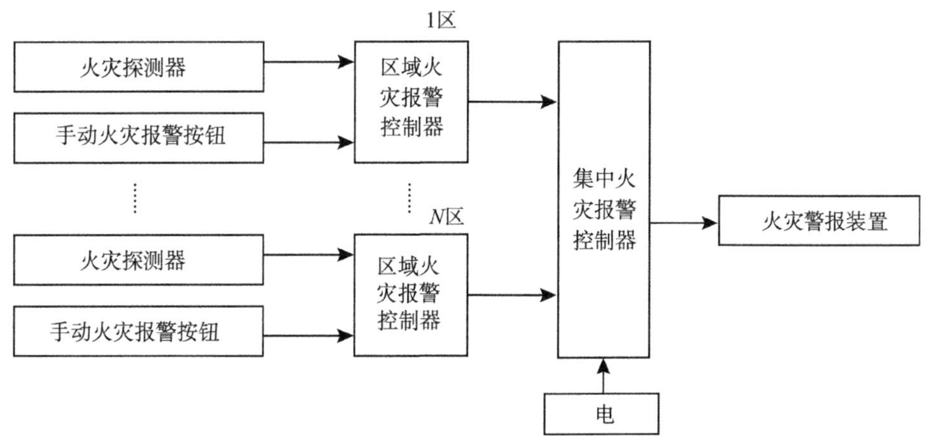


图 9-3 集中报警系统

### 3. 控制中心报警系统

控制中心报警系统由火灾探测器、手动火灾报警器、区域火灾报警控制器或用作区域火灾报警控制器的通用火灾报警控制器、集中火灾报警控制器、消防控制室的消防控制设备和其他辅助功能设备构成。这类系统一般应用于高层民用建筑的旅游饭店、宾馆和大中型工业企业厂房库房等。系统构成如图 9-4 所示。

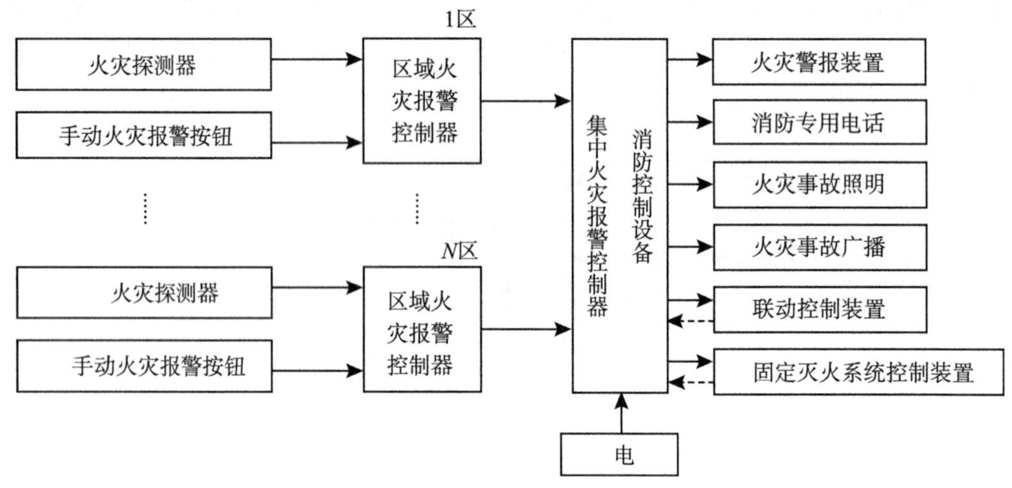


图 9-4　控制中心报警系统

### 9.1.2　基本要求

为了有效防止、及时控制和扑灭火灾，最大限度减少火灾造成的损失，保证人们的人身和财产安全，我国的消防技术规范《建筑设计防火规范》（GB50016—2014）、《建筑内部装修设计防火规范》和《火灾自动报警系统设计规范》（GB50116—2013）等对火灾自动报警系统及其系列产品提出了以下基本要求：

（1）确保建筑物火灾探测和报警功能有效，保证不漏报；

（2）减小环境因素对系统的影响，降低系统的误报率；

（3）确保系统工作稳定，信号传输及时准确可靠；

（4）要求系统设计灵活，产品成系列兼容性强，能适应不同工程需求；

（5）要求系统的工程适用性强，布线简单、灵活、方便；

（6）要求系统应变能力强，工程调试、系统管理和维护方便；

（7）要求系统的性能价格高比；

（8）要求系统联动功能丰富、逻辑多样、控制方式有效。

总之，火灾自动报警系统是确保建筑减轻甚至防止火灾危害的极其重要的安全设施，上述对系统的要求能确保系统正常、高效地运行，确保被保护对象的消防安全。因此，对从事消防系统工程的技术人员而言，掌握消防技术规范相关的要求和火灾自动报警系统工程设计、安装调试等规则是必不可少的。

## 9.2　火灾探测器及报警控制器

### 9.2.1　火灾探测器

火灾探测器是火灾自动报警系统和灭火系统最基本和最关键的部分之一，是整个报警系统的检测元件，它的工作稳定性、可靠性和灵敏度等技术指标直接影响着整个消防系统的运行。

**1. 火灾探测器的分类**

火灾探测器，是指用来响应其附近区域由火灾产生的物理和化学现象的探测器件，通常由敏感元件、电路、固定部件和外壳四部分组成。常按探测器的结构、探测的火灾参数、输出信号的形式和使用环境等分类。

(1) 按火灾探测器的结构造型分类，可以分为点型和线型两大类。

线型火灾探测器，是一种响应某一连续线路周围的火灾参数的火灾探测器。其连续线路既可以是“硬”的（可见的），也可以是“软”的（不可见的）。

点型火灾探测器，是一种响应空间某一点周围的火灾参数的火灾探测器。

(2) 按火灾探测器探测的火灾参数的不同，可以分为感温、感烟、感光、气体和复合式几大类。

感温火灾探测器，是对警戒范围内某一点或某一线段周围的温度参数（异常高温、异常温差和异常温升速率）敏感响应的火灾探测器。根据其作用原理，可分为定温式火灾探测器、差温式火灾探测器和差定温式火灾探测器。与感烟探测器和感光探测器比较，它的可靠性较高、对环境条件的要求更低，但对初期火灾的响应要迟钝些。报警后的火灾损失要大些。

感烟火灾探测器，是一种响应燃烧或热介产生的固体或液体微粒的火灾探测器。由于它能探测物质燃烧初期在周围空间所形成的烟雾浓度，因此它具有非常良好的早期火灾探测报警功能。根据烟雾粒子可以直接或间接改变某些物理量的性质或强弱，感烟探测器，可分为离子型、光电型、激光型、电容型和半导体型几种。

感光火灾探测器（火焰探测器或光辐射探测器），是一种能对物质燃烧火焰的光谱特性、光照强度和火焰的闪烁频率敏感响应的火灾探测器。它能响应火焰辐射出的红外、紫外和可见光。和感温、感烟、气体等火灾探测器比较，感光探测器具有以下三方面优势：响应速度快；不受环境气流的影响，是唯一能在户外使用的火灾探测器；性能稳定、可靠，探测方位准确。

可燃性气体探测器，是一种能对空气中可燃性气体含量进行检测并发出报警信号的火灾探测器。它由气敏元件、电路和报警器三部分组成。除具有预报火灾、防火防爆的功能外，还可以起到监测环境污染的作用。气体探测器的核心部件是传感器，传感器分为催化燃烧式传感器、电化学传感器、半导体传感器、红外传感器和光离子传感器。

复合式火灾探测器，是一种能响应两种或两种以上火灾参数的火灾探测器。主要有感烟感温、感光感温、感光感烟火灾探测器。

(3) 按火灾探测器所安装场所的环境条件，可以分为陆地型、船用型、耐酸型、耐碱型和防爆型。

陆用型火灾探测器，主要用于陆地，无腐蚀性气体，温度范围为-10～+50℃，相对湿度在 85%以下的场合中。

船用型火灾探测器，主要用于舰船上，也可用于其他高温、高湿的场所。其特点是耐温和耐湿。

耐酸型火灾探测器，适用于空间经常积聚有较多的含酸气体的场所。其特点是不受酸性气体的腐蚀。

耐碱型火灾探测器，适用于空间经常积聚有较多含碱性气体的场所。其特点是不受碱性气体的腐蚀。

防爆型火灾探测器，适用于易燃易爆的危险场合。因此，它要求较严格，在结构上必须符合国家防爆的有关规定。

**2. 火灾探测器的使用与选择**

火灾探测器是火灾自动报警系统中的主要部件之一，合理地选择和使用火灾探测器，对整个自动报警系统的有效保护和减少误报等都具有极其重要的作用。

1) 火灾探测器数量设置

在探测区域内的每个房间应至少设置一只火灾探测器，在不同的探测区域，不宜将探测器并联使用。当某探测区域较大时，探测器的设置数量应根据探测器不同种类、房间高度以及被保护面积的大小而定。还要注意，若房间顶棚有 0.6m 以上梁隔开时，每个隔开部分应划分一个探测区域，然后再确定探测器数量。

确定探测器数量的具体步骤如下：

根据探测器监视的地面面积 $S$ 、房间高度 $h$ 、屋顶坡度 $\theta$ 及火灾探测器的类型，查表 9-1 得出使用不同种类探测器的保护面积 $A$ 和保护半径 $R$ 。其中，保护面积是指一只火灾探测器能有效探测的地面面积，用 $A$ 表示，单位为 $m^2$，它是用来作为设计人员确定火灾自动报警系统中采用探测器数量的主要依据。保护半径是指一只探测器能有效探测的单向最大水平距离，用 $R$ 表示，单位为 m，它可作为布置探测器的校核条件使用。在考虑修正系数的条件下，按下式计算一个探测区域内所需设置探测器的数量：

$$N \geqslant \frac{S}{K \cdot A} \tag{9-1}$$

式中：$N$ ——一个探测区域内所需设置的探测器数量，单位只；

$S$ ——一个探测区域的面积，单位 $m^2$；

$A$ ——一个探测器的保护面积，单位 $m^2$；

$K$ ——修正系数，容纳人数超过 10000 人的公共场所宜取 0.7～0.8；容纳人数为 2000～10000 人的公共场所宜取 0.8～0.9；容纳人数为 500～2000 人的公共场所宜取 0.9～

1.0；其他场所可取1.0。

表9-1　　**感烟、感温探测器的保护面积和保护半径**

| 火灾探测器的种类 | 地面面积 $S$ ($m^2$) | 房间高度 $h$ (m) | 探测器的保护面积 $A$ 和保护半径 $R$ | | | | | |
|---|---|---|---|---|---|---|---|---|
| | | | 房顶坡度 $\theta$ | | | | | |
| | | | $\theta \leq 15°$ | | $15° < \theta \leq 30°$ | | $\theta > 30°$ | |
| | | | $A$ ($m^2$) | $R$ (m) | $A$ ($m^2$) | $R$ (m) | $A$ ($m^2$) | $R$ (m) |
| 感烟探测器 | $S \leq 80$ | $h \leq 12$ | 80 | 6.7 | 80 | 7.2 | 80 | 8.0 |
| | $S > 80$ | $6 < h \leq 12$ | 80 | 6.7 | 100 | 8.0 | 120 | 9.9 |
| | | $h \leq 6$ | 60 | 5.8 | 80 | 7.2 | 100 | 9.0 |
| 感温探测器 | $S \leq 30$ | $h \leq 8$ | 30 | 4.4 | 30 | 4.9 | 30 | 5.5 |
| | $S > 30$ | $h \leq 8$ | 20 | 3.6 | 30 | 4.9 | 40 | 6.3 |

注：建筑高度不超过14m的封闭探测空间，且火灾初期会产生大量的烟时，可设置点型感烟火灾探测器。

2）火灾探测器的灵敏度

火灾探测器的灵敏度是指其响应火灾参数的灵敏程度。它是在选择探测器时的一个重要参数，并直接关系到整个系统的运行。

（1）感烟探测器的灵敏度，即探测器响应烟雾浓度参数的敏感程度。根据国家消防规定，感烟探测器的灵敏度应根据烟雾减光率来标定等级。每米烟雾减光率，是指用标准光束稳定照射时，在通过单位厚度（1m）的烟雾后，照度减少的百分数，可以用下式来确定：

$$\delta\% = \frac{I_0 - I}{I_0} \times 100\% \tag{9-2}$$

式中：$\delta\%$ ——每米烟雾减光率；

$I_0$——标准光束无烟时在1m处的光强度；

$I$ ——标准光束有烟时在1m处的光强度。

当感烟探测器的灵敏度用减光率来标定时，通常是标定为三级：

Ⅰ级：$\delta\% = 5\% \sim 10\%$；

Ⅱ级：$\delta\% = 10\% \sim 20\%$；

Ⅲ级：$\delta\% = 20\% \sim 30\%$。

灵敏度的高低表示对烟雾浓度大小的敏感程度，不代表探测器质量的好坏，应用时需根据环境条件、建筑物功能等选择不同的灵敏度。通常Ⅰ级用于无（禁）烟及重要场所；Ⅱ级用于少烟场所；除此外可选用Ⅲ级。

（2）感温探测器的灵敏度，是指火灾发生时，探测器达到动作温度（或温升速率）时发出报警信号所需要的时间，用它来作为标定探测器灵敏度的依据。动作温度，又称额定（标定）动作温度，是指定温探测器或差定温探测器中的定温部分发出报警信号的温度值。温升速率，是指差温探测器或差定温探测器的差温部分发出报警信号的温度上升的速度值。我国将定温、差定温的灵敏度分为三级：Ⅰ级、Ⅱ级、Ⅲ级，并分别在探测器上用绿色、黄色和红色三种色标表示。表 9-2 给出了定温探测器各级灵敏度对应的动作时间范围。

表 9-2　　**定温探测器动作时间表**

| 级别 | 动作时间下限（s） | 动作时间上限（s） |
|---|---|---|
| Ⅰ级 | 30 | 40 |
| Ⅱ级 | 90 | 110 |
| Ⅲ级 | 200 | 280 |

差定温探测器各级灵敏度差温部分的动作范围与温升速率间的关系由表 9-3 给出。定温部分在温升速率小于 1℃/min 时，各级灵敏度的动作温度均不得小于 54℃，也不得大于各自的上限值，即：

表 9-3　　**定温、差定温探测器的响应时间**

| 升温速率 | 响应时间下限 | | 响应时间上限 | | | | | |
|---|---|---|---|---|---|---|---|---|
| | 各级灵敏度 | | Ⅰ级 | | Ⅱ级 | | Ⅲ级 | |
| （℃/min） | （min） | （s） | （min） | （s） | （min） | （s） | （min） | （s） |
| 1 | 29 | 0 | 37 | 20 | 45 | 10 | 54 | 0 |
| 3 | 7 | 13 | 12 | 40 | 15 | 40 | 18 | 40 |
| 5 | 4 | 9 | 7 | 44 | 9 | 40 | 11 | 36 |
| 10 | 0 | 30 | 4 | 2 | 5 | 10 | 6 | 18 |
| 20 | 0 | 22. 5 | 2 | 11 | 2 | 55 | 3 | 37 |
| 30 | 0 | 15 | 1 | 34 | 2 | 8 | 2 | 42 |

Ⅰ级：54℃<动作温度<62℃标志绿色；

Ⅱ级：54℃<动作温度<70℃标志黄色；

Ⅲ级：54℃<动作温度<78℃标志红色。

差温探测器的灵敏度没有分级，其动作时间范围与温升速率间的关系由表 9-4 给出。它的动作时间比差定温探测器的差温部分来得快。

表 9-4　　**差温探测器的响应时间**

| 温升速率 | 响应时间下限 | | 响应时间上限 | |
|---|---|---|---|---|
| （℃/min） | （min） | （s） | （min） | （s） |
| 5 | 2 | 0 | 10 | 30 |

续表

| 温升速率 | 响应时间下限 | | 响应时间上限 | |
|---|---|---|---|---|
| 10 | 0 | 30 | 4 | 2 |
| 20 | 0 | 22.5 | 1 | 30 |

由上面各表可见，灵敏度为Ⅰ级的，动作时间最快，当环境温度变化达到动作温度后，报警所需要的时间最短，常用在需要对温度上升作出快速反应的场所。

3）火灾探测器类型的选择

火灾探测器的一般选用原则是：充分考虑火灾形成规律与火灾探测器选用的关系，根据火灾探测区域内可能发生的初期火灾的形成和发展特点、房间高度、环境条件和可能引起误报的因素等综合确定。

火灾探测器的选择应符合下列要求：

(1) 对火灾初期有阴燃阶段，产生大量的烟和少量的热，很少或没有火焰辐射的场所，应选择感烟探测器。

下列场所宜选择点型感烟探测器：

①饭店、旅馆、教学楼、办公楼的厅堂、卧室、办公室、商场、列车载客厢等；

②电子计算机房、通讯机房、电影或电视放映室等；

③楼梯、走道、电梯机房、车库等；

④书库、档案库等；

⑤有电气火灾危险的场所。

对无遮挡大空间或有特殊要求的场所，宜选择红外光束感烟探测器。

符合下列条件之一的场所，不宜选择离子感烟探测器：

①相对湿度经常大于95%；

②气流速度大于5 m/s；

③有大量粉尘、水雾滞留；

④可能产生腐蚀性气体；

⑤在正常情况下有烟滞留；

⑥产生醇类、醚类、酮类等有机物质。

符合下列条件之一的场所，不宜选择点型光电感烟探测器：

①高海拔地区；

②有大量粉尘、水雾滞留；

③可能产生蒸汽和油雾；

④在正常情况下有烟滞留。

(2) 对火灾发展迅速，可产生大量热、烟和火焰辐射的场所，可选择感温探测器、感烟探测器、火焰探测器或其组合。

符合下列条件之一的场所，宜选择点型感温探测器，且应根据使用场所的典型应用温度和最高应用温度选择适当类别的感温火灾探测器。

①相对湿度经常大于 95%；
②可能发生无烟火灾；
③有大量粉尘；
④吸烟室等在正常情况下有烟和蒸汽滞留的场所；
⑤厨房、锅炉房、发电机房、烘干车间等不宜安装感烟火灾探测器的场所；
⑥需要联动熄灭“安全出口”标志灯的安全出口内侧；
⑦其他无人滞留且不适合安装感烟火灾探测器，但发生火灾时需要及时报警的场所。
符合下列条件之一的场所，不宜选择点型感温探测器：
①可能产生阴燃火或发生火灾不及时报警将造成重大损失的场所，不宜选择点型感温探测器；
②温度在 0℃以下的场所，不宜选择定温探测器；
③温度变化较大的场所，不宜选择差温探测器。
下列场所或部位，宜选择缆式线型感温探测器：
①电缆隧道、电缆竖井、电缆夹层、电缆桥架等；
②配电装置、开关设备、变压器等；
③各种皮带输送装置；
④不宜安装点型探测器的夹层、闷顶；
⑤其他环境恶劣不适合点型探测器安装的危险场所。
(3) 对火灾发展迅速，有强烈的火焰辐射和少量的烟、热的场所，应选择火焰探测器。
符合下列条件之一的场所，宜选择点型或图像型火焰探测器：
①火灾时有强烈的火焰辐射；
②可能发生液体燃烧火灾等无阴燃阶段的火灾；
③需要对火焰做出快速反应。
符合下列条件之一的场所，不宜选择火焰探测器：
①探测区域内的可燃物是金属和无机物；
②在火焰出现前有浓烟扩散；
③探测器的镜头易被污染；
④探测器的“视线”易被油雾、烟雾、水雾和冰雪遮挡；
⑤探测器易受阳光、白炽灯等光源直接或间接照射；
⑥在正常情况下有明火作业以及 X 射线、弧光等影响。
(4) 对使用、生产或聚集可燃气体或可燃液体蒸汽的场所，应选择可燃气体探测器。
下列场所宜选择可燃气体探测器：
①使用可燃气体的场所；
②煤气站和煤气表房以及存储液化石油气罐的场所；
③其他散发可燃气体和可燃蒸气的场所；
④在火灾初期有可能产生一氧化碳气体的场所，宜选择一氧化碳气体探测器。

(5) 装有联动装置、自动灭火系统以及用单一探测器不能有效确认火灾的场合，宜采用感烟探测器、感温探测器、火焰探测器（同类型或不同类型）的组合。

(6) 对火灾形成特征不可预料的场所，可根据模拟试验的结果选择探测器。

(7) 对不同高度的房间，可按表 9-5 选择火灾探测器。

表 9-5　**不同高度的房间火灾探测器的选择**

| 房间高度 $h$ (m) | 感烟探测器 | 感温探测器 | | | 火焰探测器 |
|---|---|---|---|---|---|
| | | 一 级 | 二 级 | 三 级 | |
| $12<h\leq20$ | 不合适 | 不合适 | 不合适 | 不合适 | 合适 |
| $8<h\leq12$ | 合适 | 不合适 | 不合适 | 不合适 | 合适 |
| $6<h\leq8$ | 合适 | 合适 | 不合适 | 不合适 | 合适 |
| $4<h\leq6$ | 合适 | 合适 | 合适 | 不合适 | 合适 |
| $h\leq4$ | 合适 | 合适 | 合适 | 合适 | 合适 |

随着房间高度的增加，感温探测器能响应的火灾规模越大，因此感温探测器要按不同的房间高度划分三个灵敏度等级。较灵敏的探测器宜用于较大高度的房间。

感烟探测器对各种不同类型火灾的灵敏度有所不同，但难以找出灵敏度与房间高度的对应关系，考虑到房间越高，烟越稀薄，在房间高度增加时，可将探测器灵敏度等级相应提高。

### 3. 探测器与系统的连接

火灾探测器是通过底座与系统连接的，火灾探测器与系统的连接是指探测器与报警控制器间的连接及探测器与辅助功能部分的连接。随着现在火灾报警探测技术的发展，早期产品中所采用的多线制连接方式已经被淘汰。所谓多线制，即每个部位的探测器出线，除共享线外，至少要有一根信号线，因此探测器的连接为 N+共享线。现在的产品中多采用总线制的连接形式，即多个火灾探测器 2~4 根线共同连接到报警控制器上，每个探测器所占部位号由地址编码后确定。总线制系统中，探测器的连接形式主要有以下两种：

1）树枝状布线

由报警控制器发出一条或多条干线，干线分支，分支再分支。这种布线可自由排列，故能做到管路最短。

2）环状布线

由报警控制器发出一条干线，它将所有监控部位顺序贯通后，再回到报警控制器。这种布线可靠性较高，单一断线都不影响整个系统的正常运行，当同一环上有两处断线时才需检修。

实际布线方式很多，但一般都以节约、可靠、方便为原则。实际布线中，要求用端子箱把探测器与报警控制器、报警控制器与报警控制器连接起来，以便于安装和维修。在总线制布线时，每一个报警区域或楼层还要加装短路隔离器。探测器的联机要区分单独连接和并联连接。对于总线制系统而言，探测器单独连接是指一个探测器拥有一个独立的编码地址，即在报警控制器上占有一个部位号，而探测器并联连接则为几个探测器共享一个编码地址。

**4. 火灾探测器的布置与安装**

建筑消防系统在设计中应根据建筑、土建及相关工种提供的图纸、资料等条件，正确地布置与安装火灾探测器。

1）火灾探测器的布置

（1）探测器的安装间距，是指两只相邻探测器中心之间的水平距离。当探测器按矩形布置时，$a$ 称为横向安装间距，$b$ 称为纵向安装间距，如图 9-5 所示。以图中 1#探测器为例，探测器安装间距 $a$ 、$b$ 是指 1#探测器与它相邻的 2#、3#、4#、5#探测器之间的距离，而不是 1#探测器与 6#、7#、8#、9#探测器之间的距离。当探测器按正方形组合布置时，$a = b$ 。

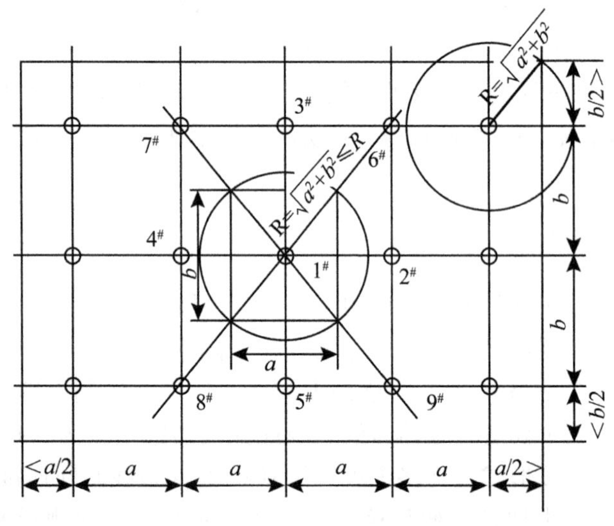


图 9-5　探测器的安装间距

（2）探测器的平面布置，基本原则：当一个保护区域被确定后，就要根据该保护区所需要的探测器进行平面布置，即被保护区域都要处于探测器的保护范围之中。一个探测器的保护面积 $A$ 是以 $R$ 为半径的内接正四边形面积表示的，而它的保护区域又是保护半径为 $R$ 的一个圆 。探测器的安装间距以 $a$ 、$b$ 水平距离表示。$A$ 、$R$ 、$a$ 、$b$ 之间近似满足如下关系，即：

$$A = a \cdot b \tag{9-3}$$

$$R = \sqrt{\left(\frac{a}{2}\right)^2 + \left(\frac{b}{2}\right)^2} \tag{9-4}$$

$$D = 2R \tag{9-5}$$

工程设计中，为减小探测器布置的工作量，常借助于安装间距 $a$ 、$b$ 的极限曲线（图9-6），在适当考虑式（9-1）修正系数后，根据式（9-3）、式（9-4），将 $A$ 、$R$ 、$a$ 、$b$ 之间的关系用图 9-5 综合表示，这样就能很快地确定满足 $A$ 、$R$ 的安装间距 $a$ 、$b$ 。其中，$D$ 有时称为保护直径。

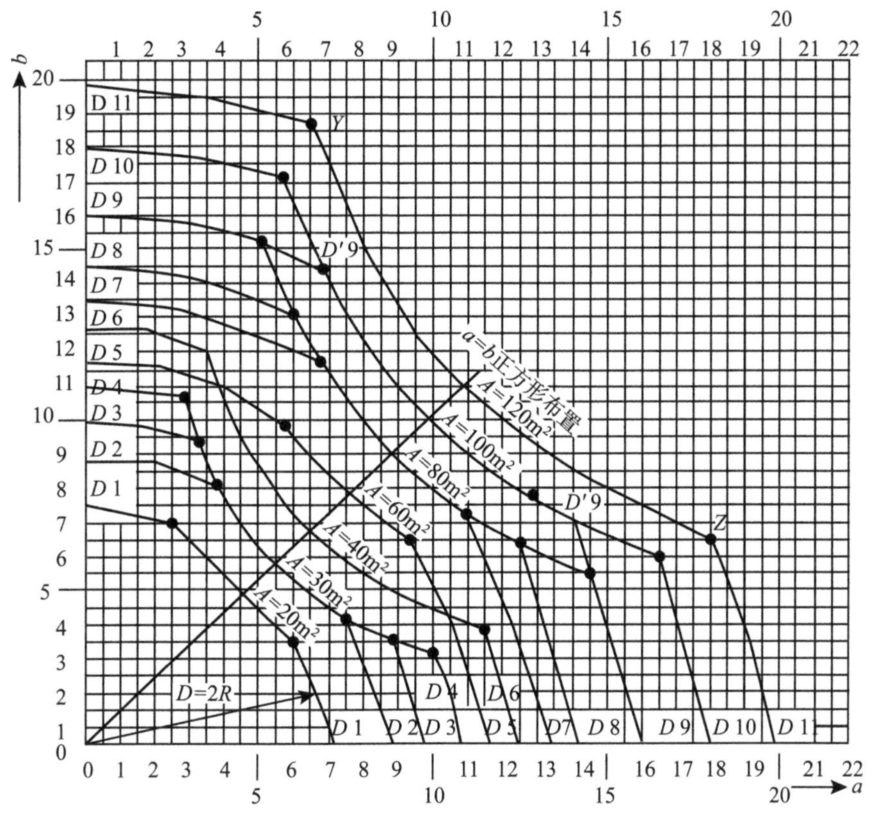


图 9-6 安装间距 $a$ 、$b$ 的极限曲线

## 9.2.2 火灾报警控制器

火灾报警控制器，也称为火灾自动报警控制器，用来接收火灾探测器发出的火警电信号，将此火警电信号转化为声、光报警信号，并指示报警的具体部位及时间，同时还执行相应辅助控制等任务，是建筑消防系统的核心部分。

### 1. 火灾报警控制器的构成

火灾报警控制器主要由两大部分构成，即电源部分和主机部分。

1）电源部分

控制器的电源部分在系统中占重要地位。鉴于系统本身的重要性，控制器有主电源和备用电源。主电源为 220V 交流电，备用电源一般选用可充、放电反复使用的各种蓄电池。电源部分的主要功能有：供电功能，主电源、备用电源自动转换功能，备用电源充电功能，电源故障监视功能，电源工作状态指示功能。

2）主机部分

在正常情况下，监视探测器回路变化情况及监视系统正常运行，遇有报警信号时，执行相应动作，其基本功能如有：火灾声、光警报，火灾报警计时，火灾报警优先，故障声、光报警，自检功能，操作功能，隔离功能，输出控制功能。

**2. 火灾报警控制器的分类**

火灾报警控制器分类的方法很多，按其容量分类，可分为单路和多路报警控制器；按其用途分类，可分为区域型、集中型和通用型报警控制器；按其使用环境分类，可分为陆用型和船用型报警控制器；按其结构分类，可分为台式、柜式和壁挂式报警控制器；按其防爆性能分类，可分为防爆型和非防爆型报警控制器；按其内部电路设计分类，可分为传统型和微机型报警控制器；按其信号处理方式分类，可分为有阈值和无阈值报警控制器；按其系统连线形式分类，可分为多线制和总线制报警控制器。

其中，比较常用的分类方式是按其用途来分类，区域报警控制器和集中报警控制器在结构上没有本质的区别，只是在功能上分别适应区域报警工作状态与集中报警工作状态。现在分别概述如下：

1）区域报警控制器

区域报警控制器往往是第一级的监控报警装置，装设于建筑物中防火分区内的火灾报警区域，接收该区域的火灾探测器发出的火警信号。所谓“基本单元”，是指在自动消防系统中，由电子线路组成的能实现报警控制器基本功能的单元。区域报警控制器的构成有以下几种基本单元：

声光报警单元：它将本区域各个火灾探测器送来的火灾信号转换为报警信号，即发出声响报警，并在显示器上显示着火部位。

记忆单元：其作用是记下第一次报警时间。一般最简单的记忆单元是电子钟，当火灾信号由探测器输入报警控制器时，电子钟停止，记下报警时间，火警消除后电子钟恢复正常。

输出单元：它一方面将本区域内火灾信号送到集中报警控制器显示火灾报警，另一方面向有关联动灭火子系统和联锁减灾子系统输出操作指令信号。

检查单元：其作用是检查区域报警控制器与探测器之间的连线出现断路、探测器接触不良或探测器被取走等故障。

电源单元：将 220V 的交流电通过该单元转换为本装置所需要的高稳定度的直流电，其工作电压为 24V、18V、10V 等，以满足区域报警控制器正常工作需要，同时向本区域各探测器供电。

区域报警控制器的主要功能是，对探测器和线路的故障报警。在接到火警信号后，可自动多次单点巡检，确认后，声、光报警，并由数码显示地址，且火警优先；有自检、外控、巡检等功能。

区域报警控制器的主要技术指标如下：

电源：主电源：AC220V（±15%~20%），频率 50Hz；备电源：DC24V，3~20Ah，全封闭蓄电池。

使用环境要求：温度为-10~40℃，相对湿度为 90%±3%（30℃±2℃），火灾报警控制器监控功率≤20W，报警功率≤60W。

2）集中报警控制器

集中报警控制器接收各区域报警控制器发送来的火灾报警信号，还可以巡回检测与集中报警控制器相连的各区域报警控制器有无火警信号、故障信号，并能显示出火灾区域部位以及故障区域，同时发出声、光警报信号。集中报警控制器一般是区域报警控制器的上位控制器，它是建筑消防系统的总监控设备。从使用的角度来讲，集中报警控制器的功能要比区域报警控制器更多。在单元结构上，除了区域报警控制器所具有的基本单元外，它还具有其他的一些单元，具体有以下几种单元：

声光报警单元：与区域报警控制器类似。不同的是火灾信号主要来自各个监控区域的区域报警控制器，发出的声光报警显示的火灾地址是区域。集中报警控制器也可以直接接收火灾探测器的火灾信号而给出火灾报警显示。

记忆单元：与区域报警控制器的相同。

输出单元：当火灾确认后，输出启动联动灭火装置及联锁减灾装置的主令控制信号。

总检查单元：检查集中报警控制器与区域报警控制器之间的连接线是否完好，有无短路、断路现象，以确保系统工作安全可靠。

巡检单元：为有效利用集中报警控制器，使其依次周而复始地逐个接收由各区域报警控制器发来的信号，即进行巡回检测，实现集中报警控制器的实时控制。

消防专用电话单元：通常在集中报警控制器内设置一部直接与 119 通话的电话。无火灾时，此电话不能接通，只有当发生火灾时，才能与当地消防部门（119）接通。

电源单元：与区域报警控制器的基本相同，但是在功率上要比区域报警控制器的大。

集中报警控制器在功能方面与区域报警控制器的基本相同，具有报警、外控、故障自动监测、自检、火灾优先报警、电源及监控等功能。

### 3. 火灾报警控制器的功能及工作原理

1）火灾报警控制器的功能

由微机技术实现的火灾报警控制器已将报警与控制融为一体，即一方面可起到控制作用，来产生驱动报警装置及联动灭火、连锁减灾装置的主信号，同时又能自动发出声、光报警信号。随着现在火灾报警技术越来越成熟，火灾报警控制器的功能越来越齐全，性能也越来越优越。火灾报警控制器的功能可归纳如下：

（1）迅速准确地发送火警信号。火灾报警控制器发送火灾信号，一方面由报警控制器本身的报警装置发出报警，另一方面也控制现场的声、光报警装置发出的报警信号。

（2）火灾报警控制器在发出火警信号的同时，经适当延时，还能启动灭火设备。

（3）火灾报警控制器除能启动灭火设备外，还能启动联锁减灾设备。

（4）火灾报警控制器具有火灾报警优先于故障报警功能。

（5）火灾报警控制器具有记忆功能。当出现火灾报警或故障报警时，能立即记忆火灾或故障发生的地址和时间，尽管火灾或故障信号已消失，但记忆并不消失。

（6）由于火灾报警控制器工作的重要性、特殊性，为确保其安全可靠长期不间断运行，就必须要设置本机故障监测，即对某些重要线路和元部件，要能进行自动监测。

（7）当火灾报警控制器出现火灾报警或故障报警后，可首先手动消除报警，但光信号继续保留。消声后，如再次出现其他区域火灾或其他设备故障时，音响设备能自动恢复再响。

（8）可为火灾探测器提供工作电源。

以上所归纳的功能应看做是基本功能，除此之外，根据不同的消防系统的不同要求，对报警控制器的功能要求也不同。

2）火灾报警控制器的工作原理

电源部分是整个控制器的供电保证环节，承受主机部分和探测器的供电，输出功率要求较大，大多采用线性调节稳压电路，在输出部分增加相应的过压、过流保护。通常，火灾报警控制器电源的首选形式是开关型稳压电路。

主机部分承担着将火灾探测源传来的信号进行处理、报警并中继的作用。火灾报警控制器主机部分基本原理如图 9-7 所示。通常采用总线传输方式的接口线路工作原理是：通过监控单元将待检测的地址信号发送到总线上，经过一定时序，监控单元从总线上读回信息，执行相应报警处理功能。一般地，时序要求严格，每个时序都有其固定的含义。火灾报警控制器工作时的基本顺序要求为：发地址→等待→读信息→等待。控制器周而复始地执行上述时序，完成对整个信号源的检测。

从原理上来讲，区域报警控制器和集中报警控制器都遵循同一工作模式，即收集探测源信号→输入单元→自动监控单元→输出单元。同时，为了使用方便，增加了辅助人机接口——键盘、显示部分、输出联动控制部分、计算机通信部分、打印机部分等。

### 4. 火灾报警控制器选择和使用

火灾报警控制器的选择和使用，应严格遵守国家有关消防法规的规定。我国颁布并实施了各种建筑物的防火设计规范，对火灾报警控制器的选择及使用做出了明确的规定。在实际工程中，应从以下几个方面来考虑火灾报警控制器的选择与使用：

（1）根据所设计的自动监控消防系统的形式确定报警控制器的基本规格（功能）。

（2）在选择与使用火灾报警控制器时，应使被选用的报警控制器与火灾探测器相配套，即火灾探测器输出信号与报警控制器要求的输入信号应属于同一种类型。

（3）被选用的火灾报警控制器，其容量不得小于现场使用容量。例如，区域报警控制器的容量不得小于该区域内探测器部位总数；集中报警控制器的容量不得小于它所监控的探测器部位总数及监控区域总数。

（4）报警控制器的输出信号回路数应尽量等于相关联动、联锁的装置数量，以使其控制可靠。

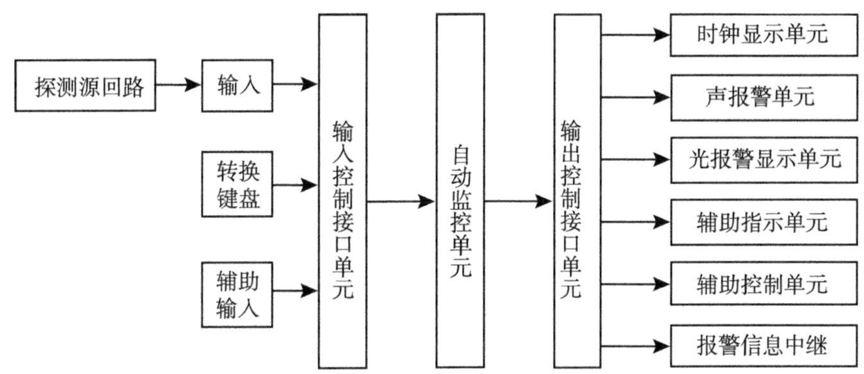


图 9-7　火灾报警控制器主机部分基本工作原理

(5) 需根据现场实际，确定报警控制器的安装方式，从而确定选择壁挂式、台式或是柜式报警控制器。

以上原则性地叙述了火灾报警控制器的选择方法。在实际工程中，会遇到许多意想不到的情况，因此报警控制器的选择与使用还应根据工程实际情况，进行折中处理。

## 9.3　火灾应急照明及应急广播系统

火灾自动报警及消防联动控制是一种能在火灾早期发现火灾、控制并扑灭火灾，保障人们安全的行之有效的方法。而在整个系统运行过程中，火灾应急照明系统和应急广播系统虽然不是核心部分，但也是非常重要的，同时还是容易被忽视的部分，需要在设计中严格遵循设计规范。

### 9.3.1　火灾应急照明系统

火灾应急照明系统是建筑物安全保障体系的一个重要组成部分。完善的火灾应急照明设计，应在电源设置、导线选型与铺设、灯具选择及布置、灯具控制方式、疏散指示等各个环节严格执行相关规范，以保证在火灾紧急状态下应急照明系统能发挥应有的作用。1993 年中国照明学会第 1 号技术文件《应急照明设计指南》出台，它对广义的应急照明的设计和实施起到了一定的指导作用。《应急照明设计指南》对应急照明的定义是，在正常照明系统因电源发生故障熄灭的情况下，供人员疏散、保障安全或继续工作用的照明。

**1. 火灾应急照明的分类**

火灾应急照明根据其功能，可分为备用照明、疏散照明和安全照明三类。

1) 备用照明

备用照明是在正常照明失效时为继续工作（或暂时继续工作）而设置的。在因工作中断或误操作时可能引起爆炸、火灾等造成严重后果和经济损失的场所，应考虑设置备用照明。备用照明应结合正常照明统一布置，通常可以利用正常照明灯的部分或全部作为备用照明，发生故障时进行电源切换。

2）疏散照明

疏散照明是为了使工作人员在发生火灾的情况下，能从室内安全撤离至室外（或某一安全地区）而设置的。疏散照明按照其内容性质可分为三类：

设施标志：标志营业性、服务性和公共设施所在地的标志，比如商场、餐厅、公用电话、卫生间等的标志。

提示标志：为了安全、卫生或保护良好公共秩序而设置的标志，比如“禁止逆行”、“请勿吸烟”、“请保持安静”等。

疏散标志：在非正常情况下，如发生火灾、事故停电等，设置的安全通向室外或临时避难层的线路标志，比如“安全出口”等。

疏散照明还可以按照其使用时间，分为常用标志照明和事故标志照明。一般场所和公共设施的位置照明和引向标志照明，属于常用标志照明；在火灾或意外事故时才开启的位置照明和引向标志照明，则属于事故标志照明。二者间没有严格的分界，对一些照明灯具而言，它既是常用标志照明，又是事故标志照明，即在平时也需要点亮，使人们在平时就建立起深刻的印象，熟悉一旦发生火灾或意外事故时的疏散路线和应急措施。

3）安全照明

安全照明是在正常照明突然中断时，为确保处于潜在危险中的人员安全而设置的，比如手术室、化学实验室和生产车间等的照明。

**2. 火灾应急照明的设置**

（1）根据《民用建筑电气设计规范》（JGJ16—2008）规定，下列部位应设置备用照明：

①疏散楼梯（包括防烟楼梯间前室）、消防电梯及其前室、合用前室、高层建筑避难层（间）等；

②消防控制室、自备电源室、消防水泵房、配电室、防烟与排烟机房以及发生火灾时仍需正常工作的其他房间；

③观众厅、宴会厅、重要的多功能厅及每层建筑面积超过 1500m$^2$的展览厅、营业厅等；

④通信机房、大中型电子计算机房、BAS 中央控制室等重要技术用房；

⑤建筑面积超过 200m$^2$的演播室、人员密集的地下室、每层人员密集的公共活动场所等；

⑥公共建筑内的疏散走道和居住建筑内长度超过 20m 的内走道。

（2）下列部位应设置疏散照明：

①除上面备用照明设置的第②、④条规定的部位外，均应设置安全出口标志照明；

②在上面备用照明设置的第③、⑤和⑥条规定的部位中，当疏散通道距离最近安全出口大于 20m 或不在人员视线范围内时，应设置疏散指示标志照明。

③一类高层居住建筑的疏散走道和安全出口应设置疏散指示标志照明，二类高层居住建筑可不设置。

（3）应急照明的设置，除满足以上各条的要求外，还应符合以下要求：

①应急照明在正常供电常用电源终止供电后，其应急电源供电转换时间应满足：

备用照明≤5s（金融商业交易场所≤1.5s）；

疏散照明≤5s。

②疏散照明平时应处于点亮状态，但在假日、夜间定期无人工作而仅由值班或警卫人员负责管理时可例外。当采用蓄电池作为照明灯具的备用电源时，在上述例外非点亮状态下，应保证不能中断蓄电池充电的电源，以使蓄电池处于经常充电状态。

③可调光型安全出口标志灯，宜用于影剧院、歌舞娱乐游艺场所的观众厅，在正常情况下减光使用，应急使用时，应自动接通至全亮状态。

④备用照明灯具位置的确定，还应满足容易寻找在疏散路线上的所有手动报警器、呼叫通信装置和灭火设备等设施。

⑤走道上的疏散指示标志灯，在其正下方的半径为0.5m范围内的水平照度不应低于0.5lx（人防工程为1lx），楼梯间可按踏步和缓步台中心线计算。观众席通道地面上的水平照度为0.2lx。

⑥装设在地面上的疏散标志灯应防止被重物或受外力所损伤。

⑦疏散标志等设置应不影响正常通行，并且不应在其周围存放有容易混同以及遮挡疏散标志灯的其他标志等。

### 3. 火灾应急照明的安装

根据《民用建筑电气设计规范》对火灾应急照明的相关规定，火灾应急照明的安装要求如下：

（1）应急照明中的备用照明灯宜设在墙面或顶棚上。

（2）疏散照明灯具安装：

①安全出口标志灯具宜设置在安全出口的上部，距地不宜超过2.2m，在首层的疏散楼梯应安装于楼梯口的里侧上方，参见图9-8。

②疏散走道上的安全出口标志灯可明装，而厅室内宜采用暗装。安全出口标志灯应有图形和文字符号，在有无障碍设计要求时，宜同时设有音响指示信号。疏散标志灯的设置部位见图9-8。

③疏散走道（或疏散通道）的疏散指示标志灯具，宜设置在走道及转角处离地面1m以下墙面上、柱上或地面上，且间距不应大于20m；当厅室面积太大，必须装设在天棚上时，则应明装，且距地不应大于2.2m。

④应急照明灯应设玻璃或其他非燃材料制作的保护罩，必须采用能瞬时点亮的照明光源，如白炽灯、小功率卤钨灯、高频荧光灯等，当应急照明作为正常照明的一部分而经常点燃时，在发生故障不需拆换电源的情况下，可采用其他照明光源。

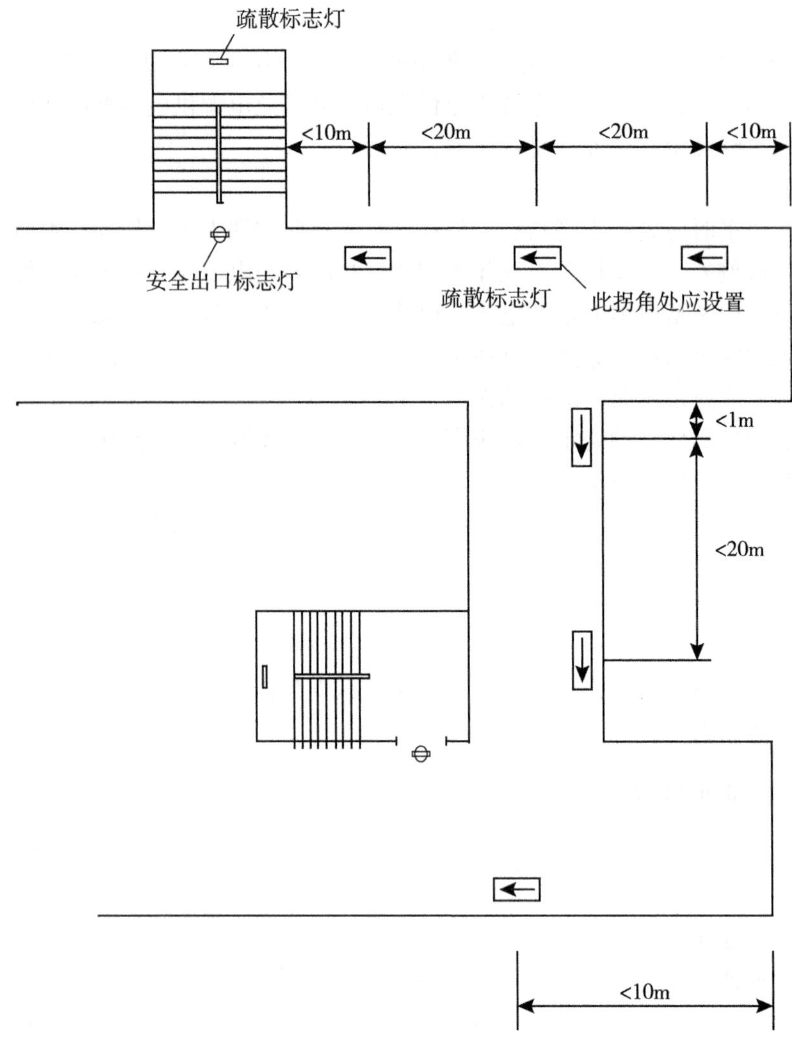


图 9-8　疏散标志灯设置图例

## 9.3.2　火灾应急广播系统

现在高层民用建筑或大型民用建筑，一般具有建筑面积大、楼层多、结构复杂、人员密集等特点，一旦发生火灾，建筑内的人员疏散就十分困难。利用火灾应急广播系统，可以作为疏散的统一指挥，指导人员有序疏散，防止因火灾带来的惊慌和混乱，从而让室内人员得以迅速地撤离危险场所到达安全区域；还可以作为扑灭火灾的统一指挥，迅速组织有效的灭火救援工作。

### 1. 火灾应急广播概述

公共建筑应设有线广播系统。系统的类别应根据建筑规模、使用性质和功能要求确定。有线广播一般可分为业务性广播系统、服务性广播系统和火灾应急广播系统。现在大多数情况下，火灾应急广播系统与业务性广播系统、服务性广播系统合为一个系统，当火灾发生时转入火灾应急广播。合用系统的形式又可以分为以下两种：

（1）火灾应急广播系统仅利用业务性广播系统、服务性广播系统的馈送线路和扬声器，而火灾应急广播系统的扩音设备等装置是专用的。当火灾发生时，由消防控制室切换馈送线路，使业务性广播系统、服务性广播系统按照设定的疏散广播顺序，对相应层或区域进行火灾应急广播。

（2）火灾应急广播系统全部利用业务性广播系统、服务性广播系统的扩音设备、馈送线路和扬声器等装置，在消防控制室只设紧急播送装置。当火灾发生时，可遥控业务性广播系统、服务性广播系统，强制投入火灾应急广播。当广播扩音设备未安装在消防控制室内时，应采用遥控播音方式，在消防控制室能用话筒播音和遥控扩音设备的开、关，自动或手动控制相应的广播分路，播送火灾应急广播，并能监视扩音设备的工作状态。

根据《民用建筑电气设计规范》（JGJ16—2008）和《火灾自动报警系统设计规范》（GB50116—2013）规定，当火灾应急广播与音响系统合用时，应符合以下条件：

（1）发生火灾时，应能在消防控制室将火灾疏散层的扬声器和广播音响扩音机，强制转入火灾应急广播状态；

（2）床头控制柜内设置的扬声器，应有火灾广播功能；

（3）采用射频传输集中式音响播放系统时，床头控制柜内扬声器宜有紧急播放火警信号功能；如床头控制柜无紧急播放火警信号功能时，设在客房外走道的每个扬声器的实配输入功率不应小于 3W，且扬声器在走道内的设置间距不宜大于 10m；

（4）消防控制室应能监控用于火灾应急广播时的扩音机的工作状态，并应具有遥控开启扩音机和采用传声器播音的功能；

（5）应设置火灾应急广播备用扩音机，其容量不应小于发生火灾时需同时广播的范围内火灾应急广播扬声器最大容量总和的 1.5 倍。

**2. 火灾应急广播设置**

根据《火灾自动报警系统设计规范》（GB50116—2013）规定，控制中心报警系统应设置火灾应急广播，集中报警系统宜设置火灾应急广播。

（1）对火灾应急广播的扬声器的设置，应符合下列要求：

①民用建筑内扬声器应设置在走道和大厅等公共场所，每个扬声器的额定功率不应小于 3W，其数量应能保证从一个防火分区的任何部位到最近一个扬声器的距离不大于 25m，走道内最后一个扬声器至走道末端的距离不应大于 12.5m；

②在环境噪声大于 60dB 的场所设置的扬声器，在其播放范围内最远点的播放声压级应高于背景噪声 15 dB；

③客房设置专用扬声器时，其功率不宜小于 1W。

（2）火灾应急广播分路配线应符合下列规定：

①应按疏散楼层或报警区域划分分路配线。各输出分路，应设有输出显示信号和保护

控制装置等；

②当任一分路有故障时，不应影响其他分路的正常广播；

③火灾应急广播线路，不应和其他线路（包括火警信号、联动控制等线路）同管或同线槽敷设；

④火灾应急广播用扬声器不得加开关，如加开关或设有音量调节器，则应采用三线式配线强制火灾应急广播开放。

（3）火灾应急广播输出分路，应按疏散顺序控制，播放疏散指令的楼层控制程序如下：

①2 层及 2 层以上楼层发生火灾，宜先接通火灾层及其相邻的上、下层；

②首层发生火灾，宜先接通本层、2 层及地下各层；

③地下层发生火灾，宜先接通地下各层及首层。当首层与 2 层有大共享空间时，应包括 2 层。

## 9.4　火灾自动报警系统设计

在工程设计中，火灾自动报警系统在设计选型时需要考虑多种因素，为了规范火灾自动报警系统设计，又不限制其技术发展，国家标准对系统的基本设计形式仅给出了原则性规定，设计人员可在符合这些基本原则的条件下，根据消防工程的的规模、对消防设备联动控制的复杂程度、产品的技术条件，组成可靠的火灾自动报警系统。

### 9.4.1　设计原则与要求

#### 1. 设计原则

必须遵循国家现行的有关方针、政策，针对被保护对象的特点，做到安全可靠、技术先进、经济合理、使用方便。

#### 2. 要求

（1）消防设计必须尽可能采用机械化、自动化，采用迅速可靠的控制方式，使火灾损失降到最小；

（2）系统的设计，必须由国家有关部门承认并批准的设计单位承担；

（3）系统设计中要遵循的国家现行有关标准规范主要有：《民用建筑电气设计规范》（JGJ16—2008）、《火灾自动报警系统设计规范》（GB50116—2013）、《建筑设计防火规范》（GB50016—2014）、《工业与民用建筑供电系统设计规范》等。

#### 3. 设计的前期工作

系统设计的前期工作主要包含以下三个方面：

（1）摸清建筑物的基本情况。主要包括建筑物的性质、规模、功能以及平、剖面情况；建筑内防火区的划分，建筑、结构方面的防火措施、结构形式和装饰材料；建筑内电梯的配置与管理方式，竖井的布置、各类机房、库房的位置及用途等。

（2）摸清有关专业的消防设施及要求。主要包括消防泵的设置及其电气控制室与联锁要求，送、排风机及空调系统的设置；防排烟系统的设置，对电气控制与联锁的要求；供、配电系统，照明与电力电源的控制及其防火分区的配合；应急电源的设计要求等。

（3）明确设计原则。主要包括按规范要求确定建筑物防火分类等级及保护方式；制定自动消防系统的总体方案；充分掌握各种消防设备及报警器材的技术性能指标等。

## 9.4.2 系统设计的主要内容

### 1. 探测区域和报警区域的划分

火灾探测区域是以一个或多个火灾探测器并联组成的一个有效的探测报警单元，可以占有区域火灾报警控制器的一个部位号。火灾探测区域是火灾自动报警系统的最小单位，它代表了火灾报警的具体部位，这样才能迅速而准确地探测出火灾报警发出的具体位置，所以在被保护的报警区域内应按顺序划分探测区域。探测区域可以是一只探测器所保护的区域，也可以是几只探测器共同保护的区域，但一个探测区域对应在报警控制器（或楼层显示器）上只能显示一个报警部位号。

火灾探测区域的划分一般按照独立房（套）间划分，同一房（套）间内可以划分为一个探测区域，其面积不宜超过500$m^2$，若从主要出口能看清其内部，且面积不超过1000 $m^2$的房间，也可以划分为一个探测区域；特殊地方应单独划分探测区域，如楼梯间、防烟楼梯前室、消防电梯前室、坡道、管道井、走道、电缆隧道，建筑物闷顶、夹层等；对于非重点保护建筑，可将数个房间划分为一个探测区域，应满足下列某一条件：

（1）相邻房间不超过5个，总面积不超过400 $m^2$，并在每个门口设有灯光显示装置；

（2）相邻房间不超过10个，总面积不超过1000 $m^2$，在每个房间门口均能看清其内部，并在门口设有灯光显示装置。

报警区域，是指将火灾自动报警系统所警戒的范围按照防火分区或楼层划分的报警单元。它是由多个火灾探测器组成的火灾警戒区域范围，通过报警区域，可以把建筑的防火分区同火灾报警系统有机地联系起来。报警区域应按防火分区或楼层划分；一个火灾报警区域宜由一个防火分区或同一楼层的几个防火分区组成；同一火灾报警区域的同一警戒分路不应跨越防火分区。

### 2. 系统形式及设备的布置

1）形式

报警控制器主要有三种基本形式：区域报警系统、集中报警系统、控制中心报警系统。具体工程中采用何种报警系统，还应根据工程的建设规模、被保护对象的性质、火灾报警区域的划分和消防管理机构的组织形式等因素确定。

2）设备布置

（1）区域报警系统的设计应符合以下要求：

①一个报警区域宜设置一台区域火灾报警控制器或一台火灾报警控制器，系统中，区域火灾报警控制器或火灾报警控制器不应超过两台；

②系统中可设置消防联动控制设备；

③当用一台区域火灾报警控制器或一台火灾报警控制器警戒多个楼层时，应在每个楼层的楼梯口或消防电梯前室等明显部位，设置识别着火楼层的灯光显示装置；

④区域火灾报警控制器或火灾报警控制器应设置在有人值班的房间或场所；

⑤当区域火灾报警控制器或火灾报警控制器安装在墙上时，其底边距地面高度宜为 1. 3~1. 5m，其靠近门轴的侧面距墙不应小于 0. 5m，正面操作距离不应小于 1. 2m。

（2）集中报警系统的设计应符合以下要求：

①系统中应设置一台集中火灾报警控制器和两台及以上区域火灾报警控制器，或设置一台火灾报警控制器和两台及以上区域显示器；

②系统中应设置消防联动控制设备；

③集中火灾报警控制器或火灾报警控制器，应能显示火灾报警部位信号和控制信号，亦可进行联动控制；

④集中火灾报警控制器或火灾报警控制器，应设置在有专人值班的消防控制室或值班室内；

⑤集中火灾报警控制器或火灾报警控制器、消防联动控制设备等在消防控制室或值班室内的布置，应符合消防控制室内设备的布置要求。

（3）控制中心报警系统的设计，应符合以下要求：

①系统中至少应设置一台集中火灾报警控制器、一台专用消防联动控制设备和两台及以上区域火灾报警控制器；或者至少设置一台火灾报警控制器、一台消防联动控制设备和两台及以上区域显示器；

②系统应能集中显示火灾报警部位信号和联动控制状态信号；

③系统中设置的集中火灾报警控制器或火灾报警控制器和消防联动控制设备在消防控制室内的布置，应符合消防控制室内设备的布置要求。

（4）消防控制室内设备的布置应符合下列要求：

①设备面盘前的操作距离：单列布置时不应小于 1. 5m，双列布置时不应小于 2m；

②在值班人员经常工作的一面，设备面盘至墙的距离不应小于 3m；

③设备面盘后的维修距离不宜小于 1m；

④当设备面盘的排列长度大于 4m 时，其两端应设置宽度不小于 1m 的通道；

⑤当集中火灾报警控制器或火灾报警控制器安装在墙上时，其底边距地面高度宜为 1. 3~1. 5m，其靠近门轴的侧面距墙不应小于 0. 5m，正面操作距离不应小于 1. 2m。

（5）探测器的设置要求：

火灾探测器的设置位置可以按照下列基本原则布置：

①设置位置应该是火灾发生时烟、热最易到达之处，并且能够在短时间内聚积的地方；

②消防管理人员易于检查、维修，而一般人员不易触及火灾探测器；

③火灾探测器不易受环境干扰，布线方便，安装美观。

对于常用的感烟和感温探测器来讲，其安装时还应符合以下要求：

①探测器距离通风口边缘不小于0.5m，如果顶棚上设有回风口时，可以靠近回风口安装；

②顶棚距离地面高度不小于2.2m的房间、狭小的房间（面积不大于$10m^2$），火灾探测器宜安装在入口附近；

③在顶棚和房间坡度大于45°斜面上安装火灾探测器时，应该采取措施使安装面成水平；

④在楼梯间、走廊等处安装火灾探测器时，应该安装在不直接受外部风吹的位置；

⑤在建筑物无防排烟要求的楼梯间，可以每隔三层装设一个火灾探测器，在倾斜通道安装火灾探测器的垂直距离不应大于15m；

⑥在与厨房、开水间、浴室等房间相连的走廊安装火灾探测器时，应该避开入口边缘1.5m；

⑦安装在顶棚上的火灾探测器边缘与照明灯具的水平间距不小于0.2m，与电风扇间距不小于1.5m，距嵌入式扬声器罩间距不小于0.1m，与各种水灭火喷头间距不小于0.3m，与防火门、防火卷帘门的距离一般为1~2m，感温火灾探测器距离高温光源不小于0.5m。

### 3. 火灾事故广播

控制中心报警系统应设置火灾应急广播，集中报警系统宜设置火灾应急广播。火灾应急广播扬声器的设置应符合下列要求：

（1）民用建筑内扬声器应设置在走道和大厅等公共场所，每个扬声器的额定功率不应小于3 W，其数量应能保证从一个防火分区的任何部位到最近一个扬声器的距离不大于25m，走道内最后一个扬声器至走道末端的距离不应大于12.5m；

（2）在环境噪声大于60dB的场所设置的扬声器，在其播放范围内最远点的播放声压级应高于背景噪声15 dB；

（3）客房设置专用扬声器时，其功率不宜小于1W；

（4）涉外单位应用两种以上语言广播；

（5）对于火灾应急广播和公共广播系统合用同一个系统时，火灾时要能够强行转入火灾应急广播状态。

### 4. 火灾警报装置

火灾警报装置是火灾报警系统中用以发出与环境声、光相区别的火灾警报信号的装置。未设置火灾应急广播的火灾自动报警系统，应设置火灾警报装置。每个防火分区至少应设1个火灾警报装置，其位置宜设在各楼层走道靠近楼梯出口处。警报装置宜采用手动或自动控制方式。在环境噪声大于60dB的场所设置火灾警报装置时，其声警报器的声压级应高于背景噪声15dB。

**5. 手动报警按钮**

每个防火分区应至少设置一只手动火灾报警按钮。从一个防火分区内的任何位置到最邻近的一个手动火灾报警按钮的距离不应大于30m。手动火灾报警按钮宜设置在公共活动场所的出入口处。

手动火灾报警按钮应设置在明显的和便于操作的部位。当安装在墙上时，其底边距地高度宜为1.3~1.5m，且应有明显的标志。

**6. 系统接地**

火灾自动报警装置是一种电子设备，为保证系统运行安全可靠，火灾自动报警系统应设专用接地干线，并应在消防控制室设置专用接地板。专用接地干线应从消防控制室专用接地板引至接地体。专用接地干线应采用铜芯绝缘导线，其线芯截面面积不应小于25mm²。专用接地干线宜穿硬质塑料管埋设至接地体。由消防控制室接地板引至各消防电子设备的专用接地线应选用铜芯绝缘导线，其芯线截面面积不应小于4mm²。

火灾自动报警系统接地装置的接地电阻值应符合下列要求：

（1）采用专用接地装置时，接地电阻值不应大于4Ω；

（2）采用共用接地装置时，接地电阻值不应大于1Ω。

### 9.4.3　系统布线

火灾自动报警系统要求在火灾发生的第一时间发出警报，创造及时扑救的条件，这就要求消防系统在布线上有其自身的特点。为了确保整个系统在火灾情况下有一定的抵御能力，在设计时必须按照有关建筑消防规范来执行。

**1. 一般规定**

（1）火灾自动报警系统的传输线路和50V以下供电控制线路，应采用电压等级不低于交流300V/500V的铜芯绝缘导线或铜芯电缆。采用交流220/380V的供电或控制线路应采用电压等级不低于交流450V/750V的铜芯绝缘导线或铜芯电缆。

（2）火灾自动报警系统的传输线路的线芯截面选择，除应满足自动报警装置技术条件的要求外，还应满足机械强度的要求。铜芯绝缘导线、铜芯电缆线芯的最小截面面积应符合下列规定：

①穿管敷设的绝缘导线，线芯的最小截面面积为1mm²；

②线槽内敷设的绝缘导线，线芯的最小截面面积为0.75mm²；

③芯电缆，线芯的最小截面面积为0.50mm²。

**2. 屋内布线**

当火灾自动报警系统传输线路采用绝缘导线时，应采取穿金属管（高层建筑宜用）、硬质塑料管、半硬质塑料管或封闭式线槽保护方式布线，且应有明显的标志。消防控制、通信和警报线路采用暗敷设时，宜采用金属管或经阻燃处理的硬质塑料管保护，并应敷设在不燃烧体的结构层内，且保护层厚度不宜小于30mm。当采用明敷设时，应采用金属管或金属线槽保护，并应在金属管或金属线槽上采取防火保护措施。采用经阻燃处理的电缆时，可不穿金属管保护，但应敷设在电缆竖井或吊顶内有防火保护措施的封闭式线槽内。

屋内消防系统布线应符合以下基本要求：

（1）布线正确，满足设计，保证建筑消防系统在正常监控状态及火灾状态能正常工作；

（2）系统布线采用必要的防火耐热措施，有较强的抵御火灾能力，即使在火灾十分严重的情况下，仍能保证消防系统安全可靠。

除上述基本要求之外，消防系统屋内布线还应遵照有关消防法规规定，符合下列具体要求：

（1）线路短捷，安全可靠，尽量减少与其他管线交叉跨越，避开环境条件恶劣的场所，且便于施工维护；

（2）建筑物内不同防火分区的横向敷设消防系统的传输路线，若采用穿管敷设，则不应穿于同一根管内；

（3）不同系统、不同电压、不同电流类别的线路不应穿于同一根管内或线槽内的同一槽孔内；

（4）火灾探测器的传输线路，宜选择不同颜色的绝缘导线或电缆。正极“+”线应为红色，负极“-”线应为蓝色或黑色。同一工程中相同用途导线的颜色应一致，接线端子应有标号；

（5）火灾自动报警系统用的电缆竖井，宜与电力、照明用的低压配电线路电缆竖井分别设置。如受条件限制必须合用，则两种电缆应分别布置在竖井的两侧；

（6）穿管绝缘导线或电缆的总截面积，不应超过管内截面积的40%，敷设于封闭式线槽内的绝缘导线或电缆的总截面积，不应大于线槽的净截面积的50%；

（7）建筑物内消防系统的线路宜按楼层防火分区分别设置配线箱。当同一系统不同电流类别或不同电压的线路在同一配线箱时，应将不同电流类别和不同电压等级的导线，分别接于不同的端子上，且各种端子板应做明确的标志和隔离；

（8）从接线盒、线槽等处引到探测器底座盒、控制设备盒、扬声器箱的线路，均应加金属软管保护；

（9）火灾自动报警系统的传输网络不应与其他系统的传输网络合用。

### 3. 报警系统布线

由于在火灾发生时，温度会急剧上升，消防设备布线将会受到损伤，为了保证消防系统正常可靠地运行，这部分线路就必须具有耐火、耐高温的性能，还必须采取延燃措施。建筑消防系统安全可靠的工作不仅取决于组成消防系统设备的本身，还取决于设备与设备之间的导线连接。

现行火灾自动报警系统基本上均采用总线制。除原来已安装使用的产品外，多线制产品由于布线复杂而呈淘汰趋势。总线制根据编码信息技术的不同，连接火灾报警控制器与火灾探测器的传输总线有二总线制、三总线制和四总线制，就目前而言，大多是二总线制的。总线制系统布线按接线方式可分为单支布线与多支布线两类：

（1）单支布线又分为串形和环形两种。根据不同的产品和工程的不同特点，优先采用其中之一布线方式。大多数产品是采用串形接法，这种方式总线的传输质量最佳，传输距离最长。而环形接法的优点在于系统线路中任一处断路时不会影响系统的正常运行，但是系统的线路较长。

（2）多支布线亦称树状系统接法，可分为鱼骨形和小星形接法。采用鱼骨形接法时，总线的传输质量较好，但必须注意二总线主干线两边的分支距离应小于 10m，在这种布线方式下，传输距离较远。当使用小星形接法时，虽然传输效果不如串形或鱼骨形，但是传输距离也较远。一般小星形接线线路较短，但需注意分支不宜过多，同一点分支线一般不宜超过 3 根，且分支点应在容易检查的位置。

## 9.5　智能建筑安全防护系统介绍

智能建筑，是指以建筑物为平台，兼备信息设施系统、信息化应用系统、建筑设备管理系统、公共安全系统等，集结构、系统、服务、管理及其优化组合为一体，向人们提供安全、高效、便捷、节能、环保、健康的建筑环境。这个概念在 20 世纪 80 年代诞生于美国，之后在欧美国家及世界各地迅速发展，我国在 20 世纪 90 年代才开始起步，但是起步后的发展十分迅猛。

近年来，随着高层现代化建筑和对建筑物智能化的需求的增加，越来越多的新型建筑要求采用智能化建筑设计环境。在智能建筑中的智能化系统工程设计宜由智能化集成系统、信息设施系统、信息化应用系统、建筑设备管理系统、公共安全系统、机房工程和建筑环境等设计要素构成。其中，公共安全系统就是智能建筑的安全防护系统，是为维护公共安全、综合运用现代科学技术，以应对危害社会安全的各类突发事件而构建的技术防范系统或保障体系。

智能建筑的基本功能就是为人们提供一个安全、高效、舒适、便利的建筑空间，首要的就是确保人、财、物的高度安全以及具有对灾害和突发事件的快速反应能力，建立完善的安全防护系统。安全防护系统是智能建筑的一个重要组成部分，也是目前在建筑设计中比较优先考虑的一个系统。系统针对火灾、非法侵入、自然灾害、重大安全事故和公共卫生事故等危害人们生命财产安全的各种突发事件，建立应急和长效的技术防范保障体系，系统主要包括火灾自动报警系统、安全技术防范系统和应急联动系统。系统设计时必须遵照国家相关标准规范执行。

安全防护系统的功能应符合下列要求：

（1）具有应对火灾、非法侵入、自然灾害、重大安全事故和公共卫生事故等危害人们生命财产安全的各种突发事件，建立起应急及长效的技术防范保障体系；

（2）应以人为本、平战结合、应急联动和安全可靠。

### 1. 火灾自动报警系统

火灾自动报警系统是由火灾探测器、报警控制器以及联动模块等组成。智能建筑中的火灾自动报警系统的配置除按现行国家规范执行外，尚应遵循“安全第一，预防为主”的原则，应严格保证系统及设备的可靠性，避免误报。智能建筑同一般（非智能建筑）的建筑有着显著的差别，一般具有重要性质和特殊地位，故火灾自动报警系统应具有先进性和适用性，系统的技术性能和质量指标应符合现行技术的水平，系统应能适合智能建筑的特点，达到最佳的性能价格比。

智能建筑中的火灾自动报警系统应符合下列要求：

（1）建筑物内的主要场所宜选择智能型火灾探测器；在单一型火灾探测器不能有效探测火灾的场所，可采用复合型火灾探测器；在一些特殊部位及高大空间场所宜选用具有预警功能的线型光纤感温探测器或空气采样烟雾探测器等。

（2）对于重要的建筑物，火灾自动报警系统的主机宜设有热备份，当系统的主用主机出现故障时，备份主机能及时投入运行，以提高系统的安全性、可靠性。

（3）应配置带有汉化操作的界面，操作软件的配置应简单易操作。

（4）应预留与建筑设备管理系统的数据通信接口，接口界面的各项技术指标均应符合相关要求。

（5）宜与安全技术防范系统实现互联，可实现安全技术防范系统作为火灾自动报警系统有效的辅助手段。

（6）消防监控中心机房宜单独设置，当与建筑设备管理系统和安全技术防范系统等合用控制室时，应符合标准的规定。

（7）应符合现行国家标准《火灾自动报警系统设计规范》（GB 50116—2013）、《建筑设计防火规范》（GB 50016—2014）等的有关规定。

**2. 安全技术防范系统**

安全技术防范系统综合运用安全防范技术、电子信息技术和信息网络技术等，构建先进、可靠、经济和适用的安全技术防范体系，主要包括安全防范综合管理系统、入侵报警系统、视频安防监控系统、出入口监控系统、电子巡查管理系统、停车场管理系统及各类建筑物业务功能所需的其他相关安全技术防范系统。

安全技术防范系统应符合下列要求：

（1）应以建筑物被防护对象的防护等级、建设投资及安全防范管理工作的要求为依据，综合运用安全防范技术、电子信息技术和信息网络技术等，构成先进、可靠、经济、适用和配套的安全技术防范体系。

（2）系统宜包括安全防范综合管理系统、入侵报警系统、视频安防监控系统、出入口控制系统、电子巡查管理系统、访客对讲系统、停车库（场）管理系统及各类建筑物业务功能所需的其他相关安全技术防范系统。

（3）系统应以结构化、模块化和集成化的方式实现组合。

（4）应采用先进、成熟的技术和可靠、适用的设备，应适应技术发展的需要。

（5）应符合现行国家标准《安全防范工程技术规范》（GB 50348—2004）等有关的规定。

### 3. 应急联动系统

应急联动系统是大型公共建筑物或群体以火灾自动报警系统、安全技术防范系统为基础，构建的具有应急联动功能的系统。

（1）应急联动系统应具有下列功能：

①对火灾、非法入侵等事件进行准确探测和本地实时报警；

②采取多种通信手段，对自然灾害、重大安全事故、公共卫生事件和社会安全事件实现本地报警和异地报警；

③指挥调度；

④紧急疏散与逃生导引；

⑤事故现场紧急处置。

（2）应急联动系统宜具有下列功能：

①接受上级的各类指令信息；

②采集事故现场信息；

③收集各子系统上传的各类信息，接收上级和应急系统的指令下达至各相关子系统；

④多媒体信息的大屏幕显示；

⑤建立各类安全事故的应急处理预案。

（3）应急联动系统应配置下列系统：

①有线/无线通信、指挥、调度系统；

②多路报警系统（110，119，122，120，水、电等城市基础设施抢险部门）；

③消防—建筑设备联动系统；

④消防—安防联动系统；

⑤应急广播—信息发布—疏散导引联动系统。

（4）应急联动系统宜配置下列系统：

①大屏幕显示系统；

②基于地理信息系统的分析决策支持系统；

③视频会议系统；

④信息发布系统。

（5）应急联动系统宜配置在总控室、决策会议室、操作室、维护室和设备间等工作用房。

（6）应急联动系统建设应纳入地区应急联动体系，并符合相关的管理规定。

# 第10章　建筑性能化防火设计

为了预防建筑火灾，人们研究了多种防治对策，例如建立各种形式的消防队伍和机构、设计制造不同的防火灭火设施、制定与发布各种防火用火法规和条例等。但无论怎样，搞好建筑物的防火设计，才是防止火灾发生、减少火灾损失的关键环节。建筑设计方案中存在的问题是一种本质性的缺陷，它可为日后火灾的发生和蔓延埋下祸根，也会给防火灭火带来很多困难。

随着建筑艺术、建筑技术和建筑材料的发展，以及我国经济建设的发展及各类工程设施的大量兴建，建筑结构形式和造型的不断发展创新，功能也越来越多样化，建筑防火设计成为工程建设和使用过程中确保工程质量及人员财产安全的重要环节，防火设计直接关系到建筑的使用安全。目前，在我国已有比较完整的法律法规及相关技术标准来指导和约束建筑设计人员的具体防火设计行为，通常把现行的技术标准称为“规格式”防火设计规范。这种规范规定了详细的设计参数和指标，限制了设计的灵活性。随着火灾安全工程学的发展，从20世纪80年代起，一些发达国家开始对以火灾性能为基础的建筑防火设计方法进行系统的研究，提出了“以性能为基础的消防安全设计”这一新概念，并开始对传统沿用的“处方式”建筑防火设计法规体系进行改革，提出了制定“以性能为基础的防火规范”的新思路，并逐步在工程实践中得到应用和推广。近年来，该方法在我国也得到了深入的研究，并开始在大型复杂建筑工程设计中进行运用，解决了很多工程实际问题，因而这种新型的防火设计方法越来越受到消防界的科研人员、设计人员和行政执法人员的重视。目前我国业界把这种方法称为建筑性能化防火设计。

## 10.1　处方式防火设计和性能化防火设计

建筑防火设计目前有两种设计方法，一种是传统的“处方式”设计方法，该方法详细规定了防火设计必须满足的各项设计指标或参数，设计人员只需按照规范条文的要求按部就班地进行设计，不用考虑所设计的建筑物具体会达到什么样的安全水平，有些像医生看病开处方一样，这种设计方法被称为“处方式”设计方法，也有的人称之为“规格式的”、“规范化的”或“指令性的”设计方法。另一种是“性能化”设计方法，它是以某些安全目标为设计目标，基于综合安全性能分析和评估的一种工程方法。性能化防火设计方法是建立在火灾科学和消防工程（消防安全工程学）基础上的一种新的建筑防火设计方法，它运用消防安全工程学的原理与方法，根据建筑物的结构、用途和内部可燃物等方面的具体情况，对建筑物的火灾危险性和危害性进行定量的预测和评估，从而得出最优化的防火设计方案，为建筑物提供最合理的防火保护。

传统规范的技术要求建立在部分火灾案例的经验和火灾模拟实验等研究基础之上。历史上防火规范的出现和发展有着其相关的社会背景。当时人们掌握的科学技术水平尚无法透彻、系统地认识所处的客观社会，因此人类的技术行为难免呈现出多样性和不确定性。而为了保证工程最基本的安全度，有关的社会组织便通过一些成功的经验和理论描述，制定出了一些规范条文去约束相应人员的技术行为。

传统的规范对设计过程的各个方面做了具体规定，但难以定量确定设计方案所能达到的安全水平。传统规范具有以下特点：

（1）没有细化的设计目标；

（2）所使用的方法是确定的；

（3）不需要再对设计的结果进行评估确认。

应该说，传统的防火设计规范为社会的发展和进步做出了巨大的贡献，但从社会进步的角度看，也存在着以下不足之处：

（1）无法给出一个统一、清晰的整体安全度水准。现行规范适用于各类建筑，而各种建筑风格、类型和使用功能的差异，则无法在现行规范中给予明确的区别。因此，现行规范给出的设计结果无法告诉人们各建筑所达到的安全水准是否一致，当然也无法回答一幢建筑内各种安全设施之间是否能协调工作以及综合作用的安全程度如何。

（2）以往经验及科研技术的总结，难以跟上新技术、新工艺和新材料的发展。规范严格的定量规定，会妨碍设计人员使用新的研究成果进行设计，尽管应用新成果的设计可能使系统安全程度提高和投入减少，但很可能会与规范不符。大多数的规范条款来源于对历次火灾经验教训的总结，这种经验总结不可能涵盖所有的影响因素，尤其是随着建筑形式的发展而出现的新问题，更不可能是规范编写者在几年，甚至十几年前编写规范时就能全部考虑到的。

（3）限制了设计人员主观创造力的发展。非灵活的、太过具体的规范条文，常常会成为设计人员想象力得以发挥的桎梏，无形中僵化了人们的思维。与此同时，设计者对规范中未规定或规定不具体的地方，也会因盲目性而导致设计结果的失误。比如，人们可以这样认为，符合规范条文要求的设计就是合格的，而对于规范没有规定的因素，设计人员就无从着手了。因此对任何小的细节考虑不周，都可能导致系统失效，甚至完全背离设计的宗旨。

（4）无法充分体现人的因素对整体安全度的影响。建筑是为人类的生产和生活服务的，人的素质无疑在很大程度上影响着建筑防火安全的水平。比如人的生产、生活习惯，楼宇物业管理水平，人在火灾中的心理状态等，都在事实上成为安全设计的主要考虑因素之一。然而，现行规范中却无法充分体现该类因素的作用。

当前，建筑防火相关领域新成果的不断涌现和现代信息处理技术，在不断充实现行的规范体系。与传统的处方式防火设计方法相对比，性能化的防火设计方法具有以下特点：

（1）加速技术革新。在性能化的规范体系中，对设计方案不做具体规定，只要能够达到性能目标，任何方法都可以使用，这样就加快了新技术在实际设计中的应用，不必考虑应用新设计方法可能导致与规范的冲突。性能化的规范给防火领域的新思想、新技术提供了广阔的应用空间。

（2）提高设计的经济性。性能化设计的灵活性和技术的多样化给设计人员提供更多的选择，在保证安全性能的前提下，通过设计方案的选择可以采用投入效益比更优化的系统。

（3）加强设计人员的责任感。性能设计以系统的实际工作效果为目标，要求设计人员全盘考虑系统的各个环节，减小对规范的依赖，不能以规范规定不足为理由，忽视一些重要因素。这对于提高建筑防火系统的可靠性和提高设计人员技术水平都是很重要的。

由于是一种新的设计方法，工程应用范围并不广泛，许多性能化防火设计案例尚缺乏火灾验证。目前使用的性能化方法还存在以下一些技术问题：

（1）性能评判标准尚未得到一致认可；

（2）设计火灾的选择过程确定性不够；

（3）对火灾中人员的行为假设的成分过多；

（4）预测性火灾模型中存在未得到很好的证明或者没有被广泛理解的局限性；

（5）火灾模型的结果是点值，没有将不确定性因素考虑进去；

（6）设计过程常常要求工程师在超出他们专业之外的领域工作。

需要注意的是，传统的处方式的防火设计方法与性能化防火设计方法并不是对立的关系，恰恰相反，建筑设计既可以完全按照性能化消防规范进行或与现行规格式规范一起使用，也可以独立按照消防安全工程的性能化判据与要求进行。在实际工程设计中，并不是所有的建筑物都应该或有必要按照性能化的工程方法进行设计的。事实上，目前在一些性能化工作开展较早的国家也只有1%~5%的建筑项目需要采用性能化的方式进行设计，如美国，约1%；新西兰和澳大利亚，3%~5%；德国，约1.5%。在我国，部分地区可能达到3%~5%，但总体应不会超过0.5%。

建筑物的消防设计必须依据国家现行的防火规范及相关的工程建设规范进行。只有现行规范中未明确规定、按照现行规范比照施行有困难或虽有明确规定但执行该规定确有困难的问题，才采用性能化防火设计方法。即使如此，所设计的建筑物的消防安全性能仍不应低于现行规范规定的安全水平。

任何建筑的消防安全都是一个复杂的系统工程，要实现其消防安全性能能够达到一定安全水平，必须从整体设计进行系统的分析研究。即使这样，也只能通过改善建筑环境来控制和降低其发生火灾的可能性及其火灾危害，而无法完全消除其火灾危险。不同功能的建筑物，需要采用性能化方式进行设计的问题略有差异，但从总体上看，主要有人员安全疏散设施、防火分区面积、钢结构耐火保护以及建筑防排烟等几个方面的问题。对于设计者提出需要进行性能化防火设计的问题，还必须由省级公安机关消防机构批准。必要时，如某些重大或较复杂的工程建设项目，还应组织相关国家标准管理机构共同复审确定。

## 10.2 性能化防火设计发展情况

性能化的防火设计是建立在火灾科学和消防工程学基础之上的，因此性能化防火设计的发展离不开大量实验和理论的研究。许多经济发达国家或火灾多发的国家，例如美国、英国、加拿大、澳大利亚和日本等，对火灾问题进行系统的研究已有六七十年的历史，并在相关规范制定和工程应用方面取得了相当的进展，新西兰、日本和澳大利亚在大量研究工作的基础上，提出了性能化设计规范和指南。在我国，虽然我们对火灾的重视程度逐年提高，但是在火灾基础研究和相关数据库建立方面，还落后于这些发达国家。

自 20 世纪 80 年代英国提出了“以性能为基础的消防安全设计方法”(Performance Based Fire Safety Design Method，以下简称“性能化防火设计”)的概念以来，日本、美国、澳大利亚、加拿大、新西兰以及北欧等发达国家政府先后投入大量研究经费积极开展了消防性能化设计技术和方法的研究，并且积极推行性能化设计方法的应用，并取得了巨大成就。

### 10.2.1　英国

英国第一部有关防火的建筑规范是 1666 年伦敦大火后开始制订的。1973 年将大部分已有的法规进行统一，形成了一部法案，但在形式上仍然是处方式的规范。

20 世纪 80 年代初，英国对建筑规范进行了改革，于 1985 年完成了建筑规范的修订，明确提出可以将性能化设计方法作为一种可选的防火设计方法，率先实现了建筑防火设计由处方式设计规范向性能化设计规范的转变。

1997 年，正式发布了英国标准 BSDD240《建筑火灾安全工程》（Fire Safety Engineering in Buildings)，为建筑的防火安全设计提供了一个工程解决方法的框架。

### 10.2.2　加拿大

1941 年颁布了第一个能够被加拿大境内所有地区采用的建筑规范——加拿大建筑规范（NBC)。有关性能化设计消防安全评估方面的工作始于 20 世纪 80 年代初。

目前加拿大以目标为基础的规范框架包括以下三个部分：

（1）一套不断明确的目标；

（2）具有明确功能和目标的强制性要求；

（3）可接受的解决方案和批准文件。

### 10.2.3　新西兰

新西兰的性能化规范研究工作始于 20 世纪 80 年代末，并于 1992 年颁布了性能化的建筑法规《新西兰建筑规范》。

新西兰坎特伯雷大学高级工程中心研究制订了《防火安全设计指南》，设计指南提供了防火安全设计指导原则和方法。

### 10.2.4　美国

美国同时存在三种规范。其中，国家建筑规范（BOCA）主要适用于美国中西部、东北部和大西洋沿岸中部；南方建筑规范（CSBC）主要适用于美国南部；统一建筑规范（UBC）主要适用于美国西部。

1971 年，美国的通用事务管理局（GSA）形成了《建筑火灾安全判据》（Building Fire Safety Criteria）的附录 D“以目的为基准的建筑防火系统方法指南”。此后，NFPA550 标准《防火系统概念树指南》（Guide to Systems Concepts for Fire Protection）和 NFPA101A《保证人员安全的替代性方法指南》（Guide on Alternative Approaches to Life Safety）。

20 世纪 80 年代，美国实施了一个国家级的火灾风险评估项目，其结果形成了 FRAMWORKS 模型。

1988 年美国防火工程师协会（SFPE）编辑出版了大型工具书 SFPE 防火工程手册（Handbook of Fire Protection Engineering）。

1991 年后，卡斯特和米切姆等人开始研究性能化分析和设计的步骤；1997 年，出版合著《以性能为基础的火灾安全导论》（Introduction to Performance-based Fire Safety）。

2000 年 SFPE 在这些人的研究基础上，编写了《建筑物性能化防火分析与设计工程指南》（The SFPE Guide to Performance-based Fire Protection Analysis and Design）。

NFPA 的标准也开始发展，制定体现性能化防火分析与设计思想的标准。NFPA 采用的基本上是处方式设计方法和性能化设计方法并存的双轨制。

### 10.2.5 日本

自 20 世纪 50 年代起日本一直采用高度指令性的建筑规范体系，即建筑基准法。

1982 年日本建设省（MOC）的建筑研究院（BRI）形成了“建筑物综合防火安全设计体系”，1994 年翻译成中文《建筑物综合防火设计》。

1993—1998 年间，开展了“防火安全性能评估方法的研究”。制定了性能化建筑防火安全框架。

1996 年，开始修订《建筑基准法》，并向性能化规范转变，并于 2000 年 6 月颁布实施，在《建筑基准法》中提供了安全疏散和结构耐火的评估验证方法。

### 10.2.6 澳大利亚

在 20 世纪 70 年代末，开始进行建筑火灾危险性评估模型的研究，澳大利亚与加拿大国家研究院合作，分别形成了澳大利亚的 CESARE-RESK 程序和加拿大的 FIRECAM 程序。

澳大利亚于 1989 年起草了《全国建筑防火系统规范草案》（NBFSSC）。1996 年，澳大利亚正式颁布了本国的第一部性能化建筑防火设计规范——*Building Code of Australia-1996*（简称 BCA96）。

1996 年，防火规范改革中心（FCRC），推出了防火工程指南（Fire Engineering Guideline），该指南以落实性能化规范为中心，制订出一套三等级的防火工程系统评估方法。

我国从 20 世纪 80 年代初期就开始了火灾模化方面的研究，此后在火灾科学、火灾动力学演化、建筑火灾烟气运动等方面也开展了大量工作。但直到 1995 年国家“九五”科技攻关项目“地下大型商场火灾研究”，我国还只有少数从事此方面研究的人员对建筑物性能化防火设计有所认识。1996 年，特别是 1997 年 FORUM 会议（天津）以后，我国开始组织人员比较系统地搜集整理并分析研究国内外有关建筑物性能化设计与标准方面的成果与信息。

“十五”期间我国开始针对建筑性能化防火设计技术进行深入研究，比如，在国家“十五”科技攻关课题《城市火灾与重大化学灾害事故防范与控制技术的研究》中分别开展了建筑物性能化防火设计技术导则的研究、高层建筑性能化防火设计评估技术研究、中庭式建筑性能化防火设计方法及其应用的研究和人员密集大空间公共建筑性能化防火设计应用研究等。在这些研究工作的基础上，相关机构同时开展了工程应用。公安部天津消防研究所在“十一五”国家科技攻关项目中，开展了建筑物性能化防火设计规范研究项目，以保障我国建筑工程的消防安全水平，规范建筑消防安全工程技术在实际工程中的应用。

性能化消防设计已成为世界性建筑消防设计发展的必然趋势，它的发展将大大促进消防安全设计的科学化、合理化和成本效益的最优化，并将产生十分重大的社会效益和经济效益。尽管目前还有许多人不太理解甚至排斥使用它，但我们坚信随着时间的推移，将会有越来越多的人加入到肯定性能化设计方法的行列中来。根据日本的统计，采用性能化方法进行消防设计的建筑正在逐年增加。我国应该加快性能化规范及配套技术的研究步伐，充分发挥性能化设计的优越性。今后应从以下几个方面入手，促进性能化设计技术的发展：

（1）加强各种火灾预测模型和火灾风险评估模型的研究，拓展性能化设计方法的应用空间；

（2）加强新材料、新技术研究，规范材料性能参数，建立和完善消防数据库，提供准确的性能化指标，为性能化应用积累基础性数据；

（3）深入研究火灾规律、火灾情况下建筑内人员逃生规律和构件变化规律，为各种火灾模型的建立提供坚实的理论依据，并拓展计算机技术在消防中的应用；

（4）积极向建筑设计师和建筑管理人员介绍性能化设计方法，使他们认识、理解并自觉接受性能化设计方法；

（5）出台可操作性强的性能化设计指南，使建筑设计师能尽快地掌握性能化设计方法的使用；

（6）制定性能化消防设计规范，为性能化设计方法的应用提供法律依据。

目前，虽然性能化防火设计方法是防火设计的一种发展趋势，但在一个很长的时期内我们还不能完全脱离处方式的设计方法，原因有以下四点：

（1）处方式的设计方法虽然有局限性，但是已经形成了一套系统化的分析和设计方法，而性能化防火设计在这一方面还不够完善；

（2）人们对性能化防火设计需要一个认识和接受的过程，而且需要培养一批具备性能化防火设计资质的设计人员；

（3）性能化的设计需要进一步的规范。特别是在设计指标、设计方法和分析工具选择方面没有统一的标准；

（4）目前国际上性能化防火设计的理论和工程技术方面已经取得了巨大的发展，但是还有许多问题需要进一步地研究，包括火灾试验数据库的建立和适合工程应用的分析工具的开发等。

## 10.3　性能化防火设计的基本程序与步骤

### 10.3.1　性能化防火设计基本程序

建筑物消防性能化设计的基本程序如下：

（1）确定建筑物的使用功能和用途、建筑设计的适用标准；

（2）确定需要采用性能化设计方法进行设计的问题；

（3）确定建筑物的消防安全总体目标；

（4）进行性能化防火试设计和评估验证；

（5）修改、完善设计并进一步评估验证，确定是否满足所确定的消防安全目标；

（6）编制设计说明与分析报告，提交审查与批准。

其中建筑物消防性能化试设计一般程序包括：

（1）确定建筑设计的总目标或消防安全水平及其子目标；

（2）确定需要分析的具体问题及其性能判定标准；

（3）建立火灾场景、设定合理的火灾和确定分析方法；

（4）进行性能化消防设计与计算分析；

（5）选择和确定最终设计（方案）。

建筑物消防性能化设计与计算分析一般应包括下列全部或其中几项：

（1）针对设定的性能化分析目标，确定相应的定量判定标准；

（2）合理设定火灾；

（3）分析和评价建筑物的结构特征、性能和防火分区；

（4）分析和评价人员的特征、特性以及建筑物和人员的安全疏散性能；

（5）计算预测火灾的蔓延特性；

（6）计算预测烟气的流动特性；

（7）分析和验证结构的耐火性能；

（8）分析和评价火灾探测与报警系统、自动灭火系统、防排烟系统等消防系统的可行性与可靠性；

（9）评估建筑物的火灾风险，综合分析性能化设计过程中的不确定性因素及其处理。

#### 1. 消防安全总目标

消防安全总目标可能包括人员和财产保护等级，或者能够提供建筑使用的连续性、古迹或文物保护和环境保护。根据业主的需要，不同工程的消防安全总目标可能互不相同，其表述方式也不尽相同。建筑防火设计的总目标应在进行性能化设计开始之前作为设计的重点问题，由设计单位、建设单位、委托方、公安消防监督机构、消防安全技术咨询机构等共同研究确定。建筑物的消防安全总目标一般包括如下内容：

（1）减小火灾发生的可能性；

（2）在火灾条件下，保证建筑物内使用人员以及救援人员的人身安全；

（3）建筑物的结构不会因火灾作用而受到严重破坏或发生垮塌，或虽有局部垮塌，但不会发生连续垮塌而影响建筑物结构的整体稳定性；

（4）减少由于火灾而造成商业运营、生产过程的中断；

（5）保证建筑物内财产的安全；

（6）建筑物发生火灾后，不会引燃其相邻建筑物；

（7）尽可能减少火灾对周围环境的污染。

建筑物的消防安全总目标视其使用功能、性质及建筑高度而有所区别，设计时应根据实际情况在上述目标中确定一个或者两个目标作为主要目标，并列出其他目标的先后次序。例如，对于人员聚集场所或旅馆等公共建筑，其主要目标是保护人员的生命安全；对于仓库，则更注重于保护财产和建筑结构安全。建筑火灾具有确定性和随机性的双重特性，无论采取什么措施，一座建筑物的消防安全总是相对的。因此，上述安全目标所反映的是与将要发生的消防投入水平相一致的相对安全水平。这实际上反映了投资方以及社会公众的安全期望和建设投资的关系。

确定建筑物的消防安全性能目标时，应首先将消防安全总目标进一步转化为可量化的性能目标，包括火灾后果的影响、人员伤亡和财产损失、温度以及燃烧产物的扩散等。

#### 2. 判定标准

设计目标的性能判定标准应能够体现由火灾或消防措施造成的人员伤亡、建筑及其内部财产的损害、生产或经营被中断、风险等级等的最大可接受限度。

常见的性能判定标准包括：

（1）生命安全标准：热效应、毒性和能见度等；

（2）非生命安全标准：火灾蔓延、烟气损害、防火分隔物受损和结构的完整性和对暴露于火灾中财产所造成的危害等。

性能判定标准是一系列在设计前把各个明确的性能目标转化成用确定性工程数值或概率表示的参数。这些参数包括构件和材料的温度、气体温度、碳氧血红蛋白（COHb）含量、能见度以及热暴露水平。人的反应，如决策、反应和运动次数在一定的数值范围内变动。当评估某疏散系统设计是否可行时，需要为计算选择或假设合适的数值以考虑人员暴露于火灾的判定标准。

一项设计目标可能需要多个性能判定标准来验证，而一个性能判定标准也可能需要多个参数值予以支持。但并不是每一个性能目标都能采用这种方式表达，因此，在量化时应主次有别，把握关键性参数。

### 10.3.2　性能化防火设计步骤

一个完整的性能化消防安全设计过程宜分为三个主要阶段：设计准备阶段、定量评估阶段和文件编制阶段，如图 10-1 所示。这三个主要阶段可以归纳为 8 个步骤：（1）评估建筑物设计现状；（2）确定防火目的和损失目标；（3）将损失目标量化为设计目标；（4）确定可能的火灾情景及设计火灾；（5）发展并评估初步的火灾防护设计；（6）选定最终设计方案；（7）编写所选方案的的设计过程文件；（8）准备设备及其安装说明。

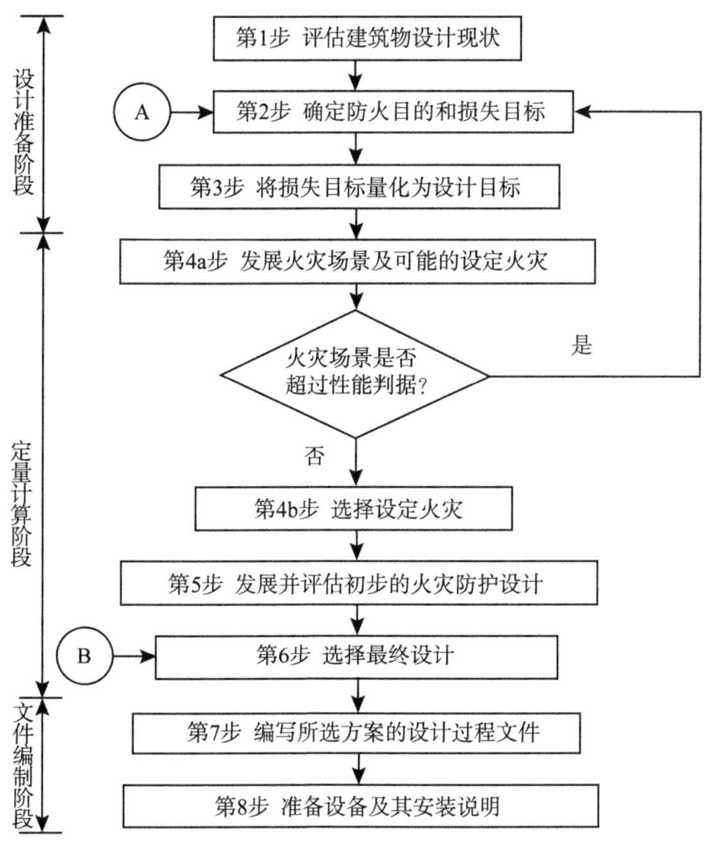


图 10-1　建筑物性能化消防设计基本步骤框图

我们还可以将这设计过程分成 7 个步骤，但总的来说这 7 个步骤与上述 8 个步骤的本质内容是一致的，现在简单介绍这 7 个步骤：

**1. 确定工程范围**

性能化设计的第一步就是要确定工程的范围及相关的参数。首先要了解工程各方面的信息，如建筑的特征、使用功能等。对特殊的建筑，如大空间（如中庭或仓库），或者人员密集的商场、礼堂和运动场等，要格外关注。对建筑的工艺特征也要做专门的研讨，如特殊的作业区、危险物品的使用或贮存区、昂贵设备区以及零故障区等。

不同使用功能的建筑，其使用者特征也不同（如住宅建筑与商业建筑），使用者特征包括年龄、智力、是否睡觉、体能状态等因素。

**2. 确定性能化设计的安全目标**

安全目标是防火设计应达到的最终目标或安全水平，除非规范中有明确的规定，一般需要建筑业主、建筑使用方、建筑设计单位、性能化防火设计咨询单位会同消防主管部门协商确定。安全目标又分为三类：总体目标、功能目标和性能目标。

1）总体目标

概括地说，防火安全应达到的总体目标包括保护生命、财产、使用功能的安全和保护环境不受火灾的有害影响。在消防安全设计中，消防安全总体目标是一个范围比较广泛的概念，它表示的是社会所期望的安全水平。

2）功能目标

其要求常常能在性能化设计规范中找到。功能目标是设计总目标的基础，它把总目标提炼为能够用工程语言进行量化的数值，指出了一个建筑物怎样才能达到上述的社会期望的安全水平。为了达到这些目标，建筑及其系统所具有的功能必须能够保证人员在火灾发生时疏散到安全的地方。一旦功能目标确定后，就需要确定建筑及其系统具备上述功能应达到的性能要求，即性能目标。

3）性能目标

性能目标即性能要求，是对建筑及其系统应具备的性能水平的表述。为了达到消防安全总体目标和功能目标，建筑材料、建筑构件、系统、组件以及建筑方法等必须满足性能水平的要求。性能水平不仅能够量化，还应对其进行计量和分析计算。例如要求："将火灾的传播限制在起火房间内，在烟气蔓延出起火房间以前通知使用者，保证疏散通道处于可以使用状态直到使用者到达安全地点。"

这些要求的每一个都涉及建筑及其系统如何工作才能满足规定的生命安全总体目标和功能目标，并可对每一项要求都进行计量或计算。该性能目标还将对建筑的防火分隔、火灾探测与报警系统、防排烟系统，甚至自动喷水灭火系统的性能提出要求。

到目前为止，我国还没有颁布性能化的设计规范，所以在进行性能化设计过程中，可以借鉴国外的相关规范来确定防火设计的安全目标，也可以根据自己的经验和判断，从现行的防火设计规范或者有关规定中总结出设计的安全目标。但是，不论采取什么方法确定安全目标，最终都应该取得消防主管部门的认可。

### 3. 制定设计方案的性能指标

为了实现防火设计的总体目标，设计必须达到的性能水平，称为性能指标，有时也称为设计指标或设计目标。该目标是为满足性能要求所采用的具体方法和手段。为此，允许采用两种方法去满足性能要求。这两种方法可以独立使用，也可以联合使用。

（1）视为合格的规定：包括如何采用材料、构件、设计因素和设计方法的示例，如果采用了，其结果就满足性能要求。

（2）替代方案：如果能证明某设计方案能够达到相关的性能要求或者与视为合格的规定等效，那么上述"视为合格的规定"不同的设计方案，仍可以被批准为合格。评估替代方案的方法不是特别指定的，所以，事实上消防安全工程评估将是证明设计方案是否符合性能规范的主要途径。

为了更好地全面理解这些不同要求和指标的意义和相互关系，下面以保护生命安全为总体目标，做一系列连续性的概述。

（1）消防总体安全目标就是保护那些没有靠近初起火灾处的人员的生命安全。

（2）为了达到这一总体目标，其功能目标之一就是为人员提供足够的疏散到安全地方且过程中不受火灾伤害的时间。

（3）为达到上述目标，其性能要求之一就是限制起火房间内的火灾蔓延，如果火灾没有蔓延到起火房间外，那么起火房间以外的人员就不会受到火灾热辐射和火灾烟气的影响。

（4）为满足上述性能要求，我们可以制定防止起火房间发生轰燃的性能指标。其依据是火灾蔓延至起火房间之外的情况总是发生在轰燃之后，上层烟气引燃并使火灾前锋开始蔓延之时。

（5）为满足上述指标，设计工程师可能会建立一个性能指标，将上层烟气的温度限制在500℃以下，该温度以下不大可能发生轰燃。

这就是从一个总体目标到建立一种设计目标的整个分析过程。

### 4. 确定火灾场景

火灾场景是对某种火灾发展全过程的一种语言描述，包括说明起火、火势增大、发展到最大以及逐渐熄灭等阶段的特点。同时火灾场景还应涉及对建筑物的结构特性及预计火灾所导致的危害的说明。火灾场景的建立应当考虑包括确定性因素和随机性因素两方面的内容，例如，此种火灾发生的可能性有多大，如果确实发生了，火灾是怎样发展和蔓延的。在建立火灾场景时，应考虑的因素有很多，比如包括建筑的平面布局、火灾荷载及分布状态、火灾可能发生的位置、室内人员的分布状态、火灾可能发生时的环境因素等。

### 5. 建立设计火灾

设计火灾是对某一特定火灾场景的工程描述，可以用一些参数，如热释放速率、火灾增长速率、燃烧产物、物质分解率等，或者其他与火灾有关的可以计量或计算的参数来表现其特征，其核心工作就是确定火灾的热释放速率随时间的变化规律。概括设计火灾特征的最常用的方法是采用火灾增长曲线。热释放速率随时间的变化的典型火灾增长曲线，一般具有点燃、火灾增长期、最高热释放速率期、稳定燃烧期和衰减期等共同特征。每一个需要考虑的火灾场景都应该具有这样的设计火灾曲线。

### 6. 提出和评估设计方案

在这一步骤中，应提出多个消防安全设计方案，并按照规范的规定进行评估，以确定最佳的设计方案。评估过程是一个不断反复的过程。在此过程中，许多消防安全措施的评估都是依据设计火灾曲线和设计目标进行的。例如，增加报警装置或自动喷淋装置、对通风特征的修改、变更建筑材料、内装修和建筑内部摆设等因素，都在该步骤进行评估。在评估不同的方案时，清楚地了解该方案是否达到了设计目标是很重要的。

设计目标是一个指标，其实质是性能指标（如起火房间内轰燃的发生）能够容忍的最大火灾尺寸，可以用最大热释放速率描述其特征。比如，为了达到防止轰燃发生的目标，替代方法之一可能是使用自动喷水灭火系统。为了保证其有效性，自动喷水灭火系统必须在房间到达轰燃阶段以前启动，并控制火灾的增长。纵览世界上各种消防安全工程方法，下述一些基本因素总是在性能化设计评估中被充分考虑：起火和发展、烟气蔓延和控制、火灾蔓延和控制、火灾探测和灭火、通知居住者和组织安全疏散、消防部门的接警和现场救助。

**7. 编写报告和说明**

这一步骤需形成性能化设计过程的文件，并为有关的设备及其安装方式准备说明书。在性能化防火安全分析和设计中，编制完善的文件是非常重要的。分析和设计报告是性能化设计能否被批准的关键因素。该报告需要概括分析和设计过程的全部步骤，并且报告分析和设计结果所提出的格式和方式都要符合审查机构和客户的要求。该文件应当提供分析过程的完整而清晰的记录，至少该文件应当包括以下内容。

（1）分析或设计目标：制订此目标的理由；

（2）设计方法（基本原理）陈述：所采用的方法，采用的理由，做出了什么假设，采用了什么工具和理念；

（3）工程的基本信息；

（4）性能评估指标；

（5）火灾场景的选择和设计火灾；

（6）设计方案的描述；

（7）消防安全管理；

（8）参考的资料、数据。

## 10.4　性能化防火设计的应用实例

实际工程案例分析是学习性能化防火设计的有效方式。下面结合具体工程案例，对消防性能化设计与评估应用于某商业中心的分析内容、分析步骤、所采用的方法以及得出的结论和建议进行详细论述，使读者能够结合工程实际进一步了解性能化分析在防火设计中的应用。

### 10.4.1　工程简介

某商业中心建筑面积 532556.76$m^2$，其中地下建筑面积 119006$m^2$，地上建筑面积 413550.76$m^2$。该建筑以主题公园为中心，主题公园为大型单层室内游乐场，至弧形拱顶高度约 40m，总建筑面积为 30106$m^2$。主题公园平面上近似椭圆形，于东西南北向各设置一个入口。室内商业街是以商业为主的多层建筑且环绕于主题公园，共 2 层，建筑高度约 11.4m，总建筑面积约 69000$m^2$。室内商业街共有零售商业和餐饮两种主要功能，室内商业街南面连接室外步行街，东面通往人工环湖及酒店，北面为量贩店和家居店，西面为儿童主题购物中心和奢华文艺购物中心，其中室内步行街和东面、西面和北面的建筑之间都满足规范的防火间距要求。南面室外步行街是以零售商店和餐饮为主的多层建筑，总建筑面积约 29000$m^2$。地库有 1 层，占地面积庞大，建筑高度

5.4m，总建筑面积为 119006m²。地下室的主要功能为机动车库、人防设施、卸货区、酒店后勤、物管办公室、物管员工设施及主要机电设备房。整个项目的各区块功能布置如图 10-2 所示。

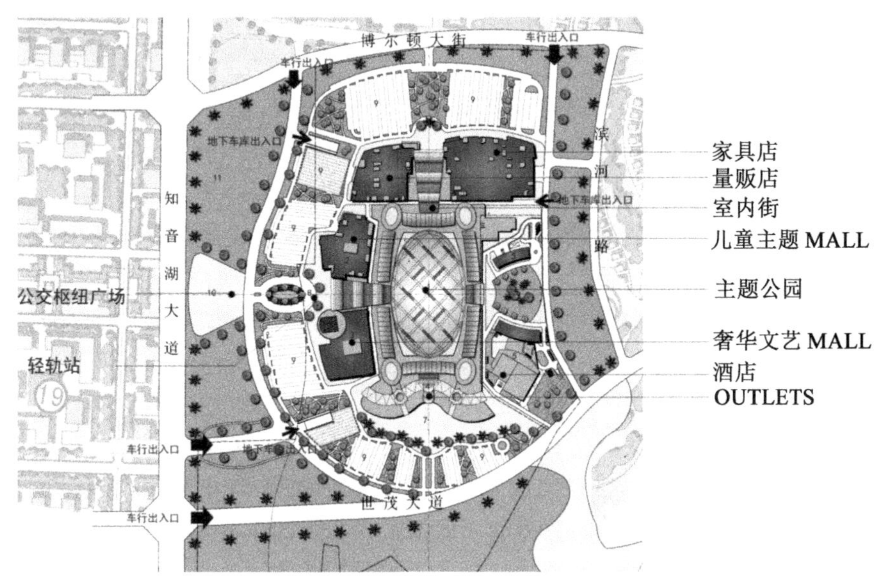


图 10-2　商业中心功能布置图

### 10.4.2　防火设计目标

一般来说，性能化设计的目的包括及时防止火灾发生；及时发现火情；通过适当的报警系统及早地发布火灾警报，保护楼内人员；有组织、有计划地将楼内人员撤出；采取正确方法扑灭或控制大火；将商业损失和受到的破坏控制在一定范围内等。

根据一般性能化设计步骤，确定了以下防火设计目标：

生命安全（首要目标）：该目标意味着最大程度减少或杜绝火灾对公众、建筑内人员和消防救援人员的伤害和死亡事件发生。

财产保护：该目标意味着保护建筑本身、建筑内财物以及建筑所体现的历史文化价值不受火灾损害与危害。

商业持续运营：该目标意味着确保商业中心能够在火灾发生后继续运作，达到此目标的核心内容是对影响商业持续运营的关键点进行重点保护及对企业的品牌价值的维护。

环境保护：该目标意味着减少和限制火灾本身以及灭火救援行动导致对环境的负面影响及次生灾害，也意味着消防设计要与如今大力倡导的绿色节能目标有机结合，力求消防设计具有前瞻性和体现以人为本的思想。

以上各目标应结合不同建筑功能、重要性和地域性而设定，同时还应考虑性能化防火设计参与各方（主管部门、开发商、设计师和消防顾问）考虑角度和关注角度也有不同。性能化防火设计分析就是依照消防设计的根本宗旨，殊途同归地满足各方要求。

### 10.4.3　消防设计方案

#### 1. 室内步行街消防设计方案

为解决该商业中心室内步行街防火分区面积过大及疏散距离过长、首层楼梯无法直接通向室外的问题，将室内步行街公共区设计成“临时安全区”。室内步行街公共区“临时安全区”成立的关键问题就是如何保证其实现。要实现步行街“临时安全区”需要保证以下几个条件：

（1）尽可能减少室内步行街公共区的固定火灾荷载；

（2）控制室内步行街两侧店铺内火灾产生的烟气不进入或尽量少进入室内步行街公共区；

（3）即使室内步行街两侧店铺防火措施失效，火灾时部分烟气溢出到室内步行街公共区，烟气也能被室内步行街顶部的排烟系统迅速排出，而不会对室内步行街内和从两侧店铺疏散进入室内步行街公共区的人员造成危害。

第一个条件可以通过有效的防火分隔和严格的消防管理来实现。室内步行街“临时安全区”内地面及墙面的装修材料均应采用不燃材料，必须禁止在室内步行街布置固定火灾荷载并且限制在步行街内的商业活动，保证室内步行街本身发生火灾的危险性降到最低。

第二和第三个条件可以通过合理的消防设计来实现，将室内两侧店铺设计成防火单元，使各防火单元的烟气不会进入室内步行街，或即使有部分烟气进入室内步行街，也不会影响其中的人员疏散。将各层室内步行街两侧店铺内部火灾产生的烟气，通过机械排烟系统及自动喷水灭火系统控制在本单元内，不会溢出到室内步行街内公共区域。在室内步行街顶部设置自然排烟系统或者机械排烟系统，当室内步行街内发生小规模火灾或者室内步行街附近的店铺发生失效火灾时，部分烟气溢出到室内步行街，烟气也能被迅速排出，不会对室内步行街内和从店铺内疏散进入室内步行街的人员造成危害。

通过以上这些措施，使得室内步行街公共区本身无火灾危险的同时也不会受到其他区域火灾的影响，成为一个相对安全的区域，即“临时安全区”。为了保证室内步行街公共部分“临时安全区”条件的成立，应采取的主要消防策略如下：

1）防火分隔方案

考虑到步行街公共区作为两侧商业区域疏散准安全区，需要对步行街两侧商铺或餐厅内火焰的蔓延加以限制，以增强步行街区域整体的安全等级，步行街一侧店铺的外围护构件采用耐火极限不低于 1h 的不燃烧体构件来加强确保两侧商铺火灾不会相互蔓延。以下为步行街区域具体防火分隔措施：

（1）将步行街两侧商铺分隔为以精品店为主，步行街两侧商铺之间的距离不小于 9m；非餐饮类商铺的建筑面积不大于 $300m^2$，餐饮类商铺的建筑面积不大于 $500m^2$，餐饮的厨房和备餐区与营业区之间应采用耐火极限不低于 2h 的墙体和甲级防火门进行分隔。

（2）商铺与步行街公共区之间采用喷淋保护的 C 类防火玻璃来进行防火分隔，防火玻璃的高度不应大于 4m，玻璃的上檐至楼板处应采用耐火极限不小于 2h 的不燃材料进行封堵；

（3）商铺开向室内步行街公共区的门在火灾时应能自动关闭。建议采用带电磁门吸的双向弹簧门，平时采用电磁门吸使之常开，火灾时报警系统切断电源，从而使门自动关闭，关闭后能从两侧手动开启并再自动关闭。

（4）商铺与步行街公共区之间的分隔措施应保持连续性，防止商铺内的火焰及高温烟气通过孔洞蔓延至步行街区域，门上部至室内吊顶应留有不小于500mm的空间用做储烟舱；

（5）各商铺之间隔墙的耐火极限不小于2h，耐火隔墙应设置到上层楼板底部；当相邻多个商铺的总建筑面积超过2000m² 时，每隔2000m² 应采用防火墙进行分隔，防火墙两侧门窗洞口的水平距离不应小于2m（可采用如图10-3所示的两种分隔方式）。

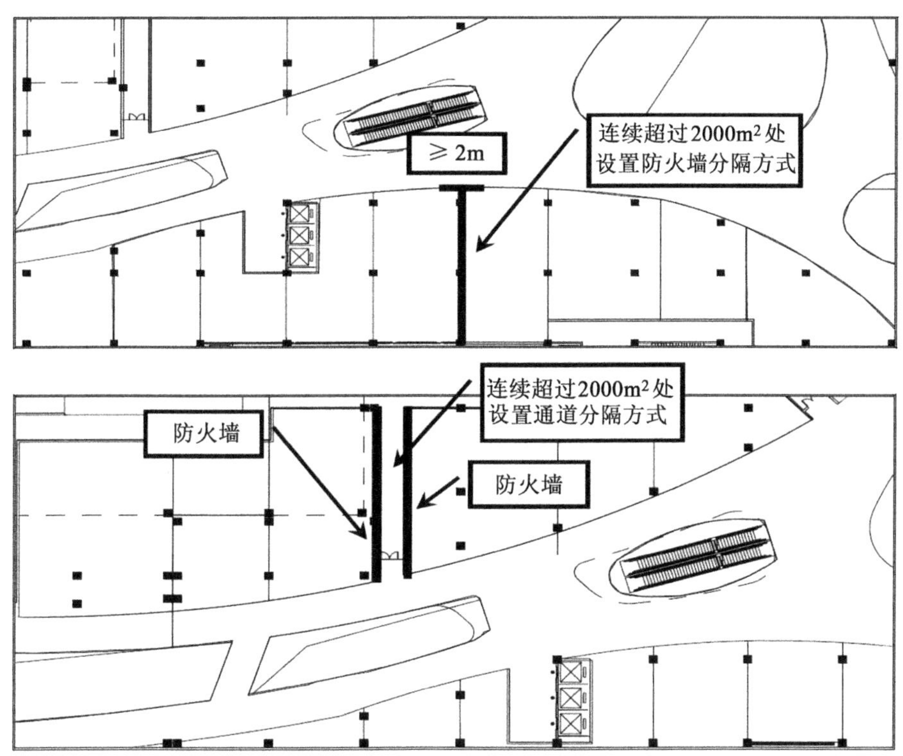


图10-3　单侧连续店铺面积超过2000m² 的两种防火分隔方式

（6）各商铺内部按照现行规范要求设置自动喷水灭火系统、火灾自动报警系统以及机械排烟系统。

（7）室内步行街两侧面积超过300m² 的店铺（餐饮店铺超过500m²）应单独划分防火分区，其与室内步行街商铺之间采用3h防火墙进行防火分隔，与步行街公共区之间应采用防火墙、甲级防火门或特级防火卷帘进行防火分隔，其中防火卷帘和甲级防火门的使用长度不应超过该防火分区与步行街公共区分隔部分总长度的1/3，且总长度不应超过

10m；火灾时卷帘一次降落至地面。

（8）室内步行街公共区域的装修材料和固定设施的制作材料的燃烧性能应为 A 级，店招、采光顶应使用不燃（A 级）或者难燃（B1 级）材料，其他部位的装修除扶手、导向标识外，宜采用 A 级材料。

（9）室内步行街走道上不放置任何固定可燃物。为防止由于一些移动可燃物，如临时的展览摊位等发生火灾，建议在步行街四个大中庭内设大空间自动扫描定位喷水灭火系统。

（10）步行街回廊内设置自动灭火系统、火灾探测器、消防应急照明、疏散指示标志和消防应急广播系统。

下面介绍防火玻璃+喷淋防火分隔方式。

“玻璃+喷淋”防火分隔方式是为了满足商场中庭部位这类既需要进行防火分隔又要保证建筑功能和视觉感受的完美而发展出的一种技术措施，近几年在国内已应用于很多新建的大型商业中心。该种防火分隔方式的两个主要部分是玻璃以及在火灾时启动保护玻璃的喷淋系统，该喷淋系统与用于灭火的喷淋系统相互独立。火灾时，喷淋动作形成均匀水膜覆盖被保护的玻璃，以防止玻璃由于温差破裂，从而达到防止火灾蔓延的目的。

本项目中使用的防火玻璃，其本身拥有一定时间的耐火极限，因此对喷淋喷水的时间缩短为 1h，喷淋不动作后，防火玻璃本身仍然可以提供 1h 的防火分隔，以保证分隔的有效性。

对于玻璃+喷淋作为防火分隔的有效性，很多国家在通过大量试验验证和实际使用后，都通过法规条文的形式进行了肯定，例如美国 NFPA101、新加坡建筑规范、国际建筑规范 IBC2006、澳大利亚建筑规范 BCA、国际消防规 IFC2003、英国消防规范 BS5588 等（玻璃墙和不可开启的窗户允许作为防火隔断使用，只要在离玻璃墙和不可开启窗的两侧按不大于 1.8m 间隔布置自动喷淋喷头，离玻璃不超过 0.3m。一旦自动喷淋喷头启动，要求能打湿玻璃的整个表面。玻璃应是防火玻璃、嵌丝玻璃或叠层玻璃①。

国内的消防研究研究机构（公安部四川、天津消防研究所等）也对喷淋保护下的玻璃分隔的有效性进行了一系列的试验研究，用木垛火、织物火、油池火验证了窗型喷头对玻璃的保护效果。试验结果证明，玻璃在火灾高温情况下，由于水的冷却保护作用不会发生破裂，窗型喷头具有很好的保护性能，能顺利启动并保护玻璃，玻璃完整性保持良好，背火面温度较低，不会影响人员的安全逃生，玻璃+喷淋保护的方式可作为有效的防火分隔措施使用。

以上虽参考国外规范以及根据国内进行的相关试验认为玻璃+喷淋保护的方式可作为有效的防火分隔方式在本工程中使用，但是考虑到该分隔的重要性，需要根据该防火分隔的使用中可能出现的问题提出相应保障措施：

（1）使用该方式作为防火分隔的防火玻璃的完整性需得到保证，在日常使用中不慎被人为损坏的防火玻璃需立即更换。

（2）防火单元的多块防火玻璃隔断之间既可采用防火密封胶连接，也可采用固定窗

① 摘自 NFPA101 第 6-2.4.6 条。

框进行分隔，如图 10-4 所示，但耐火极限均应不小于 2h。

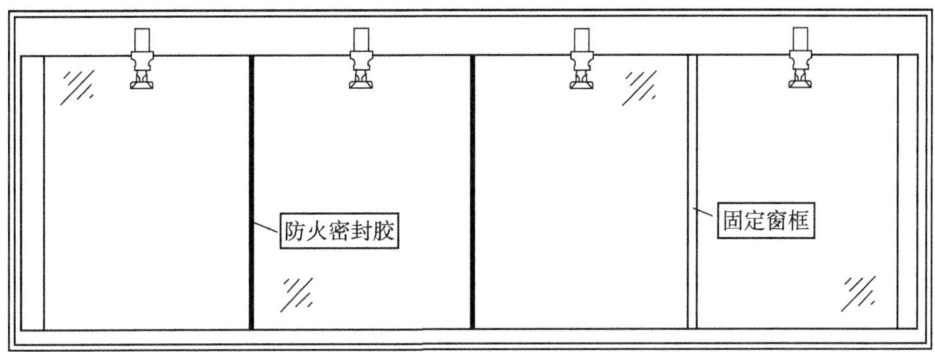


图 10-4 防火单元内多块防火玻璃隔断间连接方式示意图

(3) 喷淋系统作为该系统中最重要的环节，必须保证火灾发生时喷淋系统能顺利启动，考虑到该喷淋系统和用于灭火的喷淋系统在用途上的不同，要求保护玻璃的自动喷淋系统独立设置。

(4) 为了保证对火灾危险区域的有效分隔，避免喷淋失效后对临时安全区的影响，要求考虑高位水箱中保护玻璃的喷淋系统水量，根据消防队员到达火场并进行火灾救援的时间，该部分水量应保证喷淋动作 15min 的需要。

(5) 对于喷头的选取，应采用通过产品检测和认证的产品，并根据喷头的型号和类型参考相关安装说明进行，为了避免防火单元的火灾对中庭公共区域产生影响，喷头选择闭式边墙型或者窗型喷头，设置在防火单元内，防火玻璃内侧，喷头安装间距控制在 1.83~2.44m；为保证形成均匀的水膜对玻璃进行保护，采用该种方式分隔时玻璃隔断的高度不应大于 4m，喷头的安装示意如图 10-5 所示。

(6) 根据本建筑中商业的布局以及玻璃+喷淋保护分隔系统的试验结果、窗型喷头的产品要求及应用情况，喷淋保护系统的喷水强度为 0.5L/(s·m)。

2) 排烟方案

本商业中心室内步行街体量较大，若按规范换气次数设计排烟量，将得到一个很大的数字，一旦步行街内发生火灾，多个风机需同时启动，机械排烟系统的经济性、可靠性不高，同时本项目顶棚设有大面积采光玻璃侧窗，有良好的自然排烟设置条件，因此在步行街区域采用自然排烟方式进行排烟，如图 10-6 所示。

在顶棚设置足够面积的自然排烟侧窗，通过可靠的联动启动以使现有步行街区域形成一个火灾情况下等同室外的准安全空间；自然排烟窗平时关闭，火灾时联动自动打开，现场应有手动开启装置，并应能由消防控制室远程开启。考虑到步行街区域的安全性，步行街区域自然排烟口有效排烟面积应不小于步行街首层公共区面积的 20%。

3) 人员疏散方案

(1) 疏散人数及疏散宽度。按照《建筑设计防火规范》(GB50016—2014) 的相关规定对本项目室内步行街商业部分的疏散人数及宽度进行计算；室内步行街公共区主要为人

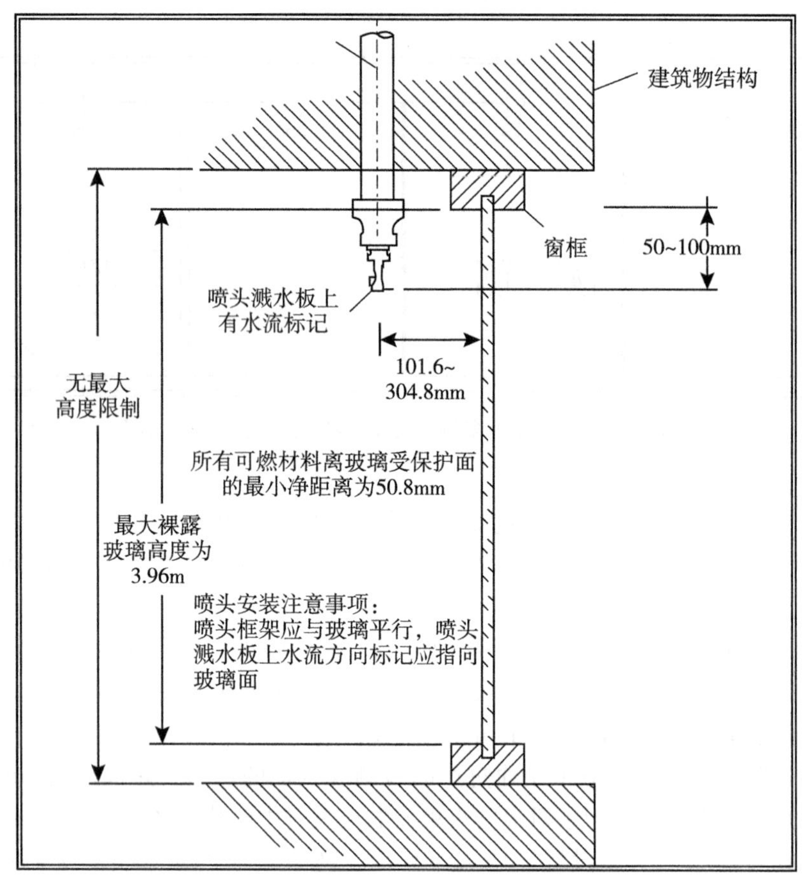


图 10-5　防火玻璃+喷淋保护系统安装示意图

员进行购物时通行和临时停留的场所，参考日本《避難安全検證法の解說及び計算例とその解說》中的研究结果，对步行街公共区疏散人数按照 0. 25 人/平方米计算，宽度按照《建筑设计防火规范》相关规定进行计算。

（2）疏散距离。室内步行街疏散设计满足人在任何一点可以双向疏散，室内步行街首层内任一点至直通室外的疏散门的距离不应大于 60m。步行街二层公共区任一点到安全出口的距离不宜大于 37. 5m。步行街两侧商铺内任一点至最近疏散门的距离不宜大于 15m。

（3）疏散设施。步行街公共区设置疏散指示标志和消防应急广播系统，疏散指示采用具有火灾时能优化疏散路径功能的集中控制型疏散指示系统；步行街内消防应急照明持续供电时间不小于 60min，且保证地面最低水平照度不小于 2. 0Lx；步行街疏散专用楼梯内的应急照明延续时间提高到 60min，保证地面最低照度不低于 5. 0Lx。

4）探测报警、灭火系统

（1）探测报警系统。如单纯考虑步行街及回廊内不设置可燃物，发生火灾的可能性较小，则设置火灾探测系统的意义不大，但考虑到步行街区域内有大量的顾客，可能随时

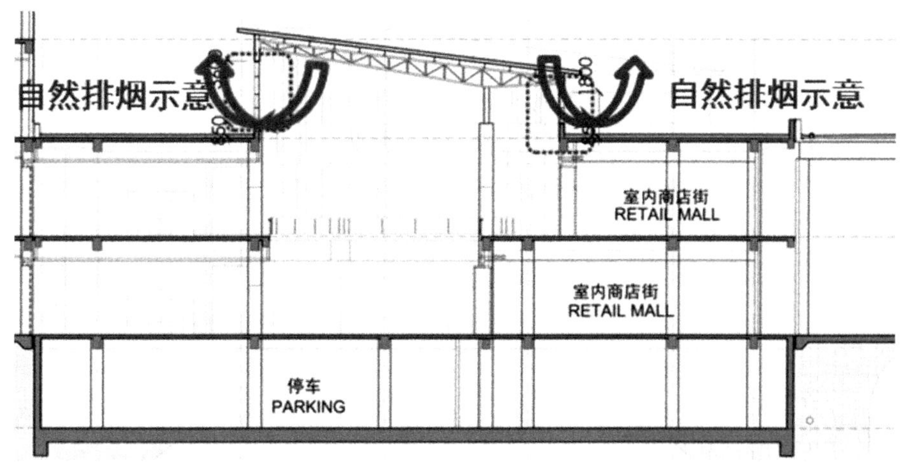


图 10-6 室内步行街自然排烟示意图

携带火源，为提高整个步行街区域整体消防安全度，作为一种增强考虑，仍建议在回廊内设置感烟探测器、消防广播及手动报警按钮，并在步行街上方设置大空间专用烟气探测装置。这样一来，在整个步行街区域形成三个层次的火灾探测防护：

商铺及餐厅内设置普通点型感烟探测器：对发生在商铺及餐厅内的火灾进行探测。

回廊内设置普通点型感烟探测器：若商铺及餐厅与步行街之间的防火分隔失效或商铺门未关闭，烟气蔓延进入回廊区域，设置在回廊区域内的感烟探测器动作，并将联动步行街顶部排烟窗打开。

步行街顶部设置大空间探测器：步行街回廊未设置挡烟垂壁进行分隔，回廊内烟气聚集效果不明显，感烟探测器的动作可能会有延迟，如果火灾发展速度较快，则可能会造成烟气已经到达屋顶，回廊的感烟探测器却没有动作的情况，因此，设置在步行街上方的大空间探测器可以在烟气到达屋顶排烟窗之前探测到火灾烟气，尽早打开排烟窗。

步行街顶部的火灾探测建议选用红外光束感烟探测器，相邻两组探测器的水平距离不应大于 14m。探测器距顶棚的垂直距离宜为 0.3~1.0m。探测器的发射器和接收器之间的距离不宜超过 100m。根据顶棚的形式，尽量优化布置并且不能出现盲点。

（2）消防灭火系统。室内步行街两侧的商铺，应在沿步行街一侧的墙面设置消火栓和消防软管卷盘，间距不应大于 30m。室内步行街两侧的回廊应设置自动喷水灭火系统，中庭区域应设置自动跟踪定位射流灭火系统。室内步行街两侧的商铺及回廊区域的自动喷水灭火系统，应采用快速响应喷头。

**2. 室内主题公园消防设计方案**

本项目室内主题公园占地面积较大，大型游乐设施尺寸大、活动场地大，且空间流通性强，从客观使用功能方面就决定了室内主题公园内无法进行有效的防火分隔，因此本项目室内主题公园按一个防火分区进行设计。室内主题公园与步行街之间采用耐火极限不低于 3.0h 的防火隔墙和甲级防火门完全分开。

目前国内相关规范对于室内主题公园这类特殊建筑的人员数量没有明确的规定。因此，参考元延军所写文章《基于性能化设计的某大型游乐场人员疏散研究》中的计算方法，按国际通行的游乐场设计原则，室内游乐场即时最大游客容纳量应按 0.2 人/$m^2$为基数进行计算，计算得到本项目主题公园内的同时最大游客人数为 6000 人。考虑一定的安全系数，将室内主题公园的瞬时游客峰值设定为 8000 人；由于室内主题公园入园需要购买门票，通过检祟闸门入场，因此当室内主题公园内的人数超过 8000 人时，管理方将需要采取措施来控制游客进入。

主题公园的疏散宽度参考《建筑设计防火规范》（GB50016—2014）第 5.5.21 条规定，除剧场、电影院、礼堂、体育馆外的其他公共建筑，其疏散走道、安全出口、疏散楼梯和房间疏散门的各自总宽度，应符合下列规定：每层疏散走道、安全出口、疏散楼梯和房间疏散门的各自总宽度，应根据疏散人数按每 100 人的最小疏散净宽度不小于表 10-1 的规定计算确定。

表 10-1　**每层疏散走道、安全出口、疏散楼梯和房间疏散门的每 100 人最小疏散净宽度**　（单位：m/百人）

| 建筑层数 | | 建筑的耐火等级 | | |
|---|---|---|---|---|
| | | 一、二级 | 三级 | 四级 |
| 地上楼层 | 1~2 层 | 0.65 | 0.75 | 1.00 |
| | 3 层 | 0.75 | 1.00 | — |
| | ≥4 层 | 1.00 | 1.25 | — |
| 地下楼层 | 与地面出入口地面的高差≤10m | 0.75 | — | — |
| | 与地面出入口地面的高差>10m | 1.00 | — | — |

根据以上规定，本项目主题公园需要的总疏散宽度为 8000×0.65/100＝52m，因此建议主题公园东、南、西、北四个大出口的总疏散宽度按不少于 52m 进行设计，其中每个出口处宽度不少于 13m；同时为了进一步缩短人员疏散的距离，在主题公园周围设置四条通往室内步行街的疏散通道，每个通道宽度不小于 1.8m。主题公园疏散出口位置如图 10-7所示。

室内主题公园消防灭火系统根据自动灭火系统特点及适用性分区域设置，周边的封闭游乐用房内设置预作用闭式快速响应自动喷水灭火系统，主题公园的公共活动区域设置固定消防炮灭火系统。

主题公园的公共活动区域设置吸气式感烟火灾探测器，周边的封闭游乐用房内设置点型感烟火灾探测器。由于空调系统对火灾烟气的扰动和稀释作用，选择灵敏度高且能够实时指示减光率的探测器是至关重要的，而吸气式感烟火灾探测器探测灵敏度高，通过主动吸气方式多点采样可以实现火灾的早期探测。吸气式感烟火灾探测器安装维护方便，探测主机可以安装在便于维修的墙面上，使用高压空气即可对采样管路进行清洗。此外，吸气式感烟火灾探测器不容易受到游乐设施等遮挡物的影响。设置吸气式感烟火灾探测器时，

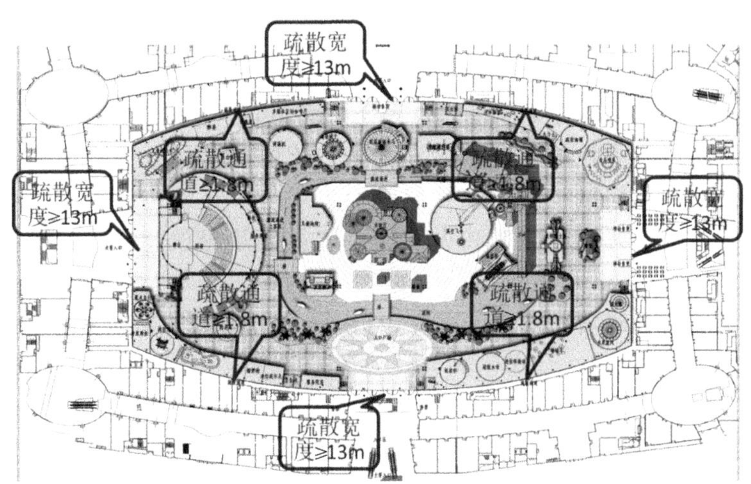


图 10-7 室内主题公园疏散出口示意图

应采用沿顶棚水平布管和沿立柱垂直布管相结合的布管方式。

由于室内主题公园空间巨大、造型独特，很难设置机械排烟系统，而主题公园本身具有较大的蓄烟纳热能力，因此建议在主题乐园公共活动区域顶部内设置自然排烟系统，在椭圆形的顶部均匀地设置一些自动排烟窗，有效开窗面积按主题公园屋顶投影面积的 2% 进行计算（约为 500$m^2$）。主题公园周边的封闭游乐用房内设置机械排烟系统，排烟量按规范进行设计。

此外，为了进一步提高室内主题公园内的消防安全性，建议室内景观、景物和游乐设施等采用不燃（A 级）或者难燃（B1 级）材料，在主题公园疏散通道地面上设置视觉连续的电发光型疏散指示标志，并且提高声光警报和消防广播的声压级。

### 10.4.4 火灾场景设置

火灾场景是对某特定火灾，从引燃或者从设定的燃烧状态到火灾增长至最高峰，以及火灾所造成的破坏的描述，该描述确定地反映该次火灾特征，并区别于其他可能引发火灾的关键事件。为了预测可能发生的火灾所产生的后果，在进行消防安全评估时需要顾及火灾产生的位置、规模以及环境条件等，称为火灾场景设计。火灾场景设计的选择应该满足消防安全设计目标，这些目标包括以下几个方面：生命安全、财产保护、建筑使用的连续性和环境保护。

因此，在建立火灾场景时，有很多影响因素需要考虑，包括建筑物的平面布置、火灾荷载和分布状态、火灾可能发生的位置、室内人员的分布状态、火灾发生时可能的环境因素。火灾场景设计还应考虑概率因素和确定性因素，即火灾发生的可能性有多大，如果真的发生了，火灾又是如何蔓延的，造成的后果有多严重等。

当可能的火灾场景数目很多时，可以选择最重要的火灾场景进行分析，也就是根据最不利原则选择火灾风险大的火灾场景作为设定火灾场景。实际上，在大多数建筑环境中，可能的火灾场景数目可以达到无限，即使借助最尖端的计算机资源，也不可能分析到所有的场景，所以应将无限个可能的火灾场景设计合理缩减到可控制的小数量来满足分析的需要。

设定火灾场景是建筑消防安全评估的一个关键环节，其设置原则为所确定的设定火灾场景可能导致的火灾风险最大，如火灾发生在疏散出口附近并令该疏散出口不可利用、自动灭火系统或排烟系统由于某种原因而失效等。在确定设定火灾场景时，主要需要确定火源位置、火灾发展速率和火灾的可能最大热释放速率、消防系统的可靠性等要素。

表 10-2 为英国《建筑消防安全工程应用指南》（BSDD240）对于不同消防设施失效概率的相关统计数据。

表 10-2　　**消防系统失效概率**

| 系 统 类 型 | 失 效 概 率 |
|---|---|
| 自动喷淋灭火系统 | 0. 05 |
| 防排烟系统（机械） | 0. 10 |
| 防排烟系统（自然） | 0. 10 |

图 10-8 为根据表 10-2 数据所做的火灾发生过程的事件树。从图中可看出，发生火灾后，自动喷水灭火系统和防排烟系统同时生效的事件概率最大，为 0. 855；喷水灭火系统生效而排烟系统失效的事件概率为 0. 095；喷水灭火系统失效而排烟系统生效的事件概率为 0. 045；自动喷水灭火系统和防排烟系统同时失效的事件概率最小，为 0. 005。由于自动喷水灭火系统和防排烟系统同时失效的事件概率相当低，因此可以不考虑两者同时失效的场景。

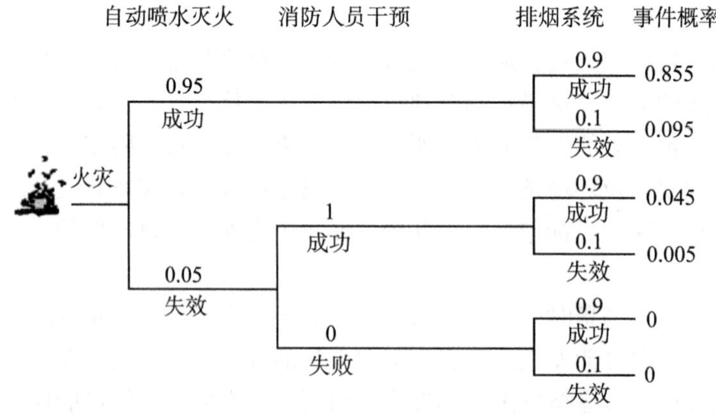


图 10-8　火灾事件树

基于以上分析，选择 5 组 10 个具有代表性的设定火灾场景进行计算分析，见表 10-3。

表 10-3　　火灾场景分析汇总表

| 火源位置 | | 火灾场景 | 火灾增长系数（kW/s²） | 灭火系统 | 排烟系统 | 火灾热释放速率（MW） |
|---|---|---|---|---|---|---|
| 步行街一层大中庭 | A | A10 | 0.04689 | 有效 | 失效 | 1 |
| | | A01 | | 失效 | 有效 | 4 |
| 步行街一层商铺 | B | B10 | 0.04689 | 有效 | 失效 | 1.8 |
| | | B01 | | 失效 | 有效 | 16.9 |
| 步行街二层商铺 | C | C10 | 0.04689 | 有效 | 失效 | 1.8 |
| | | C01 | | 失效 | 有效 | 16.9 |
| 主题公园的士高 | D | D10 | 0.04689 | 有效 | 失效 | 6 |
| | | D01 | | 失效 | 有效 | 16.9 |
| 主题公园旋转木马 | E | E10 | 0.04689 | 有效 | 失效 | 6 |
| | | E01 | | 失效 | 有效 | 16.9 |

### 10.4.5　消防设计方案评估

根据前面设定的防火设计目标，本商业中心的首要目标是保证火灾时的人员疏散安全，因此需要评估目前的消防设计方案能否满足该设计目标。

为了实现人员安全疏散的评估，需要通过烟气流动和人员疏散两个方面的模拟，对比量化的人员安全疏散时间判据进行判断。在特定的火灾场景下，如果从火灾发生到建筑物内人员全部安全疏散完毕的时间 RSET 小于火灾发展到人体耐受极限条件的时间 ASET，则人员的疏散过程是安全的。这个关系中加入一个适当的安全余量（ASET—RSET），以考虑假设和计算中的不确定性。安全余量越大，人员疏散的安全性就越高。如图 10-9 所示。

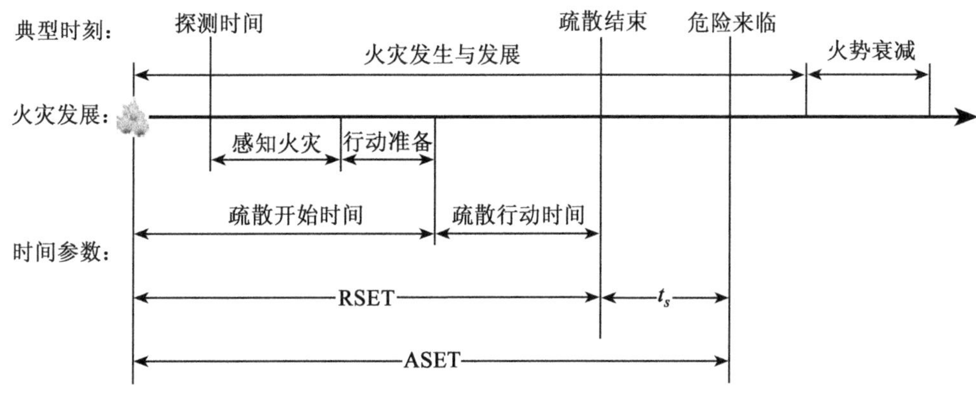


图 10-9　人员疏散安全判据

人员可用疏散时间需要在设定火灾场景以后，运用火灾模拟软件模拟火灾场景内的火灾烟气流动规律，得到各烟气特性参数（烟气温度、浓度、能见度等）的量化值，场景内部环境达到人体耐受极限条件的时间即为人员可用疏散时间。根据设计方案以及火灾场景的设置，采用 FDS 对各个火灾场景下的人员可用疏散时间进行模拟计算，所建的 FDS 模型如图 10-10 所示。

图 10-10　室内步行街和主题公园 FDS 计算模型

根据设计分析的火灾场景，利用 FDS 软件模拟计算建筑内发生火灾后，烟气运动、蔓延和沉降情况，考察能见度、温度和 CO 浓度等有关参数，计算并分析确定各火灾场景的烟气危险来临时间，结果统计如表 10-4 所示。

表 10-4　**各火灾场景危险来临时间表**

| 设定火灾场景 | | 危险来临时间（s） | |
|---|---|---|---|
| 火灾位置 | 工况编号 | 二层 | 一层 |
| 步行街一层中庭 | A10 | 820 | >1200 |
| | A01 | >1200 | >1200 |
| 步行街一层商铺 | B10 | 700 | >1200 |
| | B01 | 780 | >1200 |

续表

| 设定火灾场景 | | 危险来临时间（s） | |
|---|---|---|---|
| 步行街二层商铺 | C10 | 1000 | >1200 |
| | C01 | >1200 | >1200 |
| 主题公园的士高 | D10 | >1200 | |
| | D01 | >1200 | |
| 主题公园旋转木马 | E10 | >1200 | |
| | E01 | >1200 | |

人员疏散时间（RSET）由疏散开始时间（$t_{start}$）和疏散行动时间（$t_{action}$）两部分组成。疏散开始时间（$t_{start}$）即从起火到开始疏散的时间。一般地，疏散开始时间与火灾探测系统、报警系统、起火场所、人员相对位置、疏散人员状态及状况、建筑物形状及管理状况、疏散诱导手段等因素有关。疏散行动时间 $t_{action}$ 由疏散模拟软件模拟计算获得，并取一定的安全系数。

利用疏散模拟软件 Pathfinder 建立了步行街 1~2 层以及室内主题乐园的疏散模型，如图 10-11 所示。

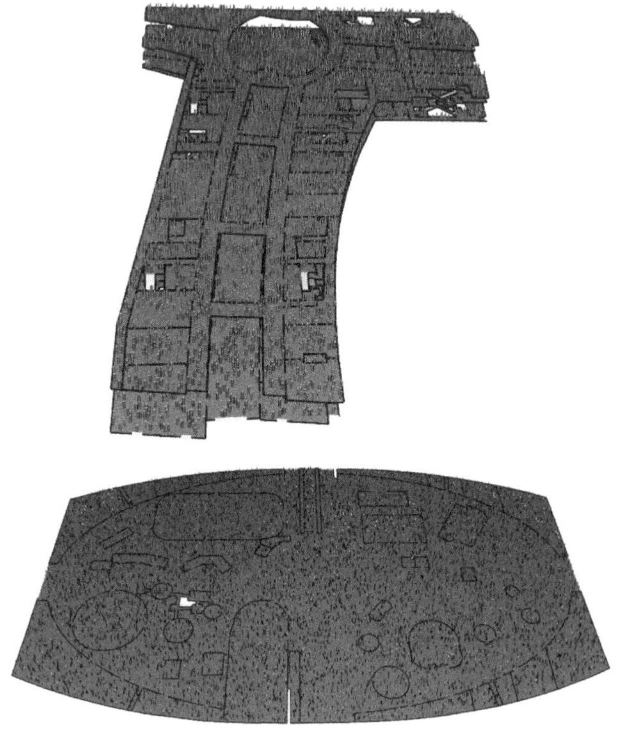

图 10-11　室内步行街及主题乐园疏散模型示意图

根据人员疏散软件 Pathfinder 对人员疏散时间的模拟分析，得到了各个火灾场景下人员疏散需要的行动时间 $t_{action}$，将疏散行动时间的安全系数 $k$ 取为 1.5，根据疏散时间计算公式有 $RSET=t_{alarm}+t_{resp}+1.5\times t_{action}$。通过计算最终得到各个疏散场景中的人员疏散时间，结果如表 10-5 所示。

表 10-5　**各疏散场景人员疏散时间表**

| 场景 | 探测报警时间（s） | 人员反应时间（s） | 游乐设施复位时间（s） | 疏散行动时间（s） | | 人员疏散时间（s） |
|---|---|---|---|---|---|---|
| 一 | 60 | 120 | — | 首层 | 315 | 653 |
| | | | — | 二层 | 294 | 621 |
| 二 | 60 | 120 | — | 首层 | 328 | 672 |
| | | | — | 二层 | 308 | 642 |
| 三 | 60 | 120 | 420 | 150 | | 825 |
| 四 | 60 | 120 | 420 | 172 | | 858 |

将以上模拟得到的人员疏散可用时间和疏散需要时间进行比较（表 10-6），可以确定本商业中心在制定的消防设计方案下，可以保证火灾时的人员安全疏散，所提出的消防设计方案达到了所设定的消防安全目标。

表 10-6　**各场景下的疏散可利用时间和疏散需要时间比较**

| 火源位置 | 火灾场景 | 灭火系统 | 机械排烟 | 可用疏散时间 $T_{ASET}$（s） | | 疏散场景 | 必须疏散时间 $T_{RSET}$（s） | 疏散安全性判定 |
|---|---|---|---|---|---|---|---|---|
| 步行街一层中庭 | A10 | 有效 | 失效 | 二层 | 820 | 一 | 621 | 安全 |
| | | | | 一层 | >1200 | | 653 | 安全 |
| | A01 | 失效 | 有效 | 二层 | >1200 | | 621 | 安全 |
| | | | | 一层 | >1200 | | 653 | 安全 |
| 步行街一层商铺 | B10 | 有效 | 失效 | 二层 | 700 | 二 | 642 | 安全 |
| | | | | 一层 | >1200 | | 672 | 安全 |
| | B01 | 失效 | 有效 | 二层 | 780 | | 642 | 安全 |
| | | | | 一层 | >1200 | | 672 | 安全 |
| 步行街二层商铺 | C10 | 有效 | 失效 | 二层 | 1000 | 一 | 621 | 安全 |
| | | | | 一层 | >1200 | | 653 | 安全 |
| | C01 | 失效 | 有效 | 二层 | >1200 | | 621 | 安全 |
| | | | | 一层 | >1200 | | 653 | 安全 |

续表

| 火源位置 | 火灾场景 | 灭火系统 | 机械排烟 | 可用疏散时间 $T_{ASET}$（s） | 疏散场景 | 必须疏散时间 $T_{RSET}$（s） | 疏散安全性判定 |
|---|---|---|---|---|---|---|---|
| 主题公园的士高 | D10 | 有效 | 失效 | >1200 | 三 | 825 | 安全 |
| | D01 | 失效 | 有效 | >1200 | | | |
| 主题公园旋转木马 | E10 | 有效 | 失效 | >1200 | 四 | 858 | 安全 |
| | E01 | 失效 | 有效 | >1200 | | | |

# 参考文献


[1] 建筑防火设计规范 GB40016—2014 [S]. 北京：中国计划出版社，2014.

[2] 自动喷水灭火系统设计规范 GB50084—2001（2005 版）[S]. 北京：中国计划出版社，2005.

[3] 人民防空工程设计防火规范 GB50098—2009 [S]. 北京：中国计划出版社，2009.

[4] 建筑灭火器配置设计规范 GB50140—2005（2012 版）[S]. 北京：中国计划出版社，2012.

[5] 消防给水及消火栓系统技术规范 GB50974—2014 [S]. 北京：中国计划出版社，2014.

[6] 火灾自动报警系统设计规范 GB50116—2013 [S]. 北京：中国计划出版社，1998.

[7] 张树平. 建筑防火设计（第二版）[M]. 北京：中国建筑工业出版社，2009.

[8] 陈长坤. 燃烧学 [M]. 北京：机械工业出版社，2013.

[9] 方正. 消防给水排水工程 [M]. 北京：机械工业出版社，2013.

[10] 徐志嫱. 建筑消防工程 [M]. 北京：中国建筑工业出版社，2009.

[11] 王增长，高羽飞，曾雪华. 建筑给水排水工程（第六版）[M]. 北京：中国建筑工业出版社，2010.

[12] 龚延风. 建筑消防技术 [M]. 北京：科学出版社，2009.

[13] 陈南. 建筑火灾自动报警技术 [M]. 北京：化学工业出版社，2006.

[14] 李亚峰. 建筑消防工程 [M]. 北京：机械工业出版社，2013.

[15] 李引擎. 建筑防火性能化设计 [M]. 北京：化学工业出版社，2005.

[16] 景绒. 建筑消防给水系统 [M]. 北京：化学工业出版社，2008.

[17] 郭铁男. 中国消防手册 [M]. 上海：上海科学技术出版社，2004.

[18] 霍然. 建筑火灾安全工程导论 [M]. 合肥：中国科学技术大学出版社，2009.

[19] 李炎锋. 建筑火灾安全技术 [M]. 北京：中国建筑工业出版社，2009.